中大哲学文库

虚拟现实的
终极形态及其意义

翟振明 著

商务印书馆
The Commercial Press

本书出版得到"中山大学禾田哲学发展基金"

资助,特此致谢!

中大哲学文库编委会

总　序

中山大学哲学系创办于1924年,是中山大学创建之初最早培植的学系之一,黄希声、冯友兰、傅斯年、吴康、朱谦之等著名学者曾执掌哲学系。1952年全国高校院系调整撤销建制,1960年复办至今,先后由杨荣国、刘嵘、李锦全、胡景钊、林铭钧、章海山、黎红雷、鞠实儿、张伟教授担任系主任。

早期的中山大学哲学系名家云集,奠立了极为深厚的学术根基。其中,冯友兰的中国哲学研究、吴康的西方哲学研究、何思敬的马克思主义哲学研究、朱谦之的比较哲学研究、马采的美学研究等,均在学界产生了重要影响,也奠定了中大哲学系在全国的领先地位。

近百年来,中山大学哲学系同仁勠力同心,继往开来,各项事业蓬勃发展,取得了长足进步。目前,我系是教育部确定的国家基础学科人才培养和科学研究基地之一,具有一级学科博士学位授予权。拥有"国家重点学科"2个、"全国高校人文社会科学重点研究基地"2个、"国家重点培育学科"1个,另设各类省市级研究基地及学术机构若干。

自2002年教育部实行学科评估以来,我系一直稳居全国高校前列。2017年,中大哲学学科入选"双一流"建设名单,并于2022年顺利进入新一轮建设名单;2021年,哲学学科在国际哲学学科排名中位列全球前50;哲学和逻辑学两个本科专业先后获批国家级一流本科专业建设点,2021年获批基础学科拔尖学生培养计划2.0基地。中山大学哲学系正迎来跨越式发展的重大机遇。

近年来,中大哲学系队伍不断壮大,而且呈现出年轻化、国际化的特色。

哲学系同仁研精覃思，深造自得，在各自研究领域取得了丰硕的成果，不少著述产生了国际性的影响，中大哲学系已发展成为哲学研究的重镇。

"旧学商量加邃密，新知涵养转深沉"，为了向学界集中展示中大哲学学科的学术成果，我们正式推出这套《中大哲学文库》。《文库》主要收录哲学系现任教师的代表性学术著作，亦适量收录本系退休前辈的学术论著，目的是更好地向学界请益，共同推进哲学研究走向深入。

承蒙百年名社商务印书馆的大力支持，《中大哲学文库》将由商务印书馆陆续推出。我们愿秉承中山先生手订"博学、审问、慎思、明辨、笃行"的校训和"尊德问学"的系风，与商务印书馆联手打造一批学术精品，展示"中大气象"，并谨以此向2024年中山大学百年校庆献礼！

中山大学哲学系

2022 年 5 月 18 日

目　录

序言（一）

翟振明教授的《虚拟现实的终极形态及其意义》对于虚拟现实领域来说，是一本具有开创性的著作，在我看来，这本书既是属于历史的，也是属于未来的。

之所以说这本书是属于历史的，缘其英文版出于 1998 年，彼时虚拟现实技术尚不成熟，虚拟现实商用环境更远未形成，该作即采用科学技术哲学方法对虚拟现实进行了深刻的思考，论述了虚拟现实是什么，以及虚拟现实将如何改变人类未来生活等根本性问题，在国内虚拟现实领域起到了启蒙作用。

Gartner 公司每年都发布一次新兴技术成熟度曲线。这条曲线的横轴是技术所处的阶段，纵轴是市场预期，曲线有两个波峰。新兴技术一般都会从曲线的最左侧开始，经历一轮飞速的市场预期膨胀，即我们所说的"Innovation Trigger"阶段。在这个阶段，随着新兴技术研究成为学术热点，媒体与资本会接踵而至，并往往将新兴技术推向舆论与资本估值的高峰。在被资本市场过度认知后，新兴技术难以避免地会经历一次资本市场的破灭，之后进入爬坡阶段，最终逐步走向成熟，这也是新兴技术发展的规律。

虚拟现实技术第一次出现在这条曲线上是 2008 年。彼时，该书的首版中文译本已经面世一年，而英文版则已经面世 10 年，为后来者普及了很多概念，也成功地预言了不少技术应用的场景。二十多年来，当初的一些概念已经从大众无法理解的"科幻"，成为我们日常生活中处处可见的"科技"，这本书既开了时代的先河，又是那个时代的见证。

　　二十多年来,中文的技术语言环境也发生了改变,有些原来没有约定俗成之译法的专业词汇,现在已经有了标准术语,但本书基本保持了原版的语言风格,这样或许会让当下的从业者读来有些距离感,但也是时代的烙印,别有趣味。对那个时代的技术从业者来说,这本书打开了一扇窗口,带来了一个全新的世界,在这个意义上,这本书是属于历史的。

　　同时,这本书也是属于未来的。今天的虚拟现实技术,已经迈过技术成熟度曲线的第一个高峰,结束了资本祛魅阶段,产业发展进入了爬坡期,稳步向着第二个高峰攀登。虚拟现实的时代已经浮现在我们眼前。然而,这本书所涉及的核心内容,其科学技术哲学的视野已远远越过了曲线的右侧。它描绘了虚拟现实技术在高度商业化,深深浸蕴乃至超越了我们的生活之后,会给人类社会带来怎样的改变。

　　当我们的生活、繁衍、工作都处于虚拟幻境中后,我们该如何面对虚拟世界与自然环境的关系,我们要如何处理"人"与"人",或者我们与自己的关系? 我们技术工作者、商业投资者可以将人类带入到这个时代,但是对于进入到这个时代以后会发生什么,我们很少考虑。

　　在那个商用计算机还是"奔腾机",虚拟现实还停留在科幻小说里的时代,翟振明教授勾勒出了一个在当今 5G 网络的支持下可能实现的技术环境。这充分体现了他的哲学专业素养,特别是利用思想实验推演复杂问题的能力。长年的哲学训练,使他能够在头脑中以实验的方式展开理性思维活动,经缜密的逻辑推理,构建出一个个超前于时代的推论。

　　有的思想实验易于验证,比如伽利略的重力实验。翟老师的书中就有很多在现有技术条件下便于验证的思想实验,例如他在书中所举的两个人通过外接设备"交换身体"的例子。正是从这个例子出发,翟老师演绎出了一套复杂的虚拟社区的交互逻辑,乃至触及了更为广阔的虚拟与真实的关系。有的思想实验却不易验证,比如人工智能领域的"中文房间",还有著名的"缸中之脑"。对于前者,AI 技术正在逐步接近这个思想实验所要求的实验条件，而有关后者，在可预见的未来都无法有效地在现实中实现模拟。而这正是翟老师所关注的一类核心问题。

科学需要大胆推论、小心求证，而求证往往需要一定的技术水平支持，很多智者的思想虽然能跨越千年的岁月，却无法在当时带来生产力的有效提升，其原因正在于此。可喜的是，我们在 VR 领域的技术发展，正在以前所未有的速度逼近《虚拟现实的终极形态及其意义》所描绘的那个世界。所以，从这个角度来说，该书是属于未来的，而且是并不遥远的未来。

赖欣巴哈在他的《科学哲学的兴起》一书中说，"科学哲学在我们时代的科学里已找到了工具去解决那些在早先只是猜想对象的问题"，"科学哲学用逻辑分析方法达到像我们今天的科学结果那样精确、完备、可靠的结论。它坚持真理问题必须在哲学中提出，其意义与在科学中提出一样"。我想说的是，从某一科学技术领域的创新进步，到一个国家发展成为创新型国家，都必须加大科技投入、汇聚创新人才、完善创新体系，同样不可或缺的是科普事业和科学技术哲学的繁荣，是培育创新文化。

是为序。

中国工程院院士

2020 年 7 月

序言（二）

六根重塑——元宇宙的盛宴？

过去十年来，与人工智能相比，虚拟现实（VR）的热度，似乎没那么高。这个词，或许是整个互联网领域里预热时间最为漫长的一个。2021 年 3 月，美国沙盒游戏厂商 Roblox 将它写入自己的招股说明书，继而脸书（Facebook）将公司名字改为 Meta（元宇宙），虚拟现实这个词语随之火爆全球，也成为理解元宇宙的入门级概念。

人们接触 VR，更多是在游乐场、科技馆，或者博览会的展台上，戴上 VR 头盔，玩上一把虚拟赛车、滑雪、登山游戏，体验心跳加速的感觉，发出阵阵尖叫。

与大把的 AI 应用，比如机器翻译、语音识别、面部识别、无人机、自动驾驶，还有各式各样的智能机器人相比，虚拟现实似乎更多还是某种玩具，是用来炫酷的。当然，越来越多惊艳非凡的虚拟现实画面，通过科幻大片的方式呈现在人们面前，也着实让人刺激得头皮发麻。

不过，元宇宙这个概念大不一样。这个"概念筐子"把虚拟现实、人工智能、区块链、物联网、大数据等高科技名词一网打尽，以"聚合框架"的形态，聚焦符号表征、计算、交互、具身性、沉浸体验等数字世界建构的基础技术，摆出一副"重塑现实""重塑认知""重塑世界"的骇人姿态，致力于构建与实体世界相互连通、相互影响、相互塑造的数字世界。

2021 年后半年至今，元宇宙概念声名鹊起。一时间，元宇宙搅动商圈、资本圈、媒体圈，多部元宇宙相关图书出版，众多元宇宙相关公司诞生，一波元宇宙概念股借势飞涨，形形色色的峰会演讲呼啸而至，一大批元宇宙题材的项目上马，而且被写入了各级智慧城市、智慧园区、智慧产业的发展规划，大有

25年前互联网发展初期横扫一切的气势。元宇宙到底是什么？在众说纷纭之间，静心阅读翟教授的这部富有原创思想的著作，或可打开更大的探索空间。

翟振明教授的这本书，最鲜明的特点并非在虚拟现实、元宇宙等概念之上填火加薪，而是从底层思想领悟虚实之间的"无缝穿行"，以及心灵、身体、意识、终极关怀、交叉通灵、自我认知、主体性、因果性等重要哲学思想的无穷魅力；更重要的是，探讨和阐释虚实世界的基本原理，以及被大大激发的"造世"浪潮所应遵循的"造世伦理学"。

在高技术、高感知时代，技术思想的"惊悚"程度，丝毫不亚于科幻大片。温馨提醒您，系好安全带，深吸一口气，细细品味。

《有无之间》的重生

"其实，元宇宙就是我所谓的扩展现实（ER）。"这是2021年5月1日，翟振明教授在微信上发给我的一句话。

"扩展现实"是翟老师持续研究 VR/AR（虚拟现实/增强现实）二十余年后提出的一个核心概念，它不只是对现实的模拟、延伸，更是虚实互鉴、交叉融合。在元宇宙概念日渐喧腾的当下，翟振明教授的这部《虚拟现实的终极形态及其意义》可谓正当其时。不过，这部书稿的出版，在现实世界中可谓一波三折。

2016年1月8日，在北京见到翟教授，我拿出他2007年在北京大学出版社出版的《有无之间：虚拟实在的哲学探险》（英文原版于1998年在美国出版，书名为 *Get Real: A Philosophical Adventure in Virtual Reality*）一书请教授签名。一番交谈后，我得知教授在腾讯公司等机构的资助下，设立了中山大学虚拟现实实验室，我能感受到教授言谈间充满激情，但同时也暗含一丝隐忧。当时，他还没有提出扩展现实的概念，不过研究的方向和思路是十分清晰的，用教授的话说，就是"探索虚拟现实的最大可能边界"。

2018 年 11 月份,我邀请翟教授参加第二届互联网思想界大会并发表演讲,方知教授经历了 1 年的病痛折磨,正处于恢复中。当时我向翟教授建议,作为国内第一部系统探究虚拟现实哲学思想的著作,他的《有无之间》值得再版,并帮助翟教授联系出版机构。教授兴致高昂,并表示愿意把近几年间,通过实验室工作获得的新的感悟,加入到书稿中来。其间,我不停收到翟教授发来的实验室成果的图片、视频和他撰写的文章。特别令人欣喜的是,教授除了马不停蹄地展开对虚拟现实的研究,并获得了 VR 头盔、3D 视觉成像眼镜、VR 投影成像系统等多项专利之外,又开始迷上了数字绘画,他的多幅数字艺术作品,在这两年爆火的 NFT(被译为"非同质化通证")平台上售卖,并在 2020 年度第四届互联网思想者大会上展示。

2020 年夏天是他的这部再版著作最接近正式出版的一次,已经签了合约,并出了第一稿清样,遗憾的是又夭折了,不得不重新商讨出版事宜。

我答应为翟教授撰写的推荐序,从两年前的第一稿,也多次辗转修改,直到"撞上了"当下流行的这个词:元宇宙。

主体性:虚拟现实的起点

翟振明教授是哲学博士出身,1993 年获美国肯塔基大学哲学博士。他研究虚拟现实,更多是从哲学视角来看的。比如他关心的核心问题就是:如果"虚"和"实"可以无缝穿越了——这正是翟教授在中山大学设立 VR 实验室所做的工作——那么,这对人而言意味着什么? 二十多年前,翟教授的论断就很清晰:人与技术的关系将陷入一种互相浸蕴(immersion)的状态,"使得我们第一次能够在本体层面上直接重构我们自己的存在"。

换句话说,教授在严肃地思考并研究虚和实的"边界"问题。这既是一个复杂的技术问题,当然也是一个板板正正的哲学问题。

对人的主体性的关注,是西方哲学两千年的主脉。从柏拉图开始一路到康德，西方古典哲学始终在追问"我是谁？"这么一个问题。所得的答案自然五花八门、流派众多。而且迄今为止这一难题非但没能得以了断，反倒是被弄得越来越复杂了。

350年前的法国思想家笛卡尔，曾经为这个问题纠结万分：我怎么才能证明我自己的存在？借助"梦境分析"，笛卡尔最终说出一个金句："我思故我在。"当然，真正对后世产生影响的还不是这个金句（这个金句太多人都能脱口而出），而是笛卡尔创立的"思维方法"，人称"主体与客体的两分法"。简单说，就是在笛卡尔看来，横亘在主体、客体之间的边界是清晰的。

两分法可谓塑造了此后数百年人们看待世界、思考问题的基本框架。稍微想一想，可不是这么回事嘛！一个人，比如您，站在这里，眼观六路、耳听八方，感知着周遭世界，盘算着、思忖着，与这个世界打着交道。这个世界就明晃晃地摆在那里，那可是"客观存在"啊，不管您看或者不看，哪怕是闭上眼睛您都知道，"世界"就在那里。

当然，哲学家眼里的世界，要比各位读者朋友眼里的世界复杂得多。在真正的哲学家眼里，"主体性"问题这一挑战就没断过。"忒修斯之船"就是一桩典型的公案。这一公案说的其实是"万物流变"——用中国话说，是"抽刀断水水更流"，或者"子在川上曰，逝者如斯夫，不舍昼夜"。翻译成大白话，就是"太阳每天都是新的"，或者"每一秒钟的您都与众不同"。

说这些闲话，其实是想说，不管各位对哲学有多深的造诣、多浓的兴趣，"主体性"这一问题迄今为止仍然是一个说不清、道不明的问题。笛卡尔的两分法简单又奏效，且顽固地根植于人们的思想底层。不过，这一情形在过去的100年里，正被渐渐消解。

凭着中学课本里讲过的相对论、量子力学常识，很多同学都明白了一件事，也即"观察者视角"，这比笛卡尔那个单纯的"主客两分"又复杂了一个数量级。因为，当您意识到有"观察者视角"这回事的时候，其实心中已经悄然植入了比"观察者视角"更高的视角，我们暂且称之为"上帝视角"。

用卞之琳的诗来说，就是"你站在桥上看风景，看风景的人在楼上看你"。

胡塞尔的现象学之后，一些哲学家暂时将主体的问题"悬置"起来（因为这道题实在是太难了），开始回到现象本身。这时候，哲学家思考问题的角度，与笛卡尔"旁观式"的姿态相比，已经有了巨大的变化。哲学家在思考"主体进入客体"的可能性（或者反过来，客体进入主体的可能性）。比如海德格尔，就试图用精妙的语言，描述、辨认那些被抛来抛去的、千变万化的"主体"，那些在上下翻腾、纠缠不休的存在与这一刻的存在以及稍纵即逝、面目全非的无数个此在之间，说也说不清的关系。

没办法，西方哲学就是这样。东方哲学的表述则不是这样的。东方哲学要是面对这种令人辗转反侧的话题，不是把酒临风、吟诗作赋，就是结跏趺坐、面壁不语了。

话说回来。不管西方哲学如何流派繁多，也不得不承认，笛卡尔"两分法"的思想底座，还是太强悍了。在主体和客体之间划出一条清晰的边界，以便能"把持住"这个世界，依然是各位观者挥之不去的朴素情怀。

这就是翟教授哲学思考的起点。帮助他进行惊险的哲学思考的得力工具，就是这个 VR——虚拟现实。

意识与体验：虚拟现实的难点

意识问题是"身心问题"的核心。自打笛卡尔确立"主客两分"的世界模型之后，身心问题纠缠了人们 300 余年，迄今不能释然。

美国哲学家大卫·查尔默斯（David John Chalmers，1966— ）是一位 60 后，作为哲学家他可谓年少成名。不到 30 岁的年纪，就留下了一个迄今仍然知名度很高的哲学名词"意识的难问题"，这在哲学家里还是比较罕见的。这个问题说来简单，查尔默斯只不过把"意识问题"一刀分为两类：一类可以通过测量、实验、分解、还原，来探测意识活动相关的大脑、神经元、肌肉、行为等等的所谓"实证分析"，这个是"意识的易问题"；剩下的就是"意识的难问题"。在查尔默斯看来，"意识的易问题"回答的只不过是意识的"处理过程"，刻画的是干巴巴的"工作机理"，但这些刻画远不能回答人的体验、感知、意义，如何从这些生理与行为数据、生物与电信号中"涌现"出来的"难问题"。

当然，对这个问题的回答，首先有一个立场问题：虚拟现实到底是"真实"的，还是"虚幻"的？对这个问题的回答自然五花八门。在查尔默斯看来，翟振明 1998 年出版的那本 *Get Real* 所诠释的"无缝穿越"，与著名英国哲学家、大主教贝克莱（George Berkeley，1685—1753）的"存在就是被感知"，以及美国哲学家普特南（Hilary Whitehall Putnam，1926—2016）的"缸中之脑"隐喻，说的是同一回事，即虚拟现实并不比现实更加虚拟。顺便一提，查尔默斯 2022 年的新著《现实+》（*Reality +*）对此有深入的评述，当然，他并不同意上述观点，他认为现实依然是更为基本的存在。

思考这些艰涩深邃的问题，自然是哲学家的任务。

技术变革影响世界的程度，已经远远超过了工具理性的范畴。在技术飞速发展的今天，人们对哲学、对思想的渴望就更加急迫，这种"急迫性"更体现出将思想转化为行动的热情。200 年前西方启蒙运动之后的哲学家们，渐渐认识到"以往的哲学致力于解释世界，而今天的哲学则致力于改造世界"。从古希腊到康德、黑格尔的古典体系，总是试图给出关于整个世界的完满认识的哲学姿态，已经远远不够了。翟教授一边做着实验，一边进行他对"虚实困境"的哲学思考。他把这一困境称作"造世伦理学"或者"造世大宪章"。

虚拟现实的危险是什么？就是"界限消失"（1985 年发表"赛博格宣言"的哲学家唐娜·哈拉维也持这一观点，认为赛博格会导致"界限消失"）。用我这些年讲述"认知重启"课程的话说，我称之为"六根重塑"。技术深度介入世界的后果，就是人的感官被大大重构。我们所见、所感的世界，早已不是纯粹的"第一自然"，而是"第二自然"甚至"第三自然"。如果还是沿用笛卡尔的"两分法"看世界，我们就会感到莫名的困惑和焦虑：过去硬邦邦、明晃晃的"主客分界线",是这个世界平稳运转的保证,也是主客之间不可逾越之门。但是今天,这个门至少被打开了,甚至被拆掉了。

今天谈论前沿科技,往往会弹出一长串技术名词:5G、物联网、大数据、人工智能、机器人、虚拟现实,如果再加上神经网络、基因编辑、脑机接口,那就更了不得了。这些名词背后的技术聚合起来,这个世界的面貌必然大变。翟教授将这一画面,描述为三个层级:最底层的是以物联网为核心的冷冰冰的网络;中间是"主从机器人的遥距操作",也就是交互层;上面还有一层,就是虚拟现实环境下的人际网络。

这就是说,未来我们可能会告别今天这个熟悉的世界:和煦的风、狂暴的雨、嘈杂的闹市、宁静的泊船……画面还是那个画面,但你知道这一画面中,有多少添加剂,多少合成物,掺入了多少剂量的代码来调制?

翟教授的思考,就处于这一画面的边缘处。在他眼里,这个世界不但是危险的,而且可能是"邪恶"的。或者换一个委婉的说法是,这个世界具备相当的"邪恶的可能性"。

为什么?因为这个世界将摧毁自由意志,摧毁人。与诸多具有人文情怀的工程师、科学家一样,翟教授坚定地认为,他之所以做这些实验,触碰虚拟现实的"危险边缘",甚至申报技术专利,是希望"捍卫人的尊严",希望像古罗马的门神雅努斯那样,守望过去,祈祷未来。万丈深渊的边界,善恶的分水岭在哪里?他没有画地为牢一般做出一元论或者二元论的假设(这恰恰是西方文化数千年争执不休的一个元问题),他内心只有一个愿望:在万丈深渊的边缘,插上警示牌。

这场元宇宙的"盛宴",似乎正行走在某种"深渊"的边缘。

无缝穿越:真正的危险边缘

头盔是虚拟现实的标志性装备。如果从美国计算机科学家、工程师萨瑟兰（Ivan Edward Sutherland，1938— ）发明第一款可跟踪头盔算起，虚拟现实的起源比互联网的前身阿帕网还要早上一年，即 1968 年。数十年里，虚拟现实主要还是应用于游戏、仿真等场景，作为工具来使用，是人的感官的延伸。但时至今日，其发展与昨日相比有如云泥之别。

虚拟现实已经使人们可以穿越虚实边界，进入有无之境。翟教授 2016 年设立实验室的目的，正在于从技术上探索这种"无缝穿越"，可能对人的情绪、心智、认知带来哪些令人震撼的冲击和影响。如果说巨大的"冲击"在探查技术边界的话，那么对深远"影响"的思考，就属于哲学范畴了。

这是真正的危险边缘。

科幻大片总是向人们展现各种超越当下物理定律的景观，典型的就是时空隧道。人们对黑洞、星际旅行、时空隧道总是充满好奇和激情。在技术手段还十分匮乏的年代，科幻作者们就曾设想过时空穿梭机。不过，那毕竟是科幻大片中的艺术呈现。在翟教授的实验室里，这种被称作"交叉通灵境况"的穿越，还真是"吓"到了不少参访者。

人们对当下的"黑科技"最大的恐惧和担忧，就在于其可能被某种不可知的力量所操控。从技术角度看，这是完全有可能的。这种可能性，体现为两点：一点是虚拟现实提供的，虚拟现实可以深度侵入人的感官系统，重塑人的感知界面，达到"以假乱真"的境地，也就是翟教授说的"无缝穿越"；另一点则是代码化，所有的数字装置，都依赖开放编码来运转，这些代码可能是事先写好的，也可能是动态生成的，还可能根本就像"被污染"的纸巾一样，"粘"到干净的代码片段上的。这两点不仅让专业人士，还包括普通群众，对技术驱使下的未来世界，既充满好奇，也心怀恐惧。

六根重塑：亟待探索的造世伦理学

翟教授的这部著作，1998 年以英文版首发，名为 *Get Real：A Philosophical*

Adventure in Virtual Reality，2007 年中文版书名则颇具东方文化神韵，叫"有无之间：虚拟实在的哲学探险"。

这本书的导言，开宗明义提出了一个重要的问题，值得抄录于下：

> 以往的技术已经在很大程度上帮助我们创造了历史，我们制造了强有力的工具来操纵自然和社会过程：锤子和螺丝刀、汽车和飞机、电话和电视以及其他东西。它们之所以是"工具"，是因为它们是独立于我们的，对它们的使用通常不会影响我们感知世界的基本方式。无论是否被使用，一个锤子始终是客观世界中的一个锤子。当我们捡起它来并挥动它时，它不会消失或者变成我们的一部分。当然，在这个被工具影响了的环境中，作为制造和使用这些工具的结果，我们这些工具的主人在社会-心理层面上也改变了我们的自我感知方式，以及对我们的同类伙伴的感知方式。就像一个陷入自设陷阱中的猎熊者，我们有时甚至成为我们自己的工具的牺牲品。

翟教授早期曾与一位人工智能大师讨论过其观点，这位大师的名字叫赫伯特·西蒙（Herbert Alexander Simon，1916—2001）。在电脑与网络技术深度介入我们的生活之前，技术的造物确如翟教授所描述的那样，总体上形成了一个外在的世界，任我们驱使、拆解、重组。新的工具出现后，情形大不一样了。

> 由于虚拟现实的出现，我们与技术的关系发生了剧烈的转变。同先前的所有技术相反，虚拟现实颠覆了整个过程的逻辑。一旦我们进入虚拟现实的世界，虚拟现实技术将重新配置整个经验世界的框架，我们把技术当成一个独立物体——或"工具"——的感觉就消失了。这样一个浸蕴状态，使得我们第一次能够在本体层次上直接

重构我们自己的存在。仅当此后,我们才能在这一新创造的世界里将自己投身于这种制造和使用工具的迷人的方式中。

翟教授的论断很清晰,人与技术的关系将陷入一种互相浸蕴的状态,"使得我们第一次能够在本体层次上直接重构我们自己的存在"。这是一个大胆的判断。不过且慢,在这一点上,千万别以为翟教授的观点与时下流行于世的"改造、重组生命"的豪情没什么不同,恰恰相反,二者间有着极大的区别。翟教授所说的"重构对象",是作为"主体的存在",而流行观点所言的量子力学、生命科学的目的,则在于"增强人对这个世界的掌控能力"。一个将"自我"作为标靶,而另一个则依然把"自我"当作控制万物的中心。

这些流行观点展现出的豪情,其骨子里的逻辑是笛卡尔式的,他们虔信科学至上主义,并虔信科学是"人作为自然的主人"的最有效、最直接的证据。现代高科技商人们最喜欢的就是这种情态,因为这个版本以科学的正当性和有效性,强力地支援了新经济、新财富的正当性和合法性,简直是神谕。

翟教授的观点不同,他只是看到了这样一种交融的势头在加剧,这种主体与客体之间无可阻挡的交融,就像当年物理学家德布罗意发现波粒二象性一样,完全击碎了几百年来的波与粒子各居一隅的情态,非把这两样势同水火的状态搅在一起,让人心烦。

人与人的造物,彼此浸蕴、渗透,几百年间高扬着现代科技、代表着文明进步的庞大基石开始软化、移动,甚至显露出冰融迹象。

意义问题:一个不能缺席的话语场

翟教授这本书的中文版,2007 年由北大出版社出版。我有幸是这一版本的早期读者。这本书令我眼界大开,也心潮难平。这次由商务印书馆推出的新版,六章正文没有大的变化,但在原来三个附录的基础上,又以附录形式增加了部分内容,特别讲述了他在中山大学期间所做的"实践"。教授的实践过程,可以说不但漂亮地验证了他二十多年前对虚拟现实的诸多思考,更拓展了视野,增加了许多伦理学、政治学视角。

再版的《有无之间》,书名改为《虚拟现实的终极形态及其意义》,在我看来,最为重要的意义有二:一是它提出并深化了一个重要的问题,就是随着技术的发展,随着虚实边界的消弭,这个世界"堕落"的可能性有多大? 另一重意义,我觉得是暗含的,即作为东方文化背景的哲学家,翟教授在思考这一问题的时候,所指向的希望的路径,是东西方文化的对话。

近些年来,在对未来世界做预测时,持悲观论调者其实已经不少。比如翟教授在书中一再地批评马斯克的"脑机接口"。其实,马斯克本人在这一问题上也异常分裂。他一边义无反顾地试验着各种大脑植入芯片的可能性,另一边却对未来世界极度担忧,甚至认为"人工智能可能在五年内接管人类"。另一位当红历史学家,以色列的 70 后历史学教授赫拉利,在《未来简史》中宣称,99% 的人在高科技面前都会蜕化为"无用之人"。这个说法其实并非赫拉利首创。1995 年 9 月,在美国旧金山费尔蒙特大饭店聚集了 500 位世界级的政治家、商界领袖和科学家,他们所描绘的人类"正在转入的新文明"中,有一个重要的特征,就是"在下个世纪(即 21 世纪),在具有劳动能力的居民中,启用其中的 20% 就足以维持世界经济的繁荣"。那么剩下的 80% 的人做什么呢? 美国政治家布热津斯基还专门用一个词表达这层意思,叫"靠喂奶生活"(Tittytainment)。如今,人们则更熟悉它的另一个叫法——"奶头乐"(参见《全球化陷阱:对民主和福利的进攻》)。

当越来越多的头盔被卖出去的时候,当越来越多的裸眼 3D 成为日常生活无法摆脱的常态的时候,某种潜藏于深处的认知重塑过程其实已经开始了。

比如"注意力"这一话题。注意力问题,长久以来游离于严肃的科学之外。科学家认为这是一个心理学问题,心理学家认为这是个哲学问题,而哲学家又认为这只不过是一个"感知测量"的实验问题。过去四十年来对这个问题的探究，证明这个问题至关重要。美国艺术史家乔纳森·克拉里（Jonathan Crary，1951— ）在《知觉的悬置：注意力、景观与现代文化》一书中指出，人们以为的"注意力"，与其说是一个"自然的过程"，不如说是对"意识"挤压的过程。通俗地说，就是人们以为"看世界"是一个完全自主的过程，人们可以自由地行使自己的"看视权"。但殊不知，经过千百万年与周遭世界的视听感知交互，"本能与天性"中已经慢慢通过渗透、沉淀、挤压而形成了大量看世界的"取景框"，这些个取景框，构成了人们"看世界的意识构造"。

在电学和光学效应，被用于广播、电话、电视，直到今天的电脑、互联网、手机的150年里，一系列声光电的生活装置和生产装置，其实已经悄然改变了人的"六根"。现代人的"六根"与秦汉时期、唐宋时期的人的"六根"已经大大不同。如此而言，"三观"又怎么可能毫无变化地沿袭至今呢？

六根重塑，其实在哲学、伦理学的意义上，就是重塑三观的过程。

新世界的画布

技术对生活世界的重构，从石器时代就已经开始了。只不过这种重构时而缓慢，时而急速。讲一点与近代艺术相关的话题。近代艺术家为何在19世纪中叶之后，陷入了某种烦躁不安的境地？为何在数百年宫廷画、写实主义的土壤中，忽而生长出了"印象派"的色彩斑斓？这之中有很多因素，但其中一个因素，可能是化学颜料的出现。

对达·芬奇、鲁本斯、拉斐尔那个时代的人来说，手工调制颜料，是一个画家的本分。现代画家已经没有了这一"福分"。化学颜料的出现，仿佛给画家装上了"义肢"——换一种说法，画家其实是被"截肢"了。这就是"六根重塑"的真实过程。

当这件事情一旦发生，或者一旦被意识到已经发生，剩下的事情就变成

"遥远的追忆"了。生命的列车,已然驶入了另一股道岔。

由此,不难体会教授的良苦用心。翟教授在书中所罗列的多达八条的"准则"值得举要于下:

1. 建造"扩展现实"小模型;

2. 坚持虚拟世界中的"人替(avatar)中心主义";

3. 人摹(agent)与人工智能的结合要服从人替中心的掌控;

4. 严格禁止直接对大脑中枢输入刺激信号;

5. 采用分布式服务架构;

6. 以"造世伦理学"协作研究为起点,形成共识性的行业伦理规范;

7. 坚持"人是目的"的原则,形成丰富多彩、自由、自律的虚拟世界文化共同体;

8. 编撰"虚拟世界和扩展现实大宪章",为面向未来的立法和政策理念奠定基础。

教授在研究中,逐渐形成了自己的术语体系。比如感知化身 avatar 被翻译成"人替",由算法驱动的数字代理 agent 被翻译成"人摹"等等。可以说,上述"翟八条"是教授从哲学思考、理论研究和扩展实验中归纳而成的"长期演化路径"所应遵从的"纲领",核心思想是这样一个愿望:提醒人们"要开始应对无节制的技术颠覆"了。

在翟教授眼里,虚拟现实绝不仅是技术,而是事关人类文明的存续。翟教授虽然在做着一个又一个的技术实验,但更有价值的,是他的思想实验。

翟教授的思想实验,围绕所谓"现代通灵术"的思想内涵。他畅想,"假如我们进一步将机器人技术与数字化感知界面相结合,我们将能在虚拟世界内部向外操纵自然世界的所有过程"。这样,如果我们愿意,"我们可以终生在虚拟世界中生活并一代代繁衍下去"。翟教授设想的虚拟生存虽不新鲜,但论断极为大胆。

在不远的将来,你戴上头盔(或眼镜),穿上数字紧身衣,就可以进入虚拟世界。这个场景比尔·盖茨在 1995 年出版的《未来之路》中就描述过。这不只看上去是一场游戏，这实际上就是一场游戏。对现在的游戏玩家来说，游戏意味着手里拿个铁盒子，眼睛盯着屏幕，或者顶多加上一点虚拟现实技术。而对未来的游戏玩家来说，全身的五官可能都会被数字转换器、感应器包裹得严严实实，你可以完全"沉浸"在游戏的场景中，甚至你根本无法分辨到底哪些是游戏场景，哪些是现实场景。这种状态叫浸蕴。

比如一个战斗场面，你能感知到自动武器的后坐力和枪弹射击时的火舌和声响，能看到射中岩石的火星。当有人中弹后，你会听到真的惨叫，看到中弹者鲜血直流，一命呜呼。如果是你自己中弹，你会体验到真实的令人心悸的剧烈痛苦和晕眩——别担心，那只是心理上的，卸下电子行头，回到自然世界，你仍然好好地活着。

这种死而复生的奇妙体验——生生死死竟然可以随意把控——已经从很大程度上突破了肉身之人以往所能感知的经验。就算再木讷愚顽的人，也会赞叹这玩意的刺激。它让你实现了现实中无法实现的梦想，带给你现实中无法达成的梦境；它让你随心所欲，在多重空间、多次生死、多重人格间，遍历多重体验。

其实，我们知道，所有的游戏都在利用人的弱点，比如人的"感受阈值"。举"视觉"的例子：初中物理告诉我们，家里的电灯发出的光实际上是闪烁的，闪烁的频率是 50Hz，由于视觉暂留的缘故，人的眼睛无法分辨出这个频率，所以我们看到的灯光是柔和的、"稳定的"。基于同一原理，电影院播放电影时，每秒播放 24 帧图片，就可以让肉眼感觉到流畅的连续画面。以这样的"视觉分辨率"，现在的电脑用数万像素表达出色彩之美，其色泽之亮丽与丰满，足以令人惊叹。人的感觉阈限很低，骗过人的感觉其实很容易、很简单。

感官并不牢靠的结论，当然不必等到电脑时代才能得出。欧洲理性主义哲学在与经验主义哲学的对垒中，已经系统地考察了感官经验不牢靠的全部哲学基础。不过，以往哲学层面的思辨与今天互联网上的体验截然不同，思辨的哲学一点也不好玩，主要是因为没人搞得懂，也勾不起人的欲望，远不如"人的切身体验"这种虽然不牢靠、但真真切切的享受来得爽快。

充分利用人的感觉阈限，这就是虚拟现实、赛博空间的真相。哲学、感觉、经验、自我、物自体等，第一次可以让一个不读康德、不懂斯宾诺莎的人，穿上头套、戴上眼罩，扎扎实实深刻体验一把，真的爽得很。但这种局面、这般体验需要加以认真看待、认真思考。

当然，仅仅注意到这种"利用人的感觉阈限"是远远不够的。值得警惕的是这种思维方式的强大"驱动力"。比如翟教授说：那些浸蕴式的体验娱乐，其重大意义在于"自人类历史以来，我们有可能第一次在人类文明根基处进行一场本体上的转换"，"我们可能已经开始了这一最激动人心的历程，即在本体层面上为我们的未来子孙创造一种全新的栖居环境"。翟教授的观点我并不全然赞同，但透过他的分析和阐释，尤其值得深思的是，被当下元宇宙引爆的丰富的商业想象力固然令人耳目一新，但一上升到哲学层面，这些技术狂人论调中那陈腐的古典科学决定论、确定论、心物二元论的本质便暴露无遗。

今天的技术天才可能全然忘了真正谦逊的科学——如波普尔揭示的那样——永远不说"是"，只说"不是"。这一点颇相似于中国禅宗的智慧，"当你说自己抓住了禅，其实禅已远离你而去"。爱因斯坦也说，"人类一思考，上帝就发笑。"

这种认为自己抓住了、摆脱了什么，并且兴奋地以科学的名义来宣示的东西，与其说离真理近一些，不如说离商业的秀场更近一些。

迈向深邃的星空

翟振明教授是哲学出身，更重要的是他是中国人。100 年来的哲学思潮，最伟大的发现，其实是发现不可能。"空无"，并不是"空白"。中国古代贤哲的智慧，对超越有无之辩、有无之境，天然地有自己的独到视角和言说。

无论孔孟或者老庄,驾驭有无的至妙法门是除却黑白的第三极——中道。

用中道的思想"统摄"有无。这一点需要极大的耐心、极强的意志和精妙的自我把持能力。

这个世界并非用钻探、挖掘、还原法就可以穷尽。今日之中国人,已经走出了明清学者彼时所处之时代局限。彼时在船坚炮利的威慑之下做出的两极分化式的选择——要么进而富国强兵,要么退而居祖地、安一隅——已不再是这个时代的唯一解,同时,这些选择也被当下的新科技赋予了新的意涵与可能。中国人在兵略上讲进可攻、退可守,进退自如。在复杂多变、纵横交错的当下世界,要进退有度显然不是那么容易的事情,特别在人工智能、大数据、物联网、5G、虚拟现实、数字货币等高科技正在铸造未来数字世界的新基础设施的时代,一方面要有扎扎实实的硬核实力,另一方面,还要保持极大的虔诚和敬畏。能很好驾驭"为"与"不为"两者的,恰恰是中道。

但是,中道并非坐而论道。这又是翟教授实验室的另一番启示。人类要改造世界,也不能忘记解释世界。这个世界不但需要重新解释,更需要在改造中解释。

这些都没有现成的答案。

段永朝

2022 年 2 月 16 日

序言(三)

虚拟现实的回乡之路
——虚拟现实的形而上学终极意义

> 我们切不可为了时代而放弃永恒。
>
> ——胡塞尔

不久之前,翟振明教授联系我,希望我为他的著作《虚拟现实的终极形态及其意义》一书写个序言。该书的出版社将是商务印书馆,出版时间是今年下半年。为翟教授《虚拟现实的终极形态及其意义》写序言,我还是颇有压力的。首先,我不是学哲学的,没有受过虚拟现实技术和相关思想实验的训练。还有,现在该书已经有了中国工程院院士赵沁平、网络思想家段永朝的两篇序言。更重要的是,读懂翟教授的《虚拟现实的终极形态及其意义》是需要下功夫的。直到昨天下午,我将阅读之后的认知与翟教授做了电话沟通,终于认为我可以为这本书写些文字。其实,谈不上是序言,只是学习体会,可归纳为这样几点:

第一,不存在唯一的"客观世界",所谓的"客观世界"仅仅是众多"可能世界"的一种存在方式。相较于"客观世界","主观世界"更具备普遍必然性。而"主观世界"最终决定于自然的实在与虚拟现实。

第二,对于人类而言,自然的实在与虚拟现实,或者说"真实"与"虚幻"是等价的。因为"基本粒子物理学"在虚拟世界和自然世界都是成立的,且有同等的合法地位,所以"虚拟现实的基础部分和自然实在同样地实在或者同样地虚幻"。只是自然实在是强加于人类的,而虚拟现实是由人类参与和创造的。

　　第三,虚拟现实技术和之前的传统技术存在本质差别,不再是人类的工具,或者独立的物体,而是"重新配置整个经验世界的框架",并通过数码模拟、视频眼镜、穿戴设备等引导感觉沉浸"迷人的方式",将人们置于一个"新创造的世界里"。

　　第四,自然实在和虚拟世界之间具有"一种反射对应关系"。"如果认为虚拟世界是自然世界的衍生物,那么,也因此要接受这样的推论:则自然世界也被看成是更高层次世界的衍生物"。自然实在和虚拟世界具有"同样的有效性和无效性"。这是因为:人们通过眼睛作为传感器所认知的物理世界之真实性,与通过复杂的信号传输设备所感受的虚拟世界之真实性,没有本质差别。

　　第五,人类经验包括两个来源:其一,因为与生俱来的生物学感知器官的功能所引发的经验;其二,因为虚拟现实所造成的经验。"这种人工生产的体验在原则上与自然体验不可分别。"于是,产生了"可替换感知框架间对等性原理":"所有支撑着感知的一定程度的连贯性和稳定性,其可选感知框架对于组织我们的经验具有同等的本体论地位。"也就是说,"本体地讲,对于组织我们经验的各种感知框架,没有哪一个具有终极的优先性"。

　　第六,在物理空间的"后面",存在更为丰富的虚拟世界。或者说,物理世界和虚拟世界都是世界存在的状态,既是二元的,也是一元的。从本体层面上,是承认虚拟世界是"实在的",决定于主体的立场。不仅如此,本体还会形成来自物理世界和虚拟世界的"交叉感知"。

　　第七,虚拟世界与自然物理世界不仅仅是平行关系,因为虚拟现实更具有张力和力量。"假如我们进一步将机器人技术与数码化感知界面相结合,我们将能够在虚拟世界内部向外操纵自然世界的所有过程",也就是"在赛博空间操纵物理空间过程",最终实现自然世界的每一个可被感知的对象在虚拟世界中都有一个设定的"对应项"。

　　第八,虚拟世界更具有意义,不仅因为人类可以实现在虚拟世界的代代繁衍、更具创造性,更为丰富人格。更为重要的是,虚拟世界展现了新文明的"无限可能性","可能重新奠立整个文明的根基",而且"它将允许我们参与我们的整个文明的终极再创造的过程"。需要强调的是,意义不同于快乐。例如,艺术、诗意、智慧、自由和许多其他富于意义的好东西不总是快乐的。虚拟世界和赛博空间与阿道司·伦纳德·赫胥黎(Aldous Leonard Huxley,1894—1963)所描述的"美丽新世界"正好相反:"它将前所未有地激发人类创造力并且分散社会权力。"

第九,感知框架的转换和经验的不同形式,不会影响心灵的深层次的自身统一性。心灵的存在与解释,未必与复杂的大脑结构存在对应关系。在心灵面前,人类的局限性是显而易见的。"我们不能通过硬接连线或符号程序使计算机具有意识。换句话说,我们能成为以电子为中介的新经验世界的集体创造者,但是不能通过电子操作手段创造出更多的有意识的创造者。"也就是说,"因为意识从来不是任何超符号的东西",技术虚拟现实能够重新创造可经验感知的整个宇宙,却无法创造出心灵。心灵显然处于更高层次,从心灵的立场看,"任何感知框架下的经验内容都是可选择的"。所以,需要引入"不依赖特定感知框架"的量子力学,寻求建立心灵统一理论的可能性。

第十,因为虚拟现实,人们需要重新思考"意义和造物主"的关系。尼采在19世纪80年代宣称"上帝已死",到了20世纪60年代,福柯宣告"人之死"。其实,无论是"上帝已死",还是"人之死",都涉及人类(包括尼采的超人)的能力具有有限性的问题。如果认为,"我们能够创新创造可经验感知的整个宇宙",那么这里就包含了"**上帝是我们**"的隐喻。问题是,人类没有可能复制心灵在内的宇宙,实现灵魂的永久存在,这意味着人类存在不可克服的局限性,永远不可替代造物者。

在以上十点归纳的背后,是作者的崇尚非物质性永恒的价值观。作者最终触及的核心问题是:是什么使灵魂的永久存在成为有意义,而物理元素的永久性存在成为无意义的? 我们如何可能不必经历消极的寂灭就可以看穿所谓"物质厚重性的把戏"?

对此,该书的第五章第七节"虚拟现实:回乡的路"给出了回答:"如此看来,虚拟现实于经验和超验层面都是内在善的。既然此内在善在两种意义上都不依赖于客观世界的物质性，虚拟现实绝不会剥夺人类生活的内在价值。相反，虚拟现实以革命性的方式增进了这些价值。它将我们从错误构造的物质世界带回到意义世界——人的度规的家园。我们可以说黑格尔式的绝对精神正在从一个异化的和暂时的客观化的物质世界回归家园吗？”

在该书中，作者提及了若干中外著名的哲学家和科学家，包括老子、柏拉图、笛卡尔、莱布尼茨、康德、贝克莱、黑格尔、胡塞尔。作者特别肯定了胡塞尔以意识的给定结构作为客观性和主体性的同一根源的新理性主义。作者最终提炼出他的哲学理念：“我们不是物质论者，也不是观念论者——如果观念是指在我们的有意识心灵中的那些东西的话。假如我们仍选择使用‘实在’一词意指此终极者的话，则我们可以说终极实在就是强制的规律性。但是为了使我们避免‘实在’一词的传统内涵，我们最好还是不要使用这一概念。因此，如果你愿意，你可以称此观念为‘跨越的非物质主义’（transversal immaterialism）或‘本体论跨越主义’（ontological transversalism）。”

最终，作者认为，隐喻地讲，中国的老子是第一位虚拟现实哲学家。在老子看来：任何二元对立都是暂时性的，因为它需要基于一个特殊感知框架看才有效。而道不是某一时间或某一地点被发现，它甚至不能被说成是在任何一个特殊的人之内或之外。它无处不在又处处都不在，它无刻不在又刻刻都不在。

翟振明教授的这本书是 2007 年北京大学出版社出版的《有无之间：虚拟实在的哲学探险》的再版，而《有无之间》则是作者 1998 年的英文原著 *Get Real: A Philosophical Adventure in Virtual Reality* 的中文译本。如果从 1998 年算起，至 2022 年，已经整整 24 年过去。历史已经证明并会继续证明，翟振明教授在虚拟世界认知方面其思想之超前性及其现实意义。翟振明教授是虚拟现实回乡之路的开拓者和引领者，元宇宙就是正在构建的驿站。

朱嘉明

2022 年 4 月 27 日

北京

导　言

虚拟现实第一原理(个体界面原理):人的外感官受到刺激后得到的对世界时空结构及其中内容的把握,只与刺激发生界面的物理生理事件及随后的信号处理过程相关,而与刺激界面之外的任何东西不相关。

虚拟世界第二原理(群体协变原理):只要我们按照对物理时空结构和因果关系的正确理解来编程协调不同外感官的刺激源,我们将获得每个人都共处在同一个物理空间中相互交往的沉浸式体验,这种人工生成的体验在原则上与自然体验不可分别。①

以往的技术已经在很大程度上帮助我们创造了历史,我们制造了强有力的工具来操纵自然和社会过程:锤子和螺丝刀、汽车和飞机、电话和电视以及其他东西。它们之所以是"工具",是因为它们是独立于我们的,对它们的使用通常不会影响我们感知世界的基本方式。无论是否被使用,一个锤子始终是客观世界中的一个锤子。当我们捡起它来并挥动它时,它不会消失或者变成我们的一部分。当然,在这个被工具影响了的环境中,作为制造和使用这些工具的结果,我们这些工具的主人在社会-心理层面上也改变了我们的自我感知方式,以及对我们的同类伙伴的感知方式。就像一个陷入自设陷阱中的猎熊者,我们有时甚至成为我们自己的工具的牺牲品。

然而,由于虚拟现实的出现,我们与技术的关系发生了剧烈的转变。同先前的所有技术相反,虚拟现实颠覆了整个过程的逻辑。一旦我们进入虚拟现实的世界,虚拟现实技术将重新配置整个经验世界的框架,我们把技术当

---

① 此两条原理添加于 2019 年 3 月。

成一个独立物体——或"工具"——的感觉就消失了。这样一个浸蕴状态，使得我们第一次能够在本体层次上直接重构我们自己的存在。仅当此后，我们才能在这一新创造的世界里将自己投身于这种制造和使用工具的迷人的方式中。

虽然所有先前的技术首先是关于客体一方的工具制造，虚拟现实技术却首先与主体一方的经验构成有关。换句话说，虚拟现实同遥距操作结合在一起，是自文明开始以来使我们能够创造一个可选择的经验世界整体的第一个技术。当我们选择了一个新的经验世界时，我们同时也选择了一个新的经验科学系统。公平地说，历史上很少有其他事件能够具有类似的重要性和深远意义。

然而，这种世界面貌和各种科学的重大变革依赖于我们的感觉感知的给定方式和内时间意识。这是绝对的东西，没有这些将不会有任何技术能够实现任何版本的经验的实在：当所谓的"客观世界"只是无限数目的可能世界中的一个时，感知和意识的所谓"主观世界"就成为普遍必然性之源。然而，这并非声称经验世界在我们的头脑中；相反，我们的头脑是经验世界的一部分。因此，我们必须防范两种常见的自然主义的错误：(1)将主体性等同于以个人偏好为转移的意见的主观性；(2)将心灵等同于作为身体部分的头脑。要记住，我们能够理解为什么自然实在和虚拟现实同等地"真实"或"虚幻"，是就它们同等地依赖于我们的给定感知框架而言的。但是如果虚拟现实同自然实在是对等的，为什么我们还要费心去创造虚拟现实呢？当然，明显的不同是，自然实在是强加于我们的，而虚拟现实是我们自己的创造。

在本书中，我将作出这样两个断言并为之辩护：(1)在虚拟现实和自然实在之间不存在本体论的差别；(2)作为虚拟世界的集体创造者，我们——作为整体的人类——第一次开始过上一种系统的意义性的生活。

因此，这不是一部预言技术的发展对不远的将来会产生什么影响的书，也不是一部推理性的科技幻想作品：本书采用虚构故事的目的，是要帮助我们理解虚拟现实在其逻辑极限处的状况。当你被它们深深吸引时,不要忘记要时时注意这些故事如何支持着由这些故事自身所推出的那些结论。通过对这些扣人心弦的故事的分析,我们将认识到,如果数码模拟、感觉浸蕴以及功能性遥距操作等技术的恰当结合发展到它的顶点,将会出现什么样的情形。因此,现在的技术能够在这方面做到什么程度并不是真正的问题。关键是,一方面,虚拟现实的发明为我们更深刻地理解实在的本性提供了一个契机;另一方面,对实在本性的充分理解将打开我们的眼睛,使我们能够看到虚拟现实技术——尽管还处于其原始形式——如何正在促使我们作一个基本抉择。

在第一章中,通过一系列思想实验我们同时达到了两个目的。可选择感知框架间对等性原理表明,从超越自然实在和/或虚拟现实的更高视角看,一个虚拟世界的感知框架同自然世界的感知框架之间具有一种平行关系而非衍生关系。我们的生物学感知器官,就如同我们为浸蕴于虚拟现实(VR)之中而穿戴的眼罩和紧身服一样,不过起着信号传输器和信号转换器的作用。我们还将看到,无论感知框架如何转换,经历此转换的人的自我认证始终不会打乱。故一个人感知框架的转换仅使外部观察者对此人的同一性认证发生混乱,而不会使其自我认证发生动摇。仅当我们拥有一个不变的参照点,我们才能够理解感知框架的转换;此不变的参照点根植于人的整一感知经验的给定结构中。

在第二章里,我证明了自然世界的一切功能性同样能够在虚拟世界实现,从而增强了我们对交互对等性的理解。我们在此先抛开人的不变的自我认证的看法不管,我们发现因果联系概念对于理解虚拟现实经验的基础部分是不可缺少的,正是基础部分使得我们能够遥距操作自然世界的物质过程。这种遥距控制对于我们的生存是必需的。我们使用“物理的”一词表示因果过程,它优先于任何感知框架。由于空间性关系依赖于特殊感知框架,这里我们的因果性概念独立于距离、连续性、位置性等观念。因此我们所讨论的自内对外的遥距控制只是一个比喻性的说法,因为如果对“内”和“外”进行空间性理解的话,则根本就不存在什么"内"或"外"。但是如果我们将"外"理解为"外在于"整个空间,因而其指的是物理规律性,则这一比喻似乎更为恰当一些。

为了表明虚拟现实在实现人类生活的功能性方面**完全**同自然世界对等,我论证了为实现人类生育而必需的赛博性爱是如何可能的。由于我们仍以自然世界的立场为出发点,因此,我们考察了虚拟世界两性之间的性行为如何能够像在自然世界一样带来有性的生育过程。

如果虚拟现实仅能满足我们的基本经济生产和生育的需要,也就是说,如果虚拟现实仅具有其基础部分,则它对于整个人类文明将不会具有如我们所说的那种重要内涵。正是扩展部分的无限可能性,使得我们成为我们自己的新文明创造者。如果我们用"本体的"一词指谓我们称之为"实在的"东西,则我们**除了**能够在基础部分以本体创造者的身份改变我们同自然过程的感知联系**外**,还能够在扩展部分创造我们自己的有意义经验。

在第三章中,我们首先假定了我们在区分真实与虚幻时其中所暗含着的一套渐强的临时规则,然后着手对真实与虚幻加以解构。我们发现,在何为真实、何为虚幻的问题上,虚拟现实与自然实在之间具有一种反射对称结构。甚至,在第二章中被保留的,属于更高层次因果联系领域的物理性和因果性概念,同样适用于虚拟世界并具有与自然世界一样的规律性。即,如果我们能够在通常意义上将物理性和因果性理解成自然世界的一部分,则我们同样可以将其看成虚拟世界的一部分。并且,如果我们试图将虚拟世界看成是自然世界的衍生物,则自然世界也必须被看成是更高层次世界的衍生物,如此以至无穷。这样,我们再次以某种独立于任何感知框架(甚至时间和空间)的先验决定性而告终。

接着,我分析了我们的终极关怀在自然世界和虚拟世界中如何是相同的;我们将追问同样类型的哲学问题而不会改变它们的基本意义,并因此自柏拉图的《理想国》以降至本书所包含的一切哲学命题——只要它们是纯粹哲学的——将在两个世界中具有同样的有效性或无效性。

　　在第四章中,我表明,无论我们的感知框架如何从一个转换成另一个,也不管经验本身可能呈现为多少种不同的形式,心灵总是在最深的层次保持其自身的统一性。约翰·塞尔(J. R. Searle)、丹尼尔·丹尼特(Daniel Dennett)以及许多其他对心灵问题持传统神经生理学或计算模式观点的人都存在整一性投射的谬误。如果我们采纳量子力学这样的理论——它不依赖于特定感知框架——我们就能够避免这样的谬误并且有希望开始建立心灵问题的统一理论。我提出,或许-1的平方根是量子理论和狭义相对论的灵智因子,对其进行重新诠释可能会在科学探询的根底处产生真正的突破。

　　在第五章里,我们讨论为评价虚拟现实所必需的、基本的规范概念。我采纳了我的前一本书中的概念,带领读者对为了理解人类生活所必不可少的两套概念进行了对比,这个对比是建立在实在性和观念性之间的基本对照的基础上的。人的度规(humanitude)和人格概念(personhood)被确定为规范原理的基础,它们不依赖于世界的所谓物质性。由于创造性被理解为一切价值之源,虚拟现实——它增强了我们的创造性——将使我们过上更加有意义的生活。

　　在第六章中,虚拟现实的潜在危险被表明其不过是技术文明脆弱性的一个特殊事例。它来自两个根源:(1)我们不可能拥有为了完全控制虚拟现实的基本结构以防止这一系统整体崩溃所必需的全部知识;(2)可能有少数邪恶的人通过遥距操作掌握巨大的能量。由于这样一种潜在的危险,我们应该始终把自然实在作为后备系统。但是,这也不能够提供最终的安全保证,因为自然系统同样可能背叛我们。

　　我们终将一死。但是在某种较弱的意义上我们能够实现不朽:我们的人格作为意义结的构成物超越出我们生活的经验内容。由于虚拟现实使我们更加具有创造性,它也使得我们能够筹划超越我们的生活的更丰富的人格。赛博空间因而是人的度规的一个栖居地,它将允许我们参与我们的整个文明的终极再创造的过程。

第一章
如何绕到物理空间"背后"去

有另一个世界

在其中

此世界乃另一世界

有另一个梦境

在其中

此梦境乃另一梦境

没有另一个我

在其中

这个我就是另一个我

——《我与世界》,翟振明,1997

当前,虚拟现实作为一种新型娱乐游戏正被热炒着。只是,不知是碰巧还是另有缘由,"娱乐"(recreation)一词也可以看作是"再创造"(re-creating)一词的变种。这一娱乐不要紧,却开启了一个能够在本体层面改变人类文明根基的关键过程:我们正"重新创造"(re-creating)整个感知世界并回归到普遍意义之源头。与此相应,我们将从更高的视点,重新解释什么是"实在的",什么是"虚幻的"。虚拟现实是我们通过符号程序和浸蕴技术创造出来的,但是如果我们沉浸于其中并在沉浸中开展这个创造和再创造的过程,自然世界和虚拟世界之间的即时经验的界线将变得扑朔迷离而无从把握。

假如我们进一步将机器人技术与数码化感知界面相结合,我们将能够在虚拟世界内部向外操纵自然世界的所有过程。在这种情形下,如果我们愿意,我们可以终生在虚拟世界中生活并一代代繁衍下去。我们甚至可以这样设计我们的虚拟世界,从而让自然世界的每一个可被感知的对象在虚拟世界中都有一个设定的对应项;此外,我们还可以激发纯粹的无客体对应的数码刺激体验。如果原则上我们能够这样做的话,那么,即使在本体层面上,我们又如何能够对虚拟世界和自然世界进行最终的区分呢?如果我们是经验主义者,我们会把我们所沉浸其中的赛博空间看成是"实在的";如果我们是柏拉图主义者或者佛教徒,我们会将其看成是"虚幻的",这和我们通常对自然的物理世界的看法是一样的。举个例子来说,我们的视觉系统通过眼睛这个传感器与物理世界相联系,而眼睛和一个复杂的信号传输转换设备没什么两样。如果我们戴上一个头套使信号经历更多的转换程序,这可能会使我们的感知多了一点人工成分,但是这些感知会因此少掉一些真实性吗?

不论"真实"与否,这不正是赫胥黎《美丽新世界》的数码化版本吗?在虚拟世界中,"活着"意味着什么?为了准备讨论类似这样的问题,我在本章将建立起一个原理,叫作"可替换感知框架间的对等性原理":**所有支撑着感知的一定程度的连贯性和稳定性,其可选感知框架对于组织我们的经验具有同等的本体论地位**。这一原理将能够使我们绕到所谓物理空间的"后边",去看一看为什么我们所熟悉的空间结构不过是许多可能的感知框架之一。如果你想知道一个相对较小的计算机——它不过是物理空间中的一个物体——如何能够"容纳"像整个物理世界一样大的空间,你必须绕到空间的"后边"去才有可能看个究竟。在空间的"后边",你将会清楚为什么"小中有大"的说法并不是自相矛盾。而且,这种说法不但不是自相矛盾的,你还会知道是什么机制使它成为可能。

一、埋头游戏,玩网得惘

无论如何,我们在这里必须从可感的场景入手,而不能从概念到概念。毕竟,我们首先要讨论的不是逻辑问题,而是实质性的关于世界本性的洞见。为了这个目的,让我们先进入一个奇妙的娱乐世界,在这种极致的娱乐(再创造,re-creation 的双关)中开始我们的哲学探险。我想,你有望在不久的将来通过先进的虚拟现实技术亲身体验下面所描述的情境。

在你开始进入这个最新奇的虚拟现实游戏之前,你和你的同伴将被要求戴上头套(或眼镜),这样,除了眼睛正前方两个小屏幕上的电视动画图像之外,你不能看到其他任何东西;并且,除了耳机传出的声音外,你也不能听见任何其他声音。你看到的都是三维动画图像,听到的都是立体声。你可能还要穿上紧身服,包括一对手套,它不仅能够监控你身体的运动,而且随着你在游戏中耳闻目见的东西的不断变换,它还会给你身体的不同部位施加相应的不同程度的压力感以及其他内在于触觉的质地感。然后,你站在一个滚动的跑道上,这样你可以在原地自由地走动;与此同时,监控器探测到你的动作,信号立即输入到计算机中,紧接着就会在你的感官界面出现与你的移动相对应的所有视觉和听觉信号。于是你完全被连接到这个人工"自然"的世界中了。你的同伴在另一个房间里,被连接到同一个计算机上,情况与你类似。

一旦游戏开始,你就会进入一个脱离于外在自然环境的独立王国,但你还是用你的眼睛去看,用你的耳朵去听,用你的手和整个身体去感觉。换句话说,你浸蕴于赛博空间中了。让我们假定你正在体验下面一种典型的游戏内容:你的同伴和你各持一支自动步枪,准备向对方开火。三维图像做得非常逼真,你的整个身体的移动和你眼前的图像如此协调,以至于你几乎不能区分出动画图像中的身体与你原来身体之间的差别。你的同伴,看起来也和你一样真实。你们中间可能会有几棵树或几块石头,旁边还可能有一处房子,你能够从门口走进或走出。你能摸到树上的叶子,感觉到墙的硬度。你开始跑动、转身、躲藏,中间不断地磕磕绊绊,你一会儿紧张恐惧,一会儿又兴奋不已,你还能听到从不同方向发出的声音。当你的同伴向你射击时,你感到子弹正打在你的身体上。你犹豫了一下,接着扣动扳机反击……就这样不断地射来射去,突然你们中的一个中了致命的一弹,倒了下来,鲜血流了满地,这个人最终输了这场游戏。游戏结束了,不过,即使你是输家,你也感觉不到临死前的剧烈疼痛或晕眩。你会很快卸掉所有连接,回到游戏前的自然世界,你发现你仍然好好地活着,只是心有余悸,觉得不可思议,并为此惊叹不已。

在当前或者不久的将来,最好的虚拟现实游戏可能就是这样给你提供娱乐和消遣的,但这仅仅是一个开始。在本书中,我将试图表明,这种娱乐将可能以怎样的方式以及在何种意义上把我们推往终极娱乐(再创造)之途:自人类历史以来,我们有可能第一次在人类文明根基处进行一场本体上的转换。我们可能已经开始了这一最激动人心的历程,即在本体层面上为我们的未来子孙创造一种全新的栖居环境。

说到栖居,可能会招来许多人的奚落。因为,这似乎意味着我们可以在非隐喻的意义上生活在游戏中。有人可能会说:"什么?你的意思是让我们永远待在虚拟现实游戏中不再出来?别那么傻气、那么自命不凡了!游戏就是游戏,仅此而已!"我的回答将是:是的,现在看起来这只是一个游戏,但它无论如何都不是一个普通的游戏。一旦我们进入这种游戏,就会开始摧毁我们在过去无意地建造起来的一堵"墙",这堵"墙"被认为在某种所谓的感知优先权基础上将实在的东西和虚幻的东西区分开来。我们将最终认识到,如果虚拟世界具有某种相对稳定的结构,则自然世界和虚拟世界之间就不存在根本差别。理由很简单:从本体上和功能上讲,**视频眼镜就相当于我们自己的眼睛,紧身服相当于我们的天然肌肤;在两个世界里,我们拥有同样合法的基本粒子物理学知识**——它们之间没有什么根本性区别以使得自然世界是实在的而人工世界是虚幻的。区别仅在于它们同人类创造性之间的关系:其中一个世界是被给予我们的,而另一世界则是我们参与创造并有可能选择的。现在,让我们一步一步地看看,这是如何可能的。

二、如果现在就……

我们将要充分放纵我们的想象力,这样我们就开掘了一个为我们提供严格的理性认知所需的丰富内容的源泉了。为了从一个优越的视角理解虚拟现实的本质,我们需要找到一种新的思维进路来进一步消除我们所习惯的对实在的物理主义假定。不过请注意,我们这里讨论的还不是虚拟现实本身,而是在寻找将要引导我们理解虚拟现实的某种原理。为了这一目的,我将诉诸思想实验或者如胡塞尔所称的"自由想象变换"的方法。

正如我们所知,任何思想实验的设计都是为了澄清概念之间的关系,或者凸显单个概念的本来意义,而不必考虑实验的实际操作困难,因此,思想实验的有效性不依赖于技术发展的程度。鉴于其自身的独特目的,思想实验原则上只要求理论上的可能性。[①] 我们之所以能够依赖这种方式,是因为在本

---

① 对于那些不熟悉作为哲学常用方法之思想实验的人,进行一定的说明是必要的。思想实验设计的是一种假定情形,用来检验一个理论各概念间的逻辑联系或通过某一概念理解现象的本质。它不关心这一情形所涉及的过程在实践层面的可行性,也不要求或者暗示这一过程在世界上真的存在。但是,它要求这一情形在理论上是可能的。

在日常生活中,我们也经常使用思想实验做论证。如果有人声称一个人的个子"越高越好",你可能会做一个简单的思想实验向他表明这种说法是不恰当的。你可能会问他:"如果你比世界上的任何建筑都高,这比和迈克尔·乔丹一样高更好吗?"他想象着自己高过世上任何建筑,又同迈克尔·乔丹的高度做一下对照,可能就会认识到他所说的"越高越好"是没道理的。他真的需要长高到超过每个建筑后才能认识到这一点吗? 当然不必。我们需要知道如何使他达到那个高度吗? 也不必。在这个简单的思想实验中,两个概念——"是高的"和"是好的"——之间的关系就被澄清了一些。

我们这里的讨论所做的思想实验要远为复杂得多。我们试图抓住实在、感知、人格同一性等观念的本质要素和它们之间的概念联系。为了跟上思想的理路,我们需要完全的专注。你可能会问:"为什么我们不用现实生活中那些更容易理解的例子?"理由是:当存在着概念的混淆并因而需要哲学上的澄清时,这混淆通常正是被我们日常生活经验的不完全性引起的。在上面的例子中,由于我们在日常生活中很难遇见身材高到引起不便的人,而我们确实知道一些人抱怨自己太矮,我们可能会得出印象,高一些总是好一些。为了打破这样的误解,我们必须超越这种常规性。同样,哲学上的思想实验也经常需要用非常奇特的设想来打破人们原始的但不正确的信念。

章中我们试图建立的是一个将自然世界同虚拟世界联系在一起的哲学原理，而不是一个建造虚拟现实的技术原理。在准备进入这样的实验时，我们要时刻牢记思想实验的本质和目的。跟随麦克尔·海姆（Michael Heim），我们提出这样一个问题："难道不是所有的世界——包括我们前反思地看作现实的世界——都可以看成是符号性的吗？"①

笛卡尔的《沉思集》被认为是近现代哲学的里程碑著作。下面的思想实验可以说是其第一沉思的新版本，不过我们将会更为深入地讨论一些重要情节，这些情节将引导我们掌握理解虚拟现实与自然实在关系问题的关键所在。也许，下面的情节听起来像是科幻故事，但我们也许会发现，这样的情节并不以未来某种高度发展的技术为必要前提。它要是让你觉得失魂落魄的话，正是因为它能让你立即联系到自己当下的形而上学处境。

假设迪士尼世界开放了一个新的游乐园，叫作"深度空间探险旅行"。假期时，你决定带领全家（假定是你的妻子和四岁的女儿）去那儿玩。就在"魔幻王国"以东几百米处，你看到一个奇特的新大门，就像一个通道的入口，从那里你们将进入一个完全未知的奇妙世界进行探险。你们到了门口，但是安全警卫让你们止步，告诉你们在进门之前必须进行检测。他用一个像是脉搏探测器的东西卷起你的一个手腕，上面有两根导线接到一个柜子里。大约几分钟后，安全警卫告诉你通过了检测并为你除下"探测器"。你的全家都进行了同样的检测，然后你们作为一个小组进入了游乐园。你问自己："这个园子同别的园子有什么重要的不同，以至于在进去之前就不得不接受这种令人不快的检测？"

突然，你听到一声爆炸的巨响，接着就看到一团巨大的烈火吞没了眼前的一切，同时还听到你的家人在尖叫。此时此刻，你对自己说："我的天，我们完了……"

---

① Michael Heim, *The Metaphysics of Virtual Reality*, New York/Oxford: Oxford University Press, 1993, p. 130.

　　"预演结束了，先生，"这是安全警卫熟悉的声音，"现在该回到现实中来了。"令你惊讶不已的是，你发现自己毫发无损地站在大门口，你的家人依然站在你身旁！

　　如果你够聪明的话，你大约会猜到，你们第一次体验到的"除下"探测器不是真的发生过，因此根本没有什么后来的烈火将你吞没。"探测器"实际上是一个向你大脑发送信号的设备，使你体验到事先设计好的、在现实世界中并无对应物的事件。那个被安全警卫称作"模拟爆炸"的事件，只是为你即将开始的探险旅行设计的一场预演。

　　你们一家人停止了抱怨，进入园中。你们首先选择的是"行星爆炸探险"。你们一家三口挨着坐好，按要求系紧了座位上的安全带，因为你们将要经历一场地球和另一个行星的剧烈碰撞。你们按照要求做好了准备，想象着碰撞"真的"发生后会给你们全家带来什么样的震撼。

　　旅行开始了，你意识到地球即将飞离轨道，因为你看到天空中各种奇怪的物体和光束越来越快地穿梭而过。突然，你看见一个闪亮的东西变得越来越大，快速地向你直冲过来。你知道这就是那个将要与地球撞到一起的外来行星。景象是如此逼真，以至于你的心开始咚咚地跳起来！但是你仍记得这不过是一个游戏，不会有什么危险发生。然而，与你的预料相反，就在这外来物撞到你之前，你看到你前面的人们首先遭到袭击并被撕裂成碎片！你大声地尖叫起来，然后……原来一点事都没有。你再次发现自己和家人仍安全地站在大门口，完好无损，而安全警卫正微笑着看着你们。

　　此时此刻，你真的开始愤怒了，因为你有种被愚弄的感觉，接着这愤怒变成了极度不安的焦虑。你后悔自己居然想来这种地方。于是你对妻子说："亲爱的，咱们还是回家吧。"你的妻子同意了。你们除下身上的电线，叫来一部的士。你们一家三口上了车，向机场驶去。几小时后，你看到了你们的家，多么甜蜜温馨的家啊！你将手伸进口袋掏出钥匙，插入匙孔，然后旋转，接着……你没有打开门，你发现自己又回到深度空间探险乐园的大门口！整个回家过程的经历仍然是事先编好的程序——假的。

　　现在你开始想知道是否你的"回到大门口"的经验也是给你输入的梦一般的预定程序的一部分。从现在起，你怎么能够确定自己是回到了现实生活中还是仅具有一些被输入的经验？可能你永远不会知道答案，当然，你将永远不能确定你到底是在哪个世界中。

　　如果这听起来有点恐怖的话，作为本书的读者，你可能会安慰自己说，这种迪士尼世界的玩意不过是个设想，它不会真的发生在你身上。然而，笛卡尔会问你一个新问题："这只能发生在游乐园的背景下吗？或许，这也能够发生在完全不同的场合？"说得再明确些，现在你能否确信你正在读一个叫翟振明的人写的一本称作《虚拟现实的终极形态及其意义》的书？还是你仅仅感知到如此？你怎么确定你现在不是被连接在一个输送信号的机器上——它使得你认为自己没有连接到任何东西，而是在读实际上并无实存的这本书的这行字？

　　进一步说，如果你现在（你的现在）不能确定你是否真的在读这本书，我现在（我的现在）也不能确定我是否真的在写这本书。我，翟振明，可能是你或者他人梦中的人物，在梦中他将自己梦成了翟振明，也可能是任何其他人的虚构。或者你甚至想知道那个安全警卫——如果在你眼中他是真实的的话——如何能够知道他自己作为安全警卫的经验不是由电子设备诱发的。他能够站在更高的认知位置上做出确切的判断，从而知道自己的处境吗？如果"实在"被理解为自足的实体，那么任何人，包括上帝，能够确知没有更高层次的实在造成他们对实在的感知吗？笛卡尔过去设想一个全能的恶魔自始至终在欺骗他，现在的我们又该怎样看待这一问题？

　　不过，你早就研究过笛卡尔，更是熟知后来的哲学家对他的批评。他关于整个生活都可能是梦的想法，早就被批得体无完肤了。我也和你一样，所以如果你问我，我是否是在这里断言所有东西都是不真实的，我会回答你说，那可不见得。因为我知道，要想使某些东西成为不真实的，必须有真实的东西作参照。如果一切都是虚幻的,那么"虚幻"一词就成了没有对立面的空概念,因此也就取消了虚幻相对于真实的特定意义。换句话说,为了将所有东西理解成一个梦,你必须设定一个做梦者。否则这个"梦"根本就不是梦了,因为根据定义,梦属于一个其自身不是梦的一部分的梦者主体。断言每个人生活中的一切都是梦,是一种无意义的说法。

此外,即使现在你并不是像看起来那样真的在读一本书,并因此你所感知到的白纸黑字实际上不是由一个真的人写的,然而你从这些句子中读到的意义不会是假的,因为意义本身从关键层面看是不依赖于物质的实在性的。更重要的是,那些清晰表达意义和感知经验的意识,不管它是来自感觉还是被注入进来的,都必定是真正的意识,无论我们怎样或是否用别的东西解释它。这是因为——正如我们将要看到的那样——无论选择哪种感知框架,意识的自我认证都不会被割裂或破坏。由此看来,刚才的迪士尼探险思想实验并不是要把我们导向彻底的怀疑主义。

只是,在现象学的层面上,我们需要悬搁这样一个假定,即任何被认定为真实的东西必须满足某种外部强加的标准,如可观察性或可测量性。相反,我们可以认定,即使没有这样的标准,我们也可以将不可或缺的东西和偶然的东西分开。我们的程序是这样的:我们看看哪些要素在所有情况下总是保持其单一性和自我同一性,哪些因素在情况变化时失去其单一性和自我同一的特性,前者是内在规定性的,后者则是偶然性的。

新版的笛卡尔沉思已经使我们认识到感知的相对性,但总的说来这并不必然导致本体上的相对主义。在我们进一步论证之前,感知的只能仅仅先被理解成是感知的,实在的观念最初并不需要被等同于感知的东西。至于虚拟现实,它不一定像刚才的"探测器"那样直接侵入我们的神经系统;或至少在本书中,这种"梦式注入"**不**被当作虚拟现实的一种。我们从刚才的娱乐游戏中得出的结论是,如果你浸蕴于同原先世界结构相似的另一个感知世界中,你没有任何理由确定哪一个是真的,哪一个是假的,至少从经验上看是如此。

我们讨论至今的只是感觉结构相同的诸种框架之间的平行关系,这种平行关系的揭示并没有多少哲学上的新意,我们费了些笔墨,只是以感性的方式抛出一个引子罢了。但是,如果另一感知世界与原先世界的结构不同会发生什么呢？也许,这会给我们稍微多一点的启示？让我们姑且举一个利用现代科技很容易实现的简单例子看看,这样的情景,我称之为"交叉感知"。

如果你的两种感官类型被以这样的方式改变:原先第二种感官的刺激源现在向第一种感官提供刺激,反过来,原先第一种感官的刺激源给予第二种感官以刺激,这样你将会出现交叉感知状态。举个例子,假定我们制造一个类似眼镜的器具,你可以把它戴到眼睛上,这个器具的功能是按照相应的变量将声波转换成光波(实际上这样的声波-光波转换器在普通的电子工程实验室就可以很容易地造出来)。另一方面,我们也制造一个类似助听器的光波-声波转换器。如果我们戴上这两个小器具,我们将会看到我们通常来说是听到的东西,听到我们通常来说是看到的东西。

在这种情形下,起初,由于从过去熟悉的感觉范式转到这种不熟悉的范式,我们会几乎失去行动能力。想象一下:你要想区分白天和夜晚,就得倾听周围的声音是嘈杂的还是安静的。如果有一辆救火车冲过来并发出火警,你将听不到警笛声,而是看到它像一道炫目的光束一样射过来。此外,你将会看到我所说的话,听到我写在书本上的词句。不过,经过一段时间的适应期之后,依靠每个人特有的适应性,你很可能会在不同程度上较好地应付这种情况了。如果让我们的孩子从很小的时候就开始戴上这样的小器具,或许当他们长大后取下时,为了适应我们的所谓"正常"生活,还要反过来面临同样的困难。

当然,这样的转换将会造成一些信息的缺损。但即使在这种转换之前,我们通过自然感官看到和听到的信息仅仅是许多可能信息中的一小部分(比如,我们不能看到紫外线和红外线)。因此,问题在于:如果我们声称"自然的"就是"真实的",而转换了的就是"不真实的",这能否得到本体上的有效辩护？

如果继续考察，我们将会看到这样的本体性辩护是无效的。我们还将看到有一个稳定的基点将所有的变化联系起来，那就是，无论选择何种感知框架，总有一套固定的量纲为所有的可能经验所共有，下一节我们将进一步讨论这是如何可能的。不过，首先让我们记住，至此为止我们在本节的论述所得出的结论：

既然我们完全浸蕴于一个自为一体的感知框架中，我们永不可能知道我们的感知经验背后是否有一个更高层次的经验动因主体；如果真有一个，那个动因主体将由于同样的理由对他／它自己的处境一无所知。

三、交叉通灵境况

从其连接人的头部和身体其他部分功能的角度看，人的颈项除了纯粹的机械连接功能外，还有两部分功能。第一部分是维持正常的体液循环，使人的头部及其内的大脑得到新陈代谢所必需的养分（如，维持血液循环等）。第二部分是在人的头部和颈部以下的部分之间来回传递信息，使我们的大脑可以处理身体各个部分的信号从而获得内感觉和外感觉，同时也发出各种信号控制身体各部分的动作。

现在假设有两个人：从外部观察看，我们设定他们是亚当（简称 A）和鲍伯（简称 B）。在他们的颈部，第一部分的功能保持原样，而第二部分的功能，即传递信息的功能，作如下无线连接处理。A 颈部的信息传输通路被割断，上下两个断口各接上一个微型无线电收发机后，再植回颈部。B 的颈部也做同样的处理。于是，我们可以对四个收发报机的发射和接收频率进行调制，使 A 的头部与 B 的颈下部分来回传递信息，而 B 的头部则与 A 的颈下部分来回传递信息。这样，A 与 B 之间就形成了一种"交叉通灵境况"（cross-communication situation，或简称 CCS）：原亚当的头与原鲍伯的身相结合为一个整体，原鲍伯的头与原亚当的身相结合为一个整体。（图 1.1）

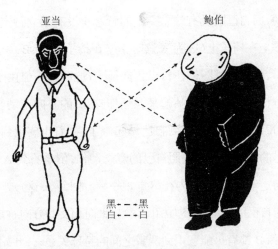

图 1.1 亚当和鲍伯间的交叉通灵境况（CCS）

在这种交叉通灵境况下，A 和 B 各自看到的仍是原来自己从头到脚的整个身体，但只能感觉和控制原属对方身体的颈下部分。如果 A 与 B 之间相距足够远，则整个情况如下表：

表 1.1 在交叉通灵境况下亚当和鲍伯分别看到和控制的部分

	亚当（A）	鲍伯（B）
能看见（用镜子）	原来的 A 的整个身体	原来的 B 的整个身体
不能看见	原来的 B 的整个身体	原来的 A 的整个身体
能感觉和控制	原 A 的头部和原 B 的颈下部分	原 B 的头部和原 A 的颈下部分
不能感觉和控制	原 A 的颈下部分和原 B 的头部	原 B 的颈下部分和原 A 的头部

为了加深对这种境况的理解，我们考虑以下几种场景。

场景 1：A 和 B 间相距很近，相互可以看见，并且是第一次在自己不知道的情况下进入这种状态。假设他们身处同一房间，坐在相距 10 英尺远的椅子上。A 看着 B，B 看着 A，一切如常。在他们任一方试图挪动自己的身体以前，他们看不出自己所处的状态与平时有什么明显的差异。现在，A 试图站起来走向门口，内部的感觉是自己站起来了并向前走动，但却看到自己的身体没有反应，仍旧坐着没站起来。与此同时，他却发现 B 站起来了，并行走起来，方向与 A 想要走的方向一样。另一方面，B 吃惊地发现自己的身体站起来并向前走动,而自己既没有站立行走的意念也没有站立行走的内部感觉,觉得自己还是坐在椅子上(因为 A 这时正坐在椅子上)。B 由于不知道到底发生了什么事,他首先试图停住自己正向前走动的身体,但由于他的内感觉是自己还坐着,他必须先努力站起来,然后向相反的方向走动。当他进行站立行走的努力时,内部地,他感到自己站起来了,接着也感觉到自己在走动。但他发现自己的身体并没有按照自己的意念动作,倒是看到 A 站了起来,并向相反的方向走动,与自己的内在感觉相一致。回到 A 这一方,他此时发现自己的身体与自己的意愿和努力相反,站起来向相反的方向行走。这样一阵混乱过后,A 和 B 都有可能意识到两者之间的特殊关系,并开始相互配合,休戚与共。

场景 2:A 和 B 知道自己处在交叉通灵状态,但相互间不可见并且不能相互交谈。假设 A 和 B 经历了上面的事件后远远地分开了,A 在纽约的某个办公室里,B 在东京的某个办公室里,都坐在椅子上。现在 A 听到电话铃响了,就伸手去拿听筒。如果没有 B 的配合,A 就不能拿到听筒,因为他在纽约的伸手的努力只能导致在东京的 B 的手向前伸,而对自己眼前的手无所作为。

然而,如果 A 和 B 之间先前有个约定,每当 B 看到自己颈下部分的身体有任何动作,他就试图做同样的动作。这样,当在东京的 B 看到眼前的手由于纽约那边的 A 的意愿而向前伸出时,他就做同样的伸手努力使得在纽约的 A 的手向前伸。如果这种合作在训练有素的情况下做得非常及时准确,A 就会觉得好像眼前的手的动作真是自己努力的直接结果,与他进入交叉通灵状态之前没啥两样。但是 B 却总是知道自己是在配合他人,因为他是看到由 A 控制的手的动作以后才学着去做同样的动作,意念总是在看到的动作的后面。如果 B 打算不按约定办,开始按自己的意念发起 A 的动作,那就会一塌糊涂了。不久,他们双方都有可能撞到墙上,或更糟。

如果现在 A 出了事故,一条腿受伤流血了。A 会看到他的腿伤得很重,但却觉不出疼痛。B 感觉到腿的某个地方似乎痛得厉害,但看上去却根本没有什么物理性的损伤（由于 A 和 B 的姿势和动作不同，对 B 来说，疼痛的地方与他看的地方可能会有令人困惑的错位）。

场景 3：A 和 B 相互间不可见但可以通过无线电话交谈。在这种情况下，如果 A 和 B 之间不存在敌意且身材基本相同，他们之间就很有可能相互合作达到基本的动作协调而无须先有一个考虑周到的约定。假设他们双方还是一个在纽约一个在东京，都坐在椅子上，各自手里拿着无线电话的听筒，且相互知道对方手拿听筒。现在，在纽约的 A 要到室外的售货机那里买一罐饮料。当然，A 不能自己起身走出门外，因为他行走的意念只会使在纽约的 B 站起来行走。但是，A 可以根据内感觉把 B 的手抬到耳边。当 B 看到自己的手抬至耳边时，知道 A 要打电话给他，就做同样的抬手动作，让 A 的手也举到耳边。电话接通后，A 就可以指挥 B 帮助自己走到售货机投币并取回饮料。然后，B 也可以指挥 A 给予同样的配合。

至此，我们描述了 A 和 B 在交叉通灵状态下的三种不同的协调方式。我们之所以能够进行这种描述，是因为我们只是以第三者的旁观态度把"A"和"B"作为纯粹的标签，对应于外在地观察到的两个作为物理上的连续整体的身体。但是，如果我们还没忘记的话，"A"原来是代表"亚当"这个人，"B"是代表"鲍伯"这个人。在这里，我们将会看到一个根本性的含混。

让我们假定 A_1 代表亚当在纽约那个完整身体的头部、A_2 代表其身躯，B_1 和 B_2 相应代表鲍伯在东京那个完整身体的头部和身躯。现在，我们要问，在刚才所说的交叉通灵境况下，亚当和鲍伯这两个人各自在哪里？为了将这种类型的问题同人格同一这类标准的传统哲学问题区别开来，我称这里要讨论的问题为位置同一问题。由于同一性的根本性质就是单一性，任何认为 A 或 B 同时在一个以上地方的看法都不是对此问题的合法回答。

第一种可能的答案是亚当在纽约而鲍伯在东京，就如同他们的身躯没有交换时一样。这种回答的根据是假定人的位置同一具有空间连续性。按照这种看法，由于 A_1 和 A_2 在空间上是连续的，无论发生什么事，它们都属于同一个人——亚当,只要 A_1 和 A_2 之间没有空间上的分离,亚当就不多不少地是 A_1 和 A_2 的结合。A 和 B 要想调换他们的躯体部分,他们的身体必须被肢解然后重新组合。同样的情形,也适用于 B。

如果这种回答是正确的,一个死的身体将会同活的一样可以说明人格的同一性,只要这个身体没有被支离分解。但是很明显,一个死的身体的存在不能说明这个人存在,因为按照定义,死是一个人存在的终结。既然这种同一性理论的错误已在以往的哲学文献中进行过广泛的讨论,我在此就不多说了。

第二种可能的答案是亚当和鲍伯都同时跨越纽约和东京,因为自进入交叉通灵境况以来,尽管他们的躯体并无跨距离的物理位移,但实际上却对调了,并进行了重新组合。这种回答的根据,是假定人的位置同一的基础是信息的可传递性。所以现在亚当的身体是 A_1 和 B_2 的结合,而鲍伯的身体是 B_1 和 A_2 的结合,他们在交叉通灵境况中纠结在一起。之所以如此,是因为身体的头部和躯干若要属于同一个人,它们之间必须能够进行信息的传递。按照这种观点,由于 A 和 B 的身体的两部分同时分在两处并保持着信息联系,则他们的空间同一性并没有打断,只是被荒谬地拉长了,由不可见的无线电波维系着身体的空间连续性。

第三种可能的答案同第一种一样肤浅,即,亚当在纽约而鲍伯在东京,但是理由不同。之所以如此认为,是因为亚当只能看到纽约的地方,而鲍伯只能看到东京的地方。这种回答的依据,是假定一个人仅能看到他所处的地方。但是,后面我们讨论人际遥距临境时,将表明这种假定是成问题的。

第四种可能的答案同上,只是在解释时给出了不同的理由。它认为亚当在纽约而鲍伯在东京,是因为他们用以控制其活动的大脑分别在两地。显然,这种回答的依据,是假定信息处理和命令发出地是这个人的所在地。而身体同环境进行相互作用的地方,则与人所在的地点无关。

然而,第三种和第四种回答并未说清楚这两个身体的颈下部分到底属于谁。尤其是后一种说法,为了使信息的处理和命令的发出有意义,必须要求 $A_1 - B_2$ 和 $B_1 - A_2$ 这样的组合,这似乎不得不导致对第二种回答的认同。

以上四种回答中,第二种似乎是最有道理的。但是这种观点预设了一个假定,即通过无线电波进行信息传递,可以将身体的两部分连为一体。但是我们知道,无线电波在空间中并不指向任何特定目标,它们不加区分地同所有事物相连,因此单靠这种联系并不能将 A_1 和 B_2 以及 B_1 和 A_2 挑选出来并加以连通。而且,无线电波不通过任何媒介(如所谓的以太)进行传播,因此,如果信息传递是正在进行的,则从标准意义上讲,身体两部分间的物理联系是不存在的。按照这种观点,当亚当和鲍伯熟睡时,他们的位置同一性便中止了。但是,任何同一理论都不能允许一个人的位置同一性有随时中止、终止后又可以随时恢复的可能,因为这样的可能与同一概念的本性不相容。因此,这种位置同一理论是不恰当的。但是,这种回答似乎又是对人的位置同一性的最接近正确的说明,那么,问题的关键是什么呢?

如果我们直觉地洞察到,只要 A_1 和 B_2 之间**能够**进行信息传递并且它们也**只能**在彼此之间进行信息传递,则,即使 A_1 和 B_2 之间不处于联系状态时(如昏迷时),A_1 和 B_2 仍属于同一个人,这样我们就不能将人的位置同一性建立在空间整一性的基础上。A_1 和 B_2(或者 B_1 和 A_2)之间的可联系性依赖于信息发出端和接收端的某种协同作用,与任何可于空间之中辨明的媒介无关。它们的联系仅仅依赖于一种潜在的相互**协调**功能。因此,按照这种解释,人的同一性不依赖于通常意义上的空间连续性(图1.2)①。

对位置问题的第五种可能回答是,亚当和鲍伯作为人而言哪儿都不在,也就是说,他们不占据空间位置,因为空间只是人(以意识为特征)**用来**感知对象统一性的框架。因此,人本身不是空间中的一个物体。此时,我们还不

---

① 根据爱因斯坦的狭义相对论,在闵可夫斯基的空-时连续统(space-time continuum)内,任何以光速传播的东西由于间隔总是为零,故被理解为非传播的。因此无线电波在交叉通灵境况中可以被理解为静止不动的,并因而在 A_1 和 B_2 或 B_1 和 A_2 之间不存在"距离"。在闵可夫斯基的框架中,物理的单一性和人格的单一性可能是相同的。

能确定康德式的观点是否正确,但是它一定会带来这样一个问题:如果没有空间定位,那么人本身到底是什么? 为了更深刻理解这一问题,我们现在以交叉通灵境况为基础进一步展开我们的思想实验。

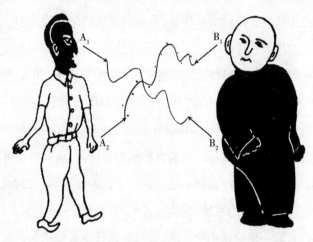

图 1.2　A_1 - B_2 和 B_1 - A_2 作为两个身体分离的统一个体是被潜在的协同功能连接在一起的吗?

四、人际遥距临境:我就在这里!

　　上面我们讨论了三种场景以及关于空间定位问题的可能解释,但是那些解释并没有最后推导出我们对位置同一性问题的最后解答。但是,我们真正需要的,并不是这种解答。为了帮助我们理解问题的实质,现在我们再设想一个场景:场景 4。这里,A 和 B 处于何地暂且不管。关键的不同是他们从一开始就是盲人,没有视觉功能。在这种情况下,由于他们从未用过视觉来感知事物,他们在交叉通灵境况下的感知同平时不会有多大差别。不过由于头和颈下部分位于两个不同的地方,它们有时会从各自所处环境中接收到不同的刺激。颈部以下部分可能会觉得非常热,而头部可能会感到比较冷;头撞到了墙而手却摸不到墙在哪里,等等。但是,这种感觉的不一致只是偶尔地困扰他们。通常,盲人进入交叉通灵境况后不会立刻感到强烈的反差:他们从未有过关于空间位置的视觉感知,①因此,位置同一问题,在他们那里同视觉感知没有多大关系。这样一个场景的设定,为我们讨论人际遥距临境带来了好的转机。

当然,这种双盲境地并不就是人际遥距临境。为了知道后者是什么情形,我们必须让视力正常的人重新使用头套,不过这里头套需要做一些改进,并且不必连接到计算机上。我们不变动小屏幕和耳机装置,它们就像电视机和收音机那样接收电磁波信号。头套外部双眼的位置,装上两个摄像头,双耳的位置装两个麦克风,它们能够从外界接收图像和声音,当然,它们收到的图像和声音是从远方转播过来的。此外,我们还要在头套的内部紧贴耳朵处增加两个小喇叭,它们能够被来自另一方的信号激活。而且,在交叉通灵境况下,来回传送的还包括了从一个身体转到另一个身体的控制头部运动的信息。

顺便一提,据报道,美国航空航天局(NASA)已经利用机器人和计算机进行遥距临境工作许多年了,这一技术能够让连接到线路上的人看见遥远地方的机器人所"看"到的东西,并通过移动自己的身体来控制机器人的活动。当机器人的"手"触摸到某个东西时,其控制者会感到他自己正触摸着这个东西。因此,如果你的机器人在月球上,即使你身处地球上的实验室中,你也能像真的一样在月上漫步,或者拣起一块月球上的石块。由于两方面的运动必须配合得丝丝入扣,因此必须使用计算机进行运算。既然是使用机器人作为遥控终端,这种遥距临境就不能算是人际的。而现在,亚当和鲍伯的大脑比电脑更好用,他们的身体比机器人反应更灵敏,他们可以利用对方的身体代替机器人进行遥距控制,因此,他们现在准备体验人际遥距临境了。

我们再次使用符号 A(在纽约)和 B(在东京)代指被观察到的身体,而不是指他们本人。我们还要记住,他们仍然处于交叉通灵境况中,其通灵部位

---

① 举例来说,当其中的一方感到脸部有点痒然后伸手去抓时,他会发现他的手抓到一张脸上但他自己的脸并未被触及,痒感还在持续。另一个人没有感觉到痒(除非发生巧合),但他的脸却被手抓了一下。这是因为,在身体两部分的感知之间仍然存在着不一致。

是 A_1 - B_2 和 B_1 - A_2。现在,让 A_1 和 B_1 都戴上改装过的头套并且调到对方的频率上(图 1.3)。①

图 1.3　亚当和鲍伯的人际遥距临境

在亚当和鲍伯那里会发生什么事? 此时,原先交叉通灵状态下视觉与躯体触觉的倒错消失了! 亚当即刻体验到自己从纽约转移到东京,鲍伯即刻体验到自己从东京转移到纽约——虽然双方的躯体触觉早已置换,但每个人的内部感觉和外部视觉都感受到自己的身体就在这里。在戴头套之前,他们仅在身体触觉上做了置换,但现在,视觉和听觉也置换了:亚当的大脑仍装在纽约的身体上,这身体被鲍伯的大脑控制着;而鲍伯的大脑也仍装在由亚当所控制的东京的身体上。令人困惑的是,现在亚当和鲍伯到底在哪里? 很清楚,在进行哲学反思之前,他们都会说,"我在这里!"——这一断言将分别从东京(亚当)和纽约(鲍伯)那里作出,即使他们的大脑还在另一个地方。他们作出这样的断言,意味着什么呢?

---

① 即,让亚当眼前的摄像机及耳旁的麦克风工作起来,拍摄到的影像和接收到的声音通过电磁波在鲍伯的眼前、耳边综合播放成立体声像。鲍伯那边的,则对称地倒过来发送给亚当。——译者注

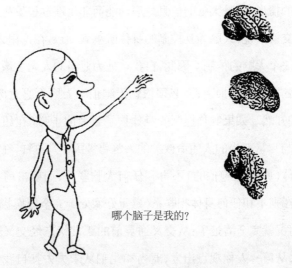

哪个脑子是我的?

图1.4　不知道哪一个大脑是自己的

　　也许,他们的断言到底意味着什么,我们一时还不能确定。他们所说的"这里",可能隐藏着他们自己都不很清楚的玄机。但无论如何,有一样东西可以确定,如果不通过感觉器官的外部感知,这两个大脑不可能察觉到自己的位置,大脑不能从内部知道自己位于何处。因此,一个大脑并不能将自己与一个从空间观察到的大脑对应起来,因为它的自我认证同空间性无任何关系。假如把这两个正通过远程通信为亚当和鲍伯工作的大脑从头壳中拿开放在眼前,他们能区分出哪一个是自己的吗?答案是,不能。(图1.4)无论他们的大脑被放在哪里,无论它们被怎样挪动,只要它们维持正常的功能,亚当和鲍伯将继续保持感知状态并且觉察不到空间位置有任何改变。他们的自我认证始终是同一的,他们的意识总是保持着完整性而不会被打乱,正如表1.2所示。

表1.2　亚当和鲍伯不再为他们的位置犯糊涂,因为双方都分别看到、
感觉并控制着一个统一的身体,尽管他们的身躯已做了置换

(距离足够远时)	亚当(A)	鲍伯(B)
能看见(用镜子)	B的整个身体和头套	A的整个身体和头套
不能看见	A的整个身体	B的整个身体
能感觉和控制	B的整个身体	A的整个身体
不能感觉和控制	A的整个身体	B的整个身体

　　在上面的情形中,是大脑的信息处理功能而非生理过程发生了交换。就一般的大脑交换来说,大脑为其控制的身体所承载,但是在这里,大脑所在的身体受另外一个大脑的控制。因此,自我认证为亚当的人无法像平常那样保护自己的大脑不受物理损害,而必须依赖于鲍伯本人愿不愿意保护好身体,反之,对鲍伯亦然。如果鲍伯控制的身体挨了致命的子弹(在纽约的原属亚当的身体),与自认亚当的人生命攸关的大脑将被毁掉。这样,在射击前由亚当控制的身体(原先是鲍伯的)不再和任何大脑联系,而射击前控制鲍伯活动的大脑现在则不和任何身体相联系(感觉好像处于完全瘫痪状态)。

　　因此,情况就完全清楚了:从交叉通灵前的正常状态经交叉通灵再到人际遥距临境,从第一人称观点出发,亚当和鲍伯从未失去其自我认证。即他们从不必问自己:我是亚当还是鲍伯? 亚当总是确知自己就是亚当,而鲍伯也确知自己就是鲍伯,即使他们的身体发生了交叉错位。但是对外部观察者来说,如果不追溯他们过去的身体连接历史或考证他们自己的说法,是无法确知谁是亚当谁是鲍伯的。因此,亚当和鲍伯的自我认证是人格同一的根本形式,它不依赖于外部观察者所看到的位置同一性。

　　现在的问题是,当亚当和鲍伯声称"我在这里"时,他们也是试图从位置上认证自己。如果我们假定自称亚当的人真的是亚当,自称鲍伯的人真的是鲍伯,他们关于自己位置的说法是正确的吗? 对其他观察者来说,仅通过观察是无法判断亚当和鲍伯是否交换了位置的。因此,如果大家都坚持自己的看法,则每个人都会得出不同于亚当和鲍伯自我认证的位置同一性结论。那么,当亚当和鲍伯声称"我在这里"时,这种断言中一定包含了某种新的东西。

　　这种新的东西有望让我们更为深刻地理解对人的自我认证和他人认证之间的原则之区别。因为我们看到,我们从新的角度被引向传统心灵哲学中关于第一人称立场同第三人称立场之间区别的争论,或称主观视界和客观视界区别的争论。当亚当和鲍伯声称他们在某处时,他们不可能采取第三人称立场,因为在交叉通灵境况或人际遥距临境中,他们不可能将自己看成他们自己跟前的一个物体。那么,亚当和鲍伯可能是从第一人称立场断言他们的位置同一性吗?也不是,因为这种断言完全是内在的,因而不允许他们感知外在的空间位置。那么,问题又出在哪里呢?

在进入交叉通灵境况之后、人际遥距临境之前,各种不同场景的经历,已使亚当和鲍伯悬搁了一个信念,这个被悬搁的信念就是:连接到他们头部的身躯必定是他们自己的。因此,重建新的身体所有权的感觉必须建立在新的基础上。这个新的基础,就是他们的意志与感觉同外部观察到的身体移动之间的对应。

正如我们讨论过的那样,在交叉通灵境况中,当亚当和鲍伯想移动自己的身体时,却看到对方的身体按照自己的意念移动,于是他们渐渐认识到他们的身躯被置换了。相反,人际遥距临境中的外部联系仅仅重建了行动上的方便以及原来的对身体的自然归属感,而并没有重建身体归属本身。他们外部看到的连通性被其他观察者用来建立他们的位置同一性,这并不能帮助他们自己消除交叉通灵境况产生的位置的不确定性。因此,亚当和鲍伯不可能从客体领域观察到身体同他们人格的重新结合,因为他们的人格不显现在客体领域,因此不能从外部观察到其与可见身体的联系。相应地,亚当和鲍伯对位置的自我认证同我们所问的"……在哪里?"包含的不是同一种类的位置同一性问题,后者是完全从第三人称观点出发进行的发问。

但是至少我们知道,人际遥距临境不仅能够保持人的自我认证的一致性,而且重建了在交叉通灵境况下曾令人迷惑的位置同一性,这单从第三人称立场是不能够理解的。为了更深刻的理解这种情形,我们必须从第一人称立场进一步考察各种可能性。

尽管外部观察具有不充分性,但是当亚当和鲍伯声称他们知道自己现在处在一个新地方时,他们必定是通过对空间位置的感知和观察作出判断——如果他们在感知的话,他们必定将对象感知成外在的。而观察必须包括两极:被观察者和进行观察活动的观察者。因此,当亚当和鲍伯确定自己不属于被观察者领域时,从他们的第一人称观点看他们一定处于**观察**活动的中心。在客体领域,实际上他们同外部观察者一样都看到了一个陌生的身体,但他们清楚地知道这个不熟悉的身体就是他们自己的,尽管他们可能会有些不太和谐的感觉。他们之所以知道,是因为他们所看到的身体的移动总能以某种方式同他们移动身体的意念相吻合。反之,一个外部观察者只看到这两个身体同过去一样,单通过观察无法判断这些身体到底属于谁,因为他无法进入亚当和鲍伯的第一人称视界。

因此,当亚当和鲍伯声称"我在这里"时,他们并非以通常意义的在某一空间位置"中"做自己位置同一性的断言。他们实际上是说他们处于观察活动的正中心,并以此确认周围事物的位置。所谓第一人称视界是指我们用我们的观察(和其他类型的)活动以及促成这些活动的精神现象来认证我们自己,而不是用被观察到的身体位置来认证。因此当亚当和鲍伯或我们中的任何一个说"我在这里"时,那个"这里"并未包含一个客体化的"里"在其中。(图1.5)

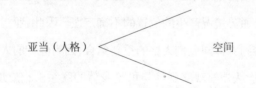

图 1.5　亚当不在空间"里",而是空间的参照中心

既然第三人称观点不能为推断和建立人的位置同一性提供充分的依据,而第一人称观点又不直接与前面例子中亚当和鲍伯在何处的位置同一性问题相关,那么,经过分析,我们不得不推出结论,亚当和鲍伯作为两个自我认证的人本来根本就不在空间中,因为人不是客体领域内可以进行空间性辨认的实体。由此,我们证明了前面讨论中的关于亚当和鲍伯所在处的第五种解释是正确的,即他们作为人本身既不在纽约也不在东京。毋宁说,他们就处在他们的观察活动的参照中心,并据此为他们各自在东京和纽约所观察到的物体进行位置认定。

以上观点,很容易让人们想起洛克关于记忆的连续性是人的自我同一性的基础的论断。洛克的记忆理论的内在困难,在哲学文献中已有过不少讨论。我们不禁要问,洛克的困难,是否也是我们这里的同一性论断的困难?值得庆幸的是,我们这里的论证与洛克式的记忆同一性理论没有必然的关联。在洛克的经验主义哲学中,记忆被首先理解为大脑的属性,而大脑是必须在空间中作为经验对象被找到的。按照这种理论,人总是位于其记忆承载者——通常是大脑——所在的地方。这样,甚至当亚当和鲍伯自己都无法知道他们所看到的哪个大脑是自己的时(如图 1.4 所示),他们仍然位于他们的大脑所在的地方。在这种情况下,第一人称视界完全被排除了。但是**撇开**任何理论,我们的交叉通灵境况和人际遥距临境思想实验表明,第一人称的自我认证总是牢固地、毫不含糊地支撑着自身,无论从第三人称视界出发的位置同一性认证在此过程中如何被打乱。换句话说,我们对第一人称自我认证的分析是现象学的;它不依赖意识隶属于大脑的因果性假定,亦即,由于在这种假定中大脑必须首先被理解成空间**中**的客体,我们不能一开始就承认这种假定。同时,我们也表明,第一人称视界是不可消除的,相反,它在人格同一性问题中占据着核心地位。

这样看来,人的身体一定在某个地方,而人本身,却不在任何地方。我们可以做出如下小结:在交叉通灵境况中打乱的空间位置同一性能够通过感知信息的同步互馈得到恢复,重新建立自我感知的统一性,而不必跨距离地移动身体的任何部位;作为观察活动的中心,自我认证的个人总是保持着没有歧义的同一性。这种空间同一性的恢复引出一个洞见:一个人自己宣称的第一人称的位置同一性与在空间的某个位置认定这个人的人格是不同的,人作为自我认证的统一体不占据空间的任何位置。

五、人际遥距临境共同体

人际遥距临境,不必是固定的一对一的对应。我们可以有一个共享大脑和身体的共同体,脑和身体通过选择不同的远程通信频道进行结合,就像我们平常操作电视和收音机一样。头和颈下部分以及视觉、听觉的信息联系应一起调好以便将两端的大脑和身体连接起来。每个大脑最多只能和一个身体连接,反之亦然。但正如我们能够选择不同的波长连接到不同对应物一样,我们能够"出现"在任何一个共同体成员所在的地方(图1.6)。试想,如果我们生活在这样一个人际遥距临境的社会,个性、隐私、公共性、所有权等概念的意义将会发生多么剧烈的改变啊!

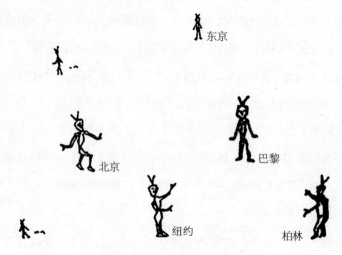

图1.6　人际遥距临境的社会

　　讨论至此,我们可以看看,什么是身体的人际开放关系了。每个身体向一定范围内的人们开放,这听起来有点色情意味,但我们这里关心的并不是色情,虽然我们没有贬斥性关系的意思。言归正传,假定现在我决定加入这样一个共同体,这个共同体内有五千名成员分布在世界各地,每名成员的身体都装配好前面所说的那些必要设备。我的这一决定,将会导致什么样的后果呢?

　　在正常情况下,成员中存在三种基本连接状态:(1)分处两地的头和身体互相正常连接的活动整体;(2)暂时未同任何颈下部分连接的配有装备的空置的头;(3)暂时未与任何头连接的空置的身体。为使即时的连接转换成为可能,后两种情况的出现是必需的。

为了使合理的社会生活成为可能,我们必须从一开始就制定一套最小限度的规则:(1)无人有权阻止他人选择任何可使用的空置身体(假定所有空置身体都是可使用的);(2)在一定条件下任何人都可以给他人发送信号要求其让出被占用的身体;(3)要求的接收者应该在某些情况下做出回应,但是在另一些执行其他规则的情况下则不必做出回应;(4)如果可能,双方应就一定条件下身体在何处交接达成一致意见,否则交接应在一预定站点按照一定程序进行;(5)如果,比方说,在一个人按协议即将空出身体之前两小时还未接收到任何接管要求,则此人应通过公共布告栏报道此身体的可使用性,这一信息能够到达任何成员的扫描器中;(6)没有人能够私自拥有某个身体,除非成员按照特定程序经协议回到其原始身体后退出共同体,因此另有一套规则规定如何合法地使用这类身体。

在加入这一共同体后,我放弃了身体的固定占有权,允许它在公共领域内共享。现在,我需要在遥远的地方找到一个身体,留下我的原始身体暂时空置以便其他成员能够使用。一开始,我说出几个词作为声音指令(假定空置的头可以发出声音指令),我的自动扫描器发现有五十个空置身体可以使用,它们分布于美洲、欧洲、亚洲和非洲。我一直梦想参观巴黎这个浪漫而又充满人文气息的城市,因此我在这个城区的公共转换站选择了一个空置身体。当我再次发出声音指令时,就感到轰然一声,一道奇特的光芒出现在脑海中,我立刻发现自己来到了巴黎并且有了一个新身体!我感到有点笨拙,因为我的内部感觉有点扭曲,不能自如地控制身体移动。但我被预先告知我会很快习惯它,随着以后转换次数的增多,我就会很舒服地适应这种生活。

在我收到一个来自香港的出让要求之前,我在巴黎逗留了两天时间。然而,我不想和这个请求者直接交换身体,因为我已经去过香港很多次了。我的扫描器告诉我,五分钟后在意大利那个靴形的西西里岛有一个空置身体可以使用。"我宁可去那里,这样的话,我甚至不必向任何人发出请求。"我对自己说。因此,我坐在椅子上对香港的要求发出回应,同意三分钟后在我旅馆的房间中将身体让给他使用。三分钟后,我发出指令离开了巴黎的身体。但西西里的空置身体还不能马上使用,两次转换之间有两分钟的间隔。在这两分钟内我看不到任何东西,眼前一团漆黑,并且感到颈部以下空荡荡的什么都没有。我知道,我的原始头部仍在原来的身体上好好地长着。我甚至模糊地感觉到它正在运动,这该是由于我的原始身体正在某个地方被某个运动着的陌生人控制着的缘故。天啊!我的感知完全丧失了!两分钟过后,我终于又被连接起来,我突然发现自己来到——我猜准是——西西里了!故事就这样继续……

但是,这个故事不可能永远这么顺利地进行下去。在我到达西西里后的第二个晚上,我遭遇了严重事故:我坐的小汽车被一个酒后开车的司机撞上了,我所在的身体受到了致命的伤害。起初,我感到全身上下剧烈的疼痛,但是几分钟过后,疼痛消失了,同时消失的还有整个身体的感觉。我听不到任何声音,只觉得一片黑暗。我的整个感觉完全就处于刚离开巴黎时的那两分钟内的感觉缺失的状态!为什么会这样?很明显,因为西西里的那个身体死了。为什么我没有死?因为承载着我的大脑的原始头部**不**在西西里。它和我的原始身体一起正在一个陌生的地方被一个身份不明的人承载着颠沛流离。现在我将要做什么?没什么好想的,就是发出指令再找一个空置身体重新连接。这样,我又来到了莫斯科,开始了新的旅程……

我是说没有人在这次事故中死亡吗?不,我根本不是这个意思。事故发生时,那个身体上的大脑很可能正在从另外一个地方接收感知经验(或者正在等一个空置身体,或者正在睡觉)。这个大脑的功能在那场事故中终结了,但这是谁的大脑呢?我不知道,我只知道事故时我所连接的身体就是这个人(让我们称其为 m)的原始身体。但这个 m 是谁呢?关于 m 身份的认定有两条可能的线索:(1)那些负责检查公共记录的人(如果有一个系统能够查出哪个人曾经和哪个身体连接过的话);(2)那些熟悉 m 的人(他们可能是、也可能不是这个共同体的成员)或事故发生时 m 身边的同伴。

现在,我们仅考虑第二种可能性。m 的同伴没有看到汽车事故,因为他们不在现场(图1.7)。m 和 m 的同伴正在某个其他地方,在事故前不可能看到或感觉到任何不正常。m 的原始身体被我控制着,虽然 m 的大脑正在和这个身体一起旅行,身体周遭的环境却是**我的**环境。因此 m 在对死亡毫无预料的情况下死去了,m 的同伴只是看到 m 突然倒下去,没有任何明显的原因。假如他们有足够的信息猜到发生了什么事,他们可能会为 m 感到巨大的悲痛,同时小心保护好这个身体(它现在成了空置身体)以便将来可能有别的地方的人再用到它。到时,他们当然会看到这个身体被一个新来的人复活了。很可能这个新来的人就是我,因为 m 死的时候就是我在西西里断开了连接的时候。如果此时没有其他空置身体可以使用,我的扫描器非常可能为我选择这一个。

如果我真的又连接到这个身体上,他们如何能知道复活这个身体的是另外一个人而不是 m 呢? 或许 m 可能由于某个奇怪但合理的原因只是暂时地离开一会儿? 他们要么相信我的话,要么通过我的言语及行为逐步地证实。这里我的自我认证是没有中介的,即我仅通过罗素所说的"亲知"就知道这一点。但是外部观察者无法达到我的"感受性",因为这种"感受性"为第一人称视界所专有。

图 1.7　我、事故中的 m 以及 m 的同伴

作为身体一部分的大脑,被认为是非常特殊的身体器官,因为这个器官以某种方式与人的第一人称视界发生特殊关系。正是因为这一点,我们以上做的思想实验都把人的身体在颈部分成上下两部分。于是,有不少人认为,人格同一性就是大脑的同一性。但是,我们讨论到这里,对死的概念的分析却有助于驳斥人格同一性就是大脑同一性这一观点。如果一个大脑在某个地方被毁掉了,这个死于大脑损坏的人可以被简化地理解为待在另一个地方,或者严格地说,在死亡时他不在任何地方。因此,那儿一定不存在所谓人和大脑之间的"同一性",尽管二者之间具有因果性的必然联系。因此,我们可以重申下面的观点:人作为人不能被说成在任何地方,因为人格不是占有空间位置的某种"东西"(或者根本不是任何"东西")。

我们在这里可以引出稍微性感一点的话题了。有人可能会问,我们是否可以进行跨性别的遥距临境? 我以为,我们进入人际遥距临境社会时越年轻,我们的大脑适应身体间的可能差异就越容易。举例说,如果我们从会说话起就将那些装备作为我们身体的一部分,我们的大脑未必会发展出特殊的性别倾向妨碍将来的适应能力。当然,我们也可以问,如果一个三岁的大脑连接到一个五十岁的身体上或相反,将会发生什么样的情形。但是,所有这些实际操作上的困难不会影响我们在理论层面上理解这一境况,即,打乱的身体位置并不必然会摧毁一个人自我认证的完整性。

现在,让我们问这样一个问题:"有什么东西可以是有颜色但无形状的吗?"这个问题,将引导我们对我们在空间中的感知和内在于我们人格的空间性的**前提条件**之间的区别作最后的考察。

首先,让我们来描述我们面前的所有物体的颜色。比如说,那儿有一个黑色的录音机;录音机左边约五寸远有一个棕色钱包;紧挨着录音机的是一个蓝色茶杯,它的右边三寸远处有一本橙色封面的书;如此等等。在这四样东西之间的空白处还有别的底色吗? 当然有,一定会有别的带颜色的东西填满物体间的所有空白。如果你愿意的话,你可以一个一个地详尽描述这些颜色,但你会注意到你视域中任何一种二维性的颜色表面必定紧接着另一种,再接着下一种,这样一直下去。如果你想按照这些颜色的分布在画布上临摹出这一场景的任一部分,你将能用这些颜色填满每一块区域,就像它们在视域中一样。你不会在画布中留下一丁点地方不涂颜色,因为你在场景中看不到这样的东西,你看到的东西必定都是有颜色的。然而,倘若你能按照实景画出场景的一部分,这也意味着你能依实画出整个视域吗?不,你不能。为什么?因为虽然你能够清楚辨认的视域的任一部分必定有一个边界连接着其他颜色部分,作为整体的视域却没有一个可辨认的边界。我怎么知道的?你可能会问:"如果你不能看到边界,那是你自己的问题。你怎么知道别人也不能看到边界?"我知道如此,是因为我先验地认识到,任何能被看作与他物互相连接着的东西一定是视域**中**的一个客体,但视域是视觉感知空间性的前提,因此其本身不是自己中的一个客体。作为整体的视域不能将它自己装进去,就像一个容器不能将它自己装进去一样。

假如你提议,按你看到的东西画一个比你的画布要小的画,这样它就能表示出被画部分和未画部分之间的边界。但无论它如何接近于你实际上看到的整体,你一定会要么少一点要么多一点地画了什么。所以如此,是因为这时你已经创造出了一个清楚的(或模糊的)视域边界,而这是你不可能看到的。维特根斯坦说过,思考一个边界一定包括思考它两边的东西,这也适用于视觉感知。所谓整体,依其定义是没有另外一边连接着它的,因此,无论何时你似乎看到一个视域的"整体"的边界并画出它时,你已经超出那个边界了,真正的整体因而一定更大些;这样的话,你不得不重新画它,如此以至无穷。因此,你不可能看到整体的边界,你画中任何所谓的边界必定被你增加了别的东西。

我们不必总是谈论画画,让我们问自己:如果有一个视域边界,它一定是充满颜色的,那么视域周围是什么颜色呢?你可能会说是"完全的黑暗"。但如果你真的看到黑暗,那么这黑暗必定落入你的视域之**中**了——因此回答变成了无效的。如果你认为完全黑暗的感知等同于根本未感知到任何东西，则问题将变成：你的前额或你的肚子或别的部位，它们不是视觉器官，因此一定感知不到任何视觉的东西，它们看到了完全的黑暗吗？当然没有。否则，由于我们除了眼睛之外整个身体总是感知到黑暗，我们将总会感觉到黑暗多于光明，无论客体世界里有多少光发出。因此，感知黑暗就是感知黑的颜色，它不同于根本未感知任何东西。这种被假定的感知到的视域边界不得不在有颜色和无颜色之间形成，而你若在某个区域未感知到任何东西的话，那也不能使你感知到边界，因为只有在两种被感知到的颜色区之间我们才能看到边界。因此，没有人能够感知到作为整体的视域的边界。

现在，闭上你的眼睛，你会感知到完全的黑暗或一点点颜色。你能告诉我你所感知到的黑暗的形状吗？它是方的、圆的，还是别的形状？即使我不是你，也能再次先验地知道，你仅感知到无边无形的黑暗，因为只有黑暗占据了你的全部视域，它是没有边界或形状的。只有视域**中**的物体，才有形状。如果你睁开眼睛，尝试用黑墨水画出当你闭上眼睛时显现给你的东西，你一定怎么画都画不出来。无论你怎样着墨，只要它作为一个有边有界的物体落入你的视域内并因而你能够观察它，它就不会是你闭上眼睛时所"看到"的黑暗的样子。

我们不会忘记，这一部分的标题是"如何绕到物理空间'背后'去"，经过以上考察，我们差不多已经完成了这种"绕"的工作。但是，你会说，我们啥都没做，怎么就会接近完成这种听起来不可能的工作呢？上面的分析论证，能使我们得出的结论是什么呢？

当然，这首先和前面所提出的一样，即意识自身——视域是其组成部分——不属于空间中的客体领域，而我们的外部可观察的身体则属于这个领域。因此，即使我们身体的空间连续性被打乱，我们人格的同一性仍能够继续维持下去。

如果我们再回头考虑头套中的人的境况，我们现在能够确信，即使此人自出生以来从未感知过我们不戴头套的人所感知的"自然"空间,他在理解"自然"空间的结构时也不会有任何特殊的困难。他会有和我们类型相同的几何学,并按照同样的程序证明其定理。他会问同样类型的问题,如空间是有限还是无限的,并像我们一样为这类问题而困惑。这里关于空间的所有问题对他来说是同我们一样的,即使从我们前反思的朴素观点看,他只是看到了空间的两小块,即他眼前的两个小屏幕!

总的说来,我们能够推论,关于空间的有限性、空间的几何学结构等问题并非指向一般所理解的独立于我们视域的客体化空间。实际上,它们根植于作为意识本身基本构造之一部分的视域之中。只要你的视域被光线激起并看到各种各样的图景,①你就会问同样的问题,即使你从一开始就被关在一个密室里。因此,康德的观点似乎得到了证实,即空间是我们使客体性成为可能的直观形式。

你也许想到了,在这个时候,我们可以出来挑战好莱坞了。说得明白些,为了证实第一人称和第三人称视界之间不可跨越的鸿沟,我们可以向任何一个好莱坞电影制片人问难,要求他在电影中将交叉通灵境况或人际遥距临境视觉化。自始至终,我们通过概念化的文字说明了亚当、鲍伯或任何其他人际遥距临境共同体成员的自我认证如何以第一人称视界毫不含糊地保持着,它优先于任何从第三人称视界的观察;同时,由于被观察的身体和自我认证的个人能够毫无外部迹象地重新组合,使得他人自第三人称视界出发经感觉器官的外部认证过程,变得从根本上不可确定。在我们的描述中,我们不得不额外使用像 $A_1 - B_2$ 和 $A_2 - B_1$ 这样的指称概念性地表示这些组合,或用箭头表示无线电波的连接。

但是,一个电影(有解说的纪录片除外)制片人理应假想自己以观众的视觉和听觉器官感知每个角色的身份。这种电影,原则上不可能呈现亚当和

———————————

① 这引出另外一个重要问题,即在理解精神领域同物理领域的关系时涉及的光的本质的问题。光并非"跨"空间传播,而是使空间成为可能,空间是人们对感受到的以意向性的拥有或缺失为标准的对精神领域和物理领域的区分的初始条件。这一论题需要单独设置课题进行讨论。

鲍伯的交叉通灵境况以及人们在人际遥距临境中的情形。克服这一困难的唯一可能方式,是通过角色间的某种对话使观众对上述故事达到一定程度的**概念性**理解。这种概念性理解,就是我希望你在读这本书时所形成的东西,它不必依赖某种特定的感知框架;可以这么说,它能够帮助我们绕到经验世界的"后边"去,这里,我们的思想实验的设计正是为了这一目的。

因此,倘若哪一个好莱坞制片人企图证明我所说的第一人称视界不可化约为第三人称视界是错误的时,我会要求他给我展示如何不通过概念性解释来表现亚当和鲍伯的交叉通灵境况或人们在人际遥距临境中的情形,从而使其陷入困境。

我们又到了应该给出一个小结的时候了,这个小结是这样的:在人际遥距临境共同体中,由于远程通信连接的可切换性,一个外部观察者不可能通过直接的观察确定身体和人本身的对应性。人格同一性不是对占据一定空间位置的身体的认证,一个人可以不通过与其身体有关的因果过程的知识而进行自我同一认证。

六、交互对等原则

从古希腊开始的"一与多"的问题,在我们这里也呈现出来,但这并不一定会涉及一元论与多元论之间的争执。在我们讨论交叉通灵境况和人际遥距临境之前,我们可能不太清楚关于可在空间**中**定位的客体(包括一个人的外部可观察身体)和**开辟**空间的自我之间的区别,这可能是由于我们习惯于依据因果律将第三人称视界作为唯一可能视界的缘故。然而,以上思想实验使我们的思维习惯动摇了,我们发现一个自我的人格不需要也不应该被空间性地定位在某个地方,因为自我能够自己开辟新的空间性领域,而不必在三维空间中从一个地方转移到另一个地方去(你怎么能够转移人格?),人格因此不属于三维空间。故我们可以这样论断:我们的人格同一性能够跨越依据空间性组织我们经验的不同感知框架而维持其自身的完整性。我们一方面拥有人格同一性这一恒常的基底,另一方面拥有可改变的容纳杂多的空间性感知框架。

但我们早前的"梦式注入"和交叉感知的讨论也建立起这样的论断:所有自我一致的感知框架对于组织我们的感知经验具有同等合法性。将这两种论断综合在一起,我们就推出我们意欲论证的原理,即我们一开始就提出的可替换感知框架间对等性原理,或简称 PR(the principle of reciprocity),这一原理也可以被否定性地表述如下:**本体地讲,对于组织我们经验的各种感知框架,没有哪一个具有终极的优先性**。这里,一个统一的个体可以跨越多种可能的感知框架。

以上的一系列思想实验,只是为讨论虚拟现实做准备,还没有涉及虚拟现实本身的问题。虚拟现实并非至今所讨论的那样,是那种我们想象的迪士尼探险所描绘的"梦式注入",或者如我们前面所讨论的人际遥距临境。为了更好地理解其深远影响和重要内涵,现在让我们看看它们之间的主要区别是什么,以及我们如何将对等性原理应用于虚拟现实(和赛博空间)。

正如我们先前讨论过的,交叉感知、交叉通灵境况和人际遥距临境只是以这样或那样的方式传导或重新连接我们的感觉,在这些过程中,人作为动因主体并未在其中增添任何其他东西。但"梦式注入"就不同了,这里涉及动因主体在更高层次上通过计算机程序为主体**创造**感知经验。虚拟现实以其独有的计算机化界面将二者结合成一个顺理成章的替代物,不同的是,**创造感知经验的动因主体与拥有此经验的动因主体完全是同一个人**。让我们看看虚拟现实的发明者之一杰伦·拉尼尔最初设想的虚拟现实的情形:

> 我们正在说到的,是一种使用与计算机相连的服装来合成共享实在的技术。它在新的平台上重新创造了我们同物理世界的关系,这样说一点也不为过。它不影响主体世界;它不直接影响你的大脑

中正在发生的事情,它只同你感官所感知的东西直接发生关系。在你感官另一边的物理世界通过你的感官被感知,它们分别是眼睛、耳朵、鼻子、嘴和皮肤。……一套最小化的虚拟现实装备会有一副眼镜和一双手套供你穿戴。眼镜能使你感知虚拟现实的视觉世界。①

　　拉尼尔简练并启蒙性地描述了虚拟现实的基本装置及其令人惊异的直接效果。现在让我们回到讨论的背景中来,我们知道,计算机并不能为我们来自物理世界的感觉输入进行交叉感知、交叉通灵以及人际遥距临境式的转换;它只能处理所有信息并为所有的感觉信号进行协调处理,它也不能成为智能主体的人工感知发生器来给我们输入类似于我们在"梦式注入"思想实验中所看到的那些东西。但其重要性和令人兴奋之处在于,运行系统的程序是数码化的并能被我们依需要进行一次次的修改或重新构造,而且这个"我们"可以就是接收输入的那些人。在这种情况下,自律代替他律。因此,这种自我管理的终极再创造能够被我们以集体或个体的形式在不同的运行层次上实现。按照对等性原理,这种从一个感知框架到另一个感知框架的转换不会本体地改变动因主体人格的完整性。

　　很明显,拉尼尔所构想的虚拟现实不包括任何类似我们所说的"梦式注入"的东西,尽管其他一些人认为虚拟现实包括他们称之为"直接刺激神经"的版本。威廉·吉布森(William Gibson)在其著名科幻小说《神经漫游者》(Neuromancer)中想象我们能够被"接入一个预先建造的赛博空间平台中",在那里,我们的意识脱离现实,处于一种"集体幻觉"之中。吉布森用"幻觉"一词,是比较有趣的。拉尼尔在接下来的说明中,毫不犹豫地声称整个虚拟世界的图景就是幻境:

---

① 引自杰伦·拉尼尔的"虚拟现实访谈",这篇文章最初在《环球评论》上发表,题目是"虚拟现实:一次同杰伦·拉尼尔的访谈",1989年秋,第64卷。这一会谈的在线版本作为附录被收进本书中。

他们的眼镜上安装的不是透明镜片，而是像小立体电视一样的显示屏幕。当然，它们比小电视精致得多，因为它们必须向你显示像真的一样的三维世界，有些用到的技术也与电视不同，但是电视还是一个比较好的比喻。当你戴上它们时，你突然看到一个包围着你的世界——你看到虚拟世界了。它是完全立体的并且就包围着你，当你转动头部环顾四周时，你在眼镜中看到的图景也随之变化，**幻境**被创造出来了，即使你仍在原处，你也可以在虚拟世界中到处走动。图景来自一种功能非常强大的特殊计算机，我将其称为家庭虚拟现实机器。[①]（黑体为本书作者所标）

但是，我在本章所表明的恰恰相反，即，虚拟现实不比自然实在更虚幻，因为二者与作为感知中心的人格核心的关系是**对等的**。

当我们浸蕴于虚拟现实时，我们被赛博空间包围。我们前面说过，赛博空间具有同物理空间一样的几何结构。如果一个人从未见过我们所见到的自然空间，而是从一开始就浸蕴于虚拟世界中，他将能够像任何其他人一样理解我们的几何学。关于这一点，如何强调其意义的重要性都不过分，这一点我们还将在第三章进一步讨论。

我们对自然物的实在性习以为常，但对于人造物的实在性却不太买账。这是可以理解的，因为我们通常把实在看成是与我们的存在相对立的。有些人可能认为，由于虚拟现实装置是附加于我们感官的自然构造之上的，因此它们干预了信息从物理世界到大脑的正常过程，这种干预导致了某种歪曲。但是，我们的感官和联结的神经本来就是信息转换装置，用虚拟现实装置进行更多的转换并不能将事物从"真实的"变成"虚幻的"。如果你认为信号经历的转换阶段越少，感知就越真实，那么减除装置将使感知比真实更"真实"。但倘若除去你眼球中的晶体——这明显是减除了装置——会使你的感

_____

① 拉尼尔："虚拟现实访谈"。

知更真实吗？晶体除去后，光仍能刺激你的视网膜，你可能还会感知到某些东西。但无论那些东西是什么，它一定不是清晰的画面。这种模糊不清的感知比真实更"真实"吗？当然不。因此，感知是否真实同光学信号经历多少转换阶段没有明确关系。

因此，我们暂且推出结论，如果你将实在观念植根于感知之上，则"自然的"和"虚拟的"具有同等的实在性；如果你认为人格作为使感知可能的前提条件是实在观念的核心（如像萨特那样把作为自为存在的人叫作"人的实在"），则二者具有同等的虚幻性。

如果我们取第一种看法，这里似乎同希拉里·帕特南（Hilary Putnam）的"内在实在论"有密切关系。当帕特南声称实在论与概念相对性**不相容**时，①他假定在我们的经验中存在着本体的一极，它超越出我们的概念框架。我将其理解为，无论我们为了不同的概念化进行了多少可能的选择，并且我们使用语言的方式因而多么具有相对性，实在都不必然地发生相应的改变。我们可以沿着帕特南的路线进一步走下去，并将其内在实在论从概念领域扩展到感知领域。即，在客体一方，不存在跨越不同感知框架的**实在**，但是，一旦我们选择了某种感知框架，在被选择的框架内部我们就拥有实在（如果你喜欢"实在"这个词的话）：实在都是内在的，不多不少。至于我们的实在**感觉**是如何产生的，这是另外的问题，我们将在后面讨论。

因此，如果一个数码化的虚拟世界同自然世界（即拥有组织我们经验的给定感知框架的世界）具有相对应的规律性，则此虚拟世界在本体上同自然世界一样地牢靠。在我们进入虚拟世界之后，我们会创造出源于我们无限想象力的纯粹虚拟事物，这样我们就能进一步洞观我们经验的界限，也从而扩展我们的意义世界的疆界。

我们承认了不同感知框架中的实在的同等实在性，会给人一种暗示，我们似乎可以大胆放弃原本的物理世界。但是，这种暗示是一种误导的力量。

---

① 参见 Hilary Putnam, *The Many Faces of Realism*, LaSalle: Open Court, 1987, p. 17。

相反,在虚拟现实中,我们也许就不必遭遇传统空间框架下解释现代物理学有关因果性联系的理论困难。数码联系将代替部分的因果联系,利用机器人技术,我们可以从虚拟世界内部作用于虚拟世界外部的自然物体,包括我们的家庭虚拟现实机器的硬件等,从而进行一切必要的工作和活动。我们可以选择将已知的物理学规律编进我们所设计的虚拟世界结构程序中,这样我们就能拥有一个同自然世界运行完全类似的但又极其扩展了的世界;或者我们可以根据需要编制新的物理学规律。这样一个世界——正如我们将在下一章表明的——和自然世界一样地实在,只不过这个世界是我们自己的创造并且能够被任意地重新创造:**上帝是我们**。

在结束本章时,我想提醒读者,我们仍然不是在系统地讨论虚拟现实本身,我们所做的这些思想实验中的境况也不是虚拟现实本身的一部分。但是,这些思想实验帮助我们建立了**可替换感知框架间对等性原理**,在此基础上我们才能够在本体论上理解虚拟现实和赛博空间如何可能重新奠立整个文明的根基。

第二章
虚拟底下的因果关联和数码关联

一只咆哮的猛兽

突然撒开一张巨网

罩住大地上永恒的昏黑

劫走梦呓中富足的幻想

一枚高傲的金币

跃起喷出热望之光

烧毁天空中固执的深邃

带来生命中充实的惆怅

——《日出》，翟振明，1997

在建立起对等性原理之后，我们现在开始讨论虚拟现实本身。我们想知道因果关联和数码关联的结合如何在虚拟现实的框架结构中实施，人类主体和物理世界之间的界面怎样使得我们能够在赛博空间中重新建立维持生存的必要系统循环。如果我们能够证明虚拟世界在操纵物理世界维持人类生存方面具有同自然世界一样的功能，虚拟现实和自然世界的对等性将在实际功能性的具体操作过程中得到证明。因此，下面我想要说明的是，我们不一定要把所有活动都安排在赛博空间中进行，但我们**能够**进行我们在自然世界所进行的控制物理因果过程的一切活动。

本章中，我们这样来使用"自然的""虚拟的"和"物理的"等词语：自然的或虚拟的东西依赖于特定的感知框架,而物理的东西与感知框架甚至一般的空-时结构没有任何关系;因此,物理的东西可以被理解成给予因果规律性的源头,这种因果规律性预先为人类的创造能力设定了界限。在这种意义上,对等性原理贯穿于依赖一定感知框架的自然世界和虚拟世界之间。而物理性的因果关系,由于超越出任何感知框架的偶然性,不受对等性原理制约(参见图2.1)。

图 2.1　对等性原理、自然的、虚拟的和物理的

为了更清楚地理解这些关键词语的意义以及它们之间的结构性联系,我们下面将对此进行更深入的讨论。

一、虚拟现实信息输入的四个来源

当我们在计算机运算的语境下讨论"信息输入"一词时,我们通常将其同"信息输出"一词相对应。所谓"出"或"入"是相对计算机本身而言的。比如,当我们用键盘打一份资料时,计算机就是在接收"信息输入"。为什么我们要对计算机进行信息输入? 这是因为我们希望在屏幕上看到文档或图表之类的输出信息。在这种信息输入和信息输出中,人类主体和计算机是截然分开的,人与电脑通过同一实在层次中的符号界面进行交流。

然而,一旦我们利用手动操纵器进入电脑游戏中,我们就超越了这种信息输入/输出模式,因为游戏者在游戏中不必将他们的意图符号化,他们以同自然环境相互作用相类似的方式与电脑互动,而符号化过程则隐藏在人机相互作用的背后了。因此,这不再是上述那种信息输入/输出型的操作模式。

然而,在浸蕴体验中的虚拟现实,进一步超越了这种互动模式,因为人类主体同自然环境的现实联系被切断了,因此他们一般不会只挑出某一自然物体或事件进行直接的相互作用,而是将一个人感知中的一切,包括视觉、听觉、触觉、内感觉以及所有触觉全部协调一致,它们都是处理当下经验的同等重要的部分。在这种情况下,我们不再像输入信息那样向电脑输入资料;我们只是在赛博空间中**活动**,我们已经进入虚拟事件过程中了。

在这种虚拟现实境况下,还存在某种意义上的信息输入吗? 答案是肯定的,只要我们将参照点从电脑运算中心转向我们的感知和行动中心。从个体的角度看,我们可以讨论每个人所接收的信息的输入来源。也就是说,在这种情形下我们自己从材料的输出者变成了接收者。从这种意义上讲,在一个结构稳定的虚拟世界里,存在四种可能的信息输入源不断地向我们输送形成我们感知经验的材料。

自我信息输入。如同在自然世界中一样,一个人可以在虚拟世界中以某种方式使自己产生各种经验。你可以跑、掷球、开车、砍树等。当你做这些活动时,你的感觉器官将从虚拟现实装备以及你的身体内部接收到这些刺激。

他人信息输入。当虚拟现实和类似于我们今天的互联网一样的全球性网络结合在一起时,许多人会通过这一技术进行相互联系和相互作用,形成一个虚拟社会。在这个社会中,每个人都能从他人那里接收信息输入并向他人输出信息。实际上,现在文本式网上聊天室里的情形已经可以预示虚拟现实可以将虚拟社会成员间的互动方式发展到什么地步:最极端的刺激将是性爱的,正如"赛博性爱"一词表明的那样。但我们不必在任何时候,或者大部分时间生活在极端状态。比如,在虚拟社会中我们除了可以拥有性伴侣之外,还可以有网球搭档、棋友、拳击伙伴等。成员之间最令人神往的合作,是共同制定一个类似于重建整个赛博空间本身的宏伟计划,然后将其付诸实施。

虚拟世界自然过程的信息输入。如果我们想将我们的虚拟世界设计得类似于自然世界,虚拟现实中的实体必须能够独立于我们的愿望向我们发送输入信息。举例来说,如果你不注意保护自己,你可能会被石头击中,或者被一阵龙卷风吹走:虚拟世界的自然法则正如自然世界的一样。由于这些"自然"事件仅通过我们穿的紧身衣给我们刺激,刺激的力度依赖于我们事先的设计,因此如果我们不容许伤害发生,这些"事故"实际上不可能伤害到我们。但是从负的方面讲,由于同样的原因,虚拟的自然界也不能为我们提供维持生存所必需的物质资料。因而,如果我们选择在虚拟世界中生活,我们必须同虚拟现实的硬件——物理世界发生相互作用,我们必须同我们生理活动所依赖的物理过程发生因果联系。因此,就需要下一种信息输入。

物理世界自然过程的信息输入。这种信息输入以数码过程为媒介,因此我们在虚拟世界中感知到的刺激不一定与实际的刺激类型相同。我们仅需要相应的规律性,如第一章中的"交叉感知"就是这类输入的许多可能情况之一。当然,在转换的初始阶段,尤其是当我们想用这类输入作为引导我们控制物理过程活动的线索时,我们可能会愿意使用较为可靠的简单模仿转换方式。即,我们让事物出现在赛博空间中就像出现在自然空间中一样。不过,过了这一阶段之后,我们可能会希望事物变得更为奇妙和有趣。这种输入可以与第三种清楚区分开来——第三种输入根本没有被连接到同一层次物理世界的因果链上;因此,在这里我们能够有效地做出反应并与之相互作用从而控制物理过程。至于如何做到这些,我们将在本章随后的部分进行探讨。

至此为止,我们从个体参与者的角度讨论了四种信息输入源,我们把其他参与者当作输入源之一(即上面提到的第二个信息输入源)。然而其他参与者也是信息的接收者,为了说明我们如何能够在虚拟现实中过上社会生活,我们必须检验一下成员间相互作用的机制。不过在此之前,我们先要知道在完全脱离自然世界的情况下我们如何能够在虚拟世界中活动。让我们从今日大多数人对赛博空间的理解谈起。

"赛博空间"(Cyberspace)一词目前主要在隐喻意义上使用,并且主要与互联网相关。当我们在电脑前坐定并打开它,接下来的事情往往如同魔幻一般。如果连接正确,我们可以借助鼠标与键盘开辟一个超文本环境。那感觉就好像在显示屏背后有一个潜在的巨大的信息存储库,而这信息似乎总是在不断再造的过程之中涌现。这个储藏库好像在某个确定的地方,就在那里。我们当然知晓,产生信息的人和信息所在的地方,不是在屏幕之后或是硬盘当中,但这并不妨碍我们把电脑当作一种入口,通过这个入口与在另外一个地方做着相似事情的另外一些人接触。这样,我们就在概念上倾向于想象在此处与彼处之间存在着非物理的"空间",并相信借助计算机技术,我们可以进入这一"空间"。空间是把我们与他人隔开又联系起来的场所。我们以电子邮件的方式给别人发信息、在聊天室与别人聊天;在网上与人下棋,尽管看不见对手,他却像是就在面前;参加一些在线电信会议,却能体验到其他与会者的某种显现。但是,我们在哪儿? 与我们交流的人又在哪儿? 因为我们可以与他人以某种方式沟通,但毕竟又从身到心都是相互分离的,我们倾向于把这种电子关联的潜在能力赋予空间性(spatiality),通常称此为"赛博空间"。在我们从事互联网电子事务时,它同时使我们相连又将我们分隔,而且这一"空间"随着电脑屏幕的开关而启闭。从这样理解的"赛博空间"中,我们得到的大都是基于文本加上一些视觉辅助效果的信息。

但是,正如有些学者指出的那样,"空间性"概念是基于对"体积二重性"(volume duality)的理解。一个空间有有形和无形两个部分。有形的部分由物质实体构成,无形的部分则是空的,是由物质实体割划出来的。例如,一间房间,它的可利用的空间的体积,即无形体积,是由上下四围的墙的有形体积割划出来的。但是基于文本的网络却不属于这样一种空间。我们为了得到网页上的文本内容而在网上冲浪,我们知道空间上我们面对着有形的电脑屏幕,但我们不能进入屏幕内部,将文本内容的无形未知部分当作我自己所处空间的延伸去探索。因而,我们知道"体积二重性"对文本资源并不适用,因为如果说屏幕自身属于空间有形的一方面,而屏幕和我们的距离间隔属于空间无形的一方面,那么,在我们涉及屏幕上的文本内容之前,二重性业已完成。因此,文本没有机会参与这种两重性的建立。至于一页文本中的两个词的距离,它的唯一作用是区分两个符号,而这两个符号也不是物质实体。

　　然而,当我们逐页阅读文本时,如果我们认为未打开的页面在别处某个地方,我们就可能把空间意义归于两页面之间的距离。选择"页面"(page)这个词本身也形象地说明了对此空间的理解。此外,像"文件""文档""窗口""设置"这些词汇,似乎也在暗示当前屏幕背后似乎有某种空间动力过程在运作。但采用这些图像隐喻的唯一作用在于组织文本内容,而内容本身则不是空间图像性的。因此,"赛博空间"一词在这里不是指冲浪过程中读到的文本,而是指能使我们在不同的内容单元、页面之间冲浪的动态关联力量。我们将有形的空间结构投射到原本的符号关联上去,虽然我们清楚地知道这些关联并非有形的或真正空间性的。

　　因此,被理解为不是空间以外的其他事物而是空间的一种的"赛博空间",是隐喻意义上的空间。一些人称它为"非物理"空间,似乎空间允许非物理形式,但究竟空间如何在原初意义上成为非物理的这一点并未得到任何说明。空间这一术语在隐喻意义上使用似乎是基于我们对电子关联性的理解,电子关联性以保存和发送符号性的意义为目的,是聚合与分割内容的一种方法。在这种情况下,"空间"一词暗示着一连串有形的和无形的集合体,或者意义之存在与缺席之间的相互作用。它引导我们把被传递的意义集合体看作被操作行为所分隔的意义集合体,操作行为本身是没有符号性意义的,它们只是与我们敲击、拉动、打字等动作相应而已。而这些动作在我们把一个单位的意义联结和另一个意义联结并列起来时造成了某种"间断"感,类似于物理空间的无形或缺对有形体的分割。

　　英文"赛博空间"一词的前缀为"cyber",是源自我们在控制论中把信息控制的过程理解为自我反制的动态系统,该系统能运用负反馈循环来稳定一个开放过程。在这里,赛博空间这一概念把控制论中理解的自我反制过程应用到了超媒介(hypermedia)的意义产生过程中。这样,赛博空间意味着有无数的聚合与分离、在线与离线、创建与删除等情况发生。这一空间的开放性特征类似于对物理空间物象性的理解:我们似乎没有能力想象空间怎么会是有边界的。同样地,赛博空间有最终的边界也是不可想象的,在网上冲浪的过程中遭遇未知事物的可能性永远存在。这是一个永恒的互动过程。

在这样一个隐喻情景中,我们又该如何理解"赛博文化"(cyber-culture)这一概念呢? 事实上,新闻媒体有把赛博空间与赛博文化等同的趋势,但忘记了赛博空间最核心的现象学层面的含义。当一些记者试图扮演网络文化批评者的角色时,他们不时地传递着这样一种信息:赛博空间等同于数码化社区或数码化城市。他们认为,社区、城市的数码化即刻使个人关系网络化,正是在这种密切的互联关系网上,参与者间的民主达到了多样性与统一性,或一致性与开放性的平衡。但把赛博空间与网络化的人际关系等同,无助于说明赛博空间与赛博文化的可能性,因为在赛博空间里,赛博文化如何兴起这个问题变得没有意义了。它也不能帮助我们理解这样的事实:以文本为基础的赛博空间的隐喻特性已被转移至对赛博文化的理解,"赛博文化"也变成一种隐喻,而我们要讨论的,是真正意义上的赛博文化,而不是隐喻。

在赛博社区(虚拟社区)概念背后有这样一个假设:作为文化实体的社区,仅仅依赖共同社会价值的交流活动就能形成。但在现实世界中,我们并不认为单是这种交流就能构成文化一体性形成的充足条件。似乎,地理或种族意义上的物理近性,对文化同一性的形成起着更为基本的作用。在有希望成为概念上的工具之前,赛博社区(虚拟社区)这样华丽的字眼如果没有经过严格的分析论证,对我们正确理解赛博空间与赛博文化是有害无益的。

在空间性意义上,动画游戏不同于以文本为基础的信息交流,因为屏幕上的"分隔"(gap)代表游戏设置中的无形空间体积。影像是占有真实空间的有形形体,动画制作则是再现形体的运动。影像构成的有形体积割划、规定了无形的空间。这些影像必须能在屏幕上移动,从而玩游戏者所处的物理空间与游戏形象周围的空间通过屏幕得以连成一体。在意向性层面,玩游戏的人可以将自己身处的物理空间和游戏中的空间连成一气。

单个游戏本身还没资格进入赛博文化的隐喻当中。要获得这种资格,首先要能够吸纳更多的游戏玩家,然后允许玩家们在屏幕上选择自己的形象代表,让其他参与者不言而喻地把在屏幕上独领风骚或出尽洋相的你的形象代表当作你本身。我们通常称这些玩家形象替代者为"替身"(avatars)。但因为一个替身代表一个客观现实中的玩家,玩家的真身与其替身之间所谓的同一性还只不过相当于一种临时的约定。在这种情况下,不存在本体论意义上的原始的空间构建,胡塞尔现象学意义上的意识构建活动(constitutive act of consciousness)不会把替身周围的空间与玩家身体周围的空间当作一个相同的空间。

如果,我们把作为玩家真实身体的象征性代表的替身四处活动的地方称为"赛博空间"的话,那么,只与意义产生过程的无限开放性这个层面相关的隐喻用法将会过时。上面所讨论的所谓数码化社区中的成员势必要在网络中用替身来代表自己。然而,亲身参与的意识极大程度上依赖于参与者的自我认同的同一性,而主体与客观化的替身之间还势必产生临时约定无法填充的本体性断裂。代表只是代表而已,并不是自身。由于这个自我认同上的鸿沟得不到克服,非隐喻的真实意义上的赛博文化仍旧不能形成。

动画游戏不会停留在玩家加替身的模式水平上。一旦游戏设置成浸蕴环绕的,玩家就能与外在的自然环境分离开来,而完全进入赛博空间并使赛博空间客观化。游戏中客观化的空间将与玩家自己的视角透视效果一致。这种人造空间将代替原初的自然空间,并且以游戏者的视野为中心,该赛博空间具备了无限扩展延伸的可能性,而且对游戏者而言,除了在记忆中,不再有其他水平的空间存在,赛博空间成为唯一被经验到的空间。三维影像将模仿实境,并随游戏者的视角变化而变化,这样游戏者就会感觉自己的一举一动都是在独立、真实的世界中的。这个世界有使自身不断演化的潜能,并且能向未知领域无限延伸。它与我们进入赛博空间前所熟悉的那个物理世界在经验上是等同的。

当我们进入这样一个能使我们与另一个人相互作用的虚拟环境,构建空间性自身时,在非隐喻意义上预想赛博文化的样式才成为可能。如果我们为了交谈、分享价值、表达情感或策划合作等目的,用这种方式在赛博空间中与另一个人交流,那么赛博社区就能真正形成,赛博文化也将随之登台演绎自己的兴衰。

二、在赛博空间中操纵物理过程

为了论证方便起见,一个人类参与者在这里仅看作是相互作用的发起者,称为动因主体。在这里,如果物理因果过程的唯一目的是将信息从数码处理机转送到动因主体或相反,这称为次因果过程(发生在头盔中的电子/机械过程就是次因果过程的例子)。如果物理因果过程的目的不是为了支持计算机运算,而是产生物理性结果或导致其他物理过程,就称为因果过程(比如,在自然世界中把一台电脑或一只猫用火车运送到另一个地方)。

如果我们不能在虚拟世界中进行和自然世界一样的生产(乃至生育)活动,虚拟现实就只能是一个游戏,无论它如何令人着迷。为了让赛博空间变成我们新的栖居地,我们必须能在其中从事基本的经济生产活动,这样才能提供我们作为个体或整个人类在虚拟世界中生存发展所必需的物质资料。

在创建赛博空间这个超级计划的过程中,我们能够想象到巨大的技术困难,尽管如此,从理论上考虑这样的可能性不会有任何困难。如果我们有一台家用实在机器——这个机器相当于一台超级计算机,能够作为控制中心控制自然世界中的任何种类的机械运动——我们就能经人机界面调动任何物体而无须实际接触,像 NASA 的遥距临境就是这种遥距控制的初级型态。当我们在第一章讨论人际之间的遥距临境时,我们用他人的躯体代替机器人,以说明主体视界如何不同于他者视界。但是既然我们现在假定所有人都浸蕴在虚拟现实中,机器人必须代替人的躯体完成我们在物理实在层次要做的工作。但是,这如何可能呢?

幸运的是,在准备移居赛博空间之前,我们人类在自然世界中就必须同各种自然物体打交道,即通过身体的机械活动制造出我们想要的东西——这几乎是人类仅有的与自然界作用的方式。比如,运用化学反应制造药品就是我们通过机械运动将原料进行运输、混合加工等才完成的。说来让人惊讶,我们建造大坝、铁路、超级对撞机、太空穿梭站、核武器以及其他的大型人造物;我们炼油、采石、启动核连锁反应等等——所有这些实践活动的最基本动作不过是动动我们的躯体,将我们极其有限的体力以某种方式施加于某物之上,我们并没有多做什么(我们还能够做什么?)。当然,这些活动之所以可能,很大程度上是由于我们能够通过感官从外界环境接受刺激,并将这些刺激转换成理智层面的有意义信息。这对我们来说是一个很大的鼓舞,因为当我们浸蕴于虚拟现实时,我们的感官和智力同物理世界的联系不会减少,虽然联系的方式可能有所改变。因此,很明显,原则上没有什么东西能够阻碍我们利用机器人代替我们的躯体为维持我们的生存进行必要的经济活动。图 2.2 表明了这样一个遥距控制活动链的结构图式。

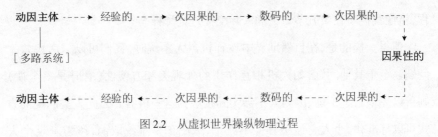

图 2.2 从虚拟世界操纵物理过程

当然,首先这种操纵会在自然世界引起一系列相应的平行反应过程,包括开采、建造、制造、运输、农事、渔业、清洁、循环等等——即所有我们在自然物和人工物世界中的活动。

第二,这套系统也要求以一种替代性方式将我们自然世界中的人送往别处(实际的旅行),并且使我们能够通过虚拟接触完成我们现在需要实际上的相互接触或自我接触才能完成的任务。比如,在这个系统中,如果我们想实际地转移到另一个地方躲避一场龙卷风,只要我们愿意,我们可以不卸掉我们的虚拟现实装备,因为通过虚拟现实和物理实在间的联系装置,我们可以驱动像机器人、汽车以及飞机之类的东西将我们送往我们想去的任何地方。或许在虚拟现实中我们仅需简单地按一下虚拟的突发事件按钮,然后将我们的虚拟手指在地图的某个位置指示器上一点就能完成这一任务。

另一方面,如果我们想同他人进行虚拟接触,其目的是产生实际的效果,比如说喂婴儿或将食物放进自己嘴中,我们也能够在虚拟世界中轻松完成。我们可以以一种类似或不类似于实际喂饭的方式进行这一活动,同时,机器人将完成相应的实际喂饭活动。

至于医生和病人之间的接触,既然在实际医院里大多数设施已经在医生和病人之间运作,我们很容易想象出如何将这些设施转换成数码控制装置。而且,关于在遥距手术中应用虚拟现实的研究现在已经非常先进,远远超过许多其他方面的可能应用。实际上,被人钟爱的杰伦·拉尼尔自己一开始就参与了这种尝试。但是要记住,既然这种人际的实际接触是由浸蕴于虚拟现实中的人在背后操纵的,这就要求在虚拟现实中有一个平行的相互作用过程,就像我们将在第五节讨论的人际交往过程那样。

值得一提的是,在自然世界中设计机器人系统时,我们可以只考虑效率问题。至于其他问题,如人机相互作用的外观美和方便性(有时是安全性)则可以完全置之不理,因为人不会实际接触到这些机器。因此人类的交通方式可以标准化,个人交通工具像小汽车、摩托车等统统取消,作为满足个人口味方式的事物多样性将通过虚拟现实得到实现。比如,你可能坐在自然世界的一列火车上,却可以选择感觉是在驾驶着自己的敞篷车穿越赛博空间。

除了物质生产和普通的人际接触外,一个更严肃的问题产生了:我们自身的生产,即人类**繁衍**如何在赛博空间中进行?我们可以通过数码程序在虚拟世界中创造一些虚拟婴儿,但是它们除了看起来像人外,本身不具有人的自我认证性。按照我们在第一章中建立起来的论题,来自主体视界的人格同一性是一切感知经验的必要前提。因此,通过计算机程序产生出来的虚拟婴儿不是潜在的感知经验中心;它属于虚拟现实的扩展部分,没有像我们一样的本体地位,至于为何如此将在以后加以说明。

因此,如果人类的生育功能必须通过我们现在所知的生物过程来实现,我们必须知道这种作为生物过程的性行为如何在虚拟世界中进行。换句话说,人类为繁衍后代所必需的性行为能够被赛博性爱替代吗?

三、赛博性爱与人类生育

幸运的是,男女之间的性接触也可以归为图 2.2 中的活动链所显示的遥距控制活动。与虚拟现实的相互作用过程结合,两性之间通过人工器具的帮助将能够完成自然层次的性爱生理过程,同时在虚拟层次充分享受性感和激情。

让我们来看看,一场精密设计的赛博性爱可以是如何进行的。在女性一方,配有一个人造的男性嘴(包括唇、牙齿、舌头、唾液等)和男性外生殖器,这两样东西都尽可能地类似人的肌肉,但其表面布满了微型传感器,它们由连接着计算机(实在机器)的电动装置驱动。人造生殖器可以随兴奋程度而勃起或收缩,并且在适当的时候射出精液状的东西。

在男性一方,将会有一个人造的女性嘴和女性外生殖器,内部植有高度灵敏的微型传感器,并由连接着计算机的电动装置驱动。至于身体其他部位如胸部和手部的触觉,普通的虚拟现实紧身衣就可以完成。

那么,现在,男女之间发生的性行为会是什么样的情形呢? 我们可以就这一过程分两方面来说明:即虚拟/经验层面和实际层面。不过为了看清二者之间的即时联系,我将对虚拟世界和自然世界两方面的情形交替描述如下:

我们称女人为玛丽,男人为保罗,他们在虚拟世界的一个音乐厅里初次相遇了。那里将要上演虚拟现实祖师爷杰伦·拉尼尔的"变化之曲"。玛丽与保罗正好挨着坐,他们还互不认识。当杰伦开始表演时,玛丽和保罗立刻感到音乐的共鸣使他们彼此之间产生出某种亲和力。在中场休息时,他们开始谈论这场音乐和拉尼尔,很快,罗曼蒂克的事发生了:在音乐会的下半场,他们互相紧握对方的手,并伴随音乐的节奏浮沉。当音乐会结束后他们离开大厅时,他们的激情像暴风雨一样爆发出来。

他们立即设法建立了一个私人房间(假定在虚拟世界中他们能这样做),他们的嘴唇和舌尖开始热情地寻找对方,他们裸露的身体缠绕在一起,像飓风在搏斗。当他们的激情逐步上升达到高峰时,他们准备做爱了。"玛丽,你是我的梦",保罗喘息着说。"你是我的实在,保罗",玛丽低声回应。他们的身体以和谐的节奏来回移动着。终于,保罗在瞬间的极乐震颤中倾注出他的全部激情,而玛丽则大声尖叫,身体的性感部位在极度兴奋中阵阵收缩。

尽管玛丽和保罗的身心均达致极度兴奋状态,但我们不要忘记他们只是在虚拟世界中做爱。在自然世界的层次上,嘴唇、舌头、唾液和外生殖器都是为做爱而制作的人造代用品。然而,首先,这些人造器官如何能够准确配合远方自然实在中的状况而膨胀、收缩和运动呢? 其次,除了满足性伙伴之间的性欲和情感需要外,赛博性爱能够完成人类生育的生物过程吗?

要记住,就像虚拟现实装置的其他部件一样,这些人造性器官不仅是刺激物,同时也是传感器。因此,人造性器官会对双方的性器官进行测量,并将信息传输、转化到对应的设备中,调节人造性器官的大小和动作。由于性行为从开始到结束是一个连续不断的实时动态过程,因此这些设备间的配合将使人感到就像真正在自然世界中一样。

现在,我们必须处理一个更为棘手却又至关重要的问题,即,在赛博性爱中,如果玛丽和保罗想要个孩子的话,保罗的精子如何才能进入玛丽的子宫内。我们知道,由于保罗和玛丽实际上是远远分开的,做爱时玛丽所感觉到的射入的东西不会真的是保罗在那一时刻射出的精液。因此,音乐会后他们的第一次做爱不可能使玛丽怀上保罗的孩子。但是我们知道,保罗的精液已经射入人造女性生殖器中了。我们还知道精子可以在体外存活,甚至可以在精子库存活许多年。因此,如果玛丽和保罗决定在他们第一次做爱后生一个孩子,他们可以通过上节提到的控制装置将保罗的精子运到玛丽那里,在他们做爱后从人造生殖器中射进去,如此这般。或者,如果他们愿意,他们还可以采用人工授精技术,这样生育过程就同性行为完全分开了。在这种赛博性爱中,玛丽可以选择任何精液状的液体或她喜欢的任何其他液体代替真正的精液注入阴道中。她甚至可以在同保罗做爱时,选用其他男人的精液使自己受孕——如果保罗没有正当理由反对的话。最后,他们还可以真的跑去见面并在真实世界做爱。在整个做爱过程中,他们可以除下人造的性器官,而身体的其他部分感知仍完全浸蕴于虚拟现实中。因此,通过赛博性爱实现人类生育,只是第五节将要分析的人际相互作用过程同第二节所分析的从赛博空间遥距操纵物理过程相结合的一个特殊事例。[①]

在婴儿出生后,如果玛丽和保罗想使其成为虚拟世界的一员,他们应该做什么呢? 他们可以在孩子能够有意义地感知经验时,就给她穿上虚拟现实紧身服。他们如何做到呢? 当然还是利用机器人遥距操作来实现。

麦克尔·海姆在其《从界面到网络空间——虚拟实在的形而上学》中提出过一个他称之为"赛博空间性爱本体论"的极具刺激性的论题。[②] 他将**性欲**看成是扩展我们有限存在的一种本能冲动,这种在根本上将虚拟现实看成性爱的惊人描述的确具有某种合理性。这里我们也看到,当赛博性爱成为我们虚拟现实事业的必要部分时,我们在虚拟世界的恋爱活动如何必须达到它的极致。

有些人会觉得,为了人类生育实行遥距操作是不必要的。他们认为虚拟

---

① 实际上,除了性活动外,许多有趣的活动都可以是这种方式结合的结果。外科医生和病人之间的互动就是一个明显的例子。

② Michael Heim, *The Metaphysics of Virtual Reality*, New York/Oxford: Oxford University Press, 1993, chap. Ⅶ.

世界是一个完全自足的世界,在那里,人的大脑模拟程序能够代替遗传基因。按照这种说法,虚拟世界图景的背后不必存在有意识的感知者感知事物:计算机程序可以完成一切工作。如果一个电脑模拟的女人形象在虚拟现实中怀孕了,之后一个模拟婴儿从她两腿间生了出来,后来这个模拟婴儿长大成人,最后结婚生子,然后生命周期就像在自然世界中一样继续下去。他们之所以这样想,是因为他们认为所谓幕后感知的心灵甚至一开始在自然世界就是虚构的东西。按照这种观点,甚至当第一代虚拟现实游戏者死后世上无人再穿戴虚拟现实紧身服和头盔时,赛博空间仍会继续发展下去,他们的替身也会继续生活下去。

然而,这种观点不仅是完全错误的,而且是极端危险的。其错误在于,如果情况如其所说,虚拟现实本身将首先失去意义。既然虚拟现实同我们的感官没有关系,我们就不需要穿戴紧身衣和头盔去创造赛博空间。我们只要编一个虚拟现实程序,然后在电脑中运行就够了,我们不必考虑如何产生并协调不同的感觉样式。在这种情况下,运行一个虚拟现实程序与运行一个文字处理机没有什么区别。这几乎就像是说写一本历史书等同于实际创造了整个历史,或者说通过写剧本,莎士比亚创造出李尔王、哈姆雷特以及其他的真实人物。这即表明为什么这种观点是极端危险的:如果我们相信它,杀人将被认为同烧一本故事书或弄坏一张软盘没有什么区别。①

但是你可能会问,如果虚拟现实为了实现人类生育的基本功能必须依赖于自然实在而不是相反,这是否意味着自然实在比虚拟现实更根本?不,因为正如图 2.1 表明的那样,决定人类生育运行过程的是物理或因果的联系,而不是在自然世界中经验地观察到的那种联系。不过,由于我们已经知道自然世界中促使事情在因果层面发生的常规方法,我们就利用这种知识设计出虚拟现实,并在那里使同样的事情在同样的因果层面发生。这是如何做到的

---

① 当我们在第四章讨论丹尼尔·丹尼特的意识哲学时,我们将会知道为什么甚至聪明人也可能犯这类大错误。

呢？正如前面所说,我们是通过遥距控制来实现的。在人类生育的情况下,我们必须将男人的精子和女人的卵子在自然世界中结合,即使在虚拟世界中这种结合不必表现为结合的形式。为了能在赛博空间生存和繁衍,我们必须把这件事当作一项必要工作来做。

四、超出必需的扩展部分

既然我们能够在虚拟世界中完成所有必要的工作,包括生产和生育,我们可以说虚拟现实只是常态生活的另一形式吗？回答是:虚拟世界比自然世界更丰富多彩,因为我们可以有巨大的潜在空间来创造性地扩展和改变我们的经验;这空间如此之大,以至于唯一的局限就是我们想象力的局限。从理论上讲,我们可以将虚拟现实看成由以下两个根本部分组成:(1)奠基于自然实在之上的基础部分,为了生存我们必须依赖它进行必要的对物理过程的遥距控制;(2)从赛博空间**内部**衍生的扩展部分,它只是我们创造灵感的艺术产物,不产生任何实际结果。在之前的章节中,我们只考虑了基础部分。正是这个与自然世界相对应的基础部分具有与自然实在相同的本体地位。

在基础部分方面,虚拟现实现在已经显示出较为光明的前景。通过模仿自然世界的感知经验,我们可以在一开始就能更自然地适应虚拟世界。但是,虚拟现实能够做到的远远超过这些。我们有希望看到的虚拟现实最为奇妙的应用之一,是遥距临境和视觉放大的结合。举例来说,通过这种结合,外科医生能够"进入"病人的腹部检查其内部器官,就像害虫控制专家检查一间房子一样。在检查完成之后,医生仍可以继续浸蕴于虚拟现实中,在微型机器人机器手的帮助下对病变器官进行外科手术。关于这种艺术化的景象,我们可以参阅迈克尔·海姆的描述:

遥距临境医术可以使医生进入病人体内而不必留下较大的伤

口。像理查德·萨塔瓦（Richard Satava）大夫和约瑟夫·罗森（Joseph Rosen）博士这样的外科医生在利用遥距临境进行胆囊切除的例行手术时，不必用传统的手术刀在身上切口。手术痊愈的病人身体几乎不受什么损伤。仅有两个细小的切口用来放入腹腔镜检查工具。遥距临境使外科医生能够为远方的病人施行专家手术，而不必亲临现场。[①]

这种场面真是太精彩了，但是我们的哲学反思一定要超越这种技术的偶然性。事实上，除非我们在机器人帮助下能有效地从赛博空间内部控制所有相关的物理过程，我们没有理由声称虚拟现实能够从最根本处改变整个人类文明。因此，我们的视角不应局限于在不久的将来什么技术能够有助于我们理解虚拟现实的内容是什么。要点在于，无论实践上的困难看起来有多么巨大，如果我们能够在虚拟现实中实现一小部分的基本经济功能——这一小部分已经涉及虚拟现实全部运行机制的每一个必要层面——**原则上**我们就能够实现自然实在的所有功能。

可以确定的是，虚拟现实基础部分的运行对于我们的生存是不可或缺的，它的运行方式原则上讲就是我们前面所说的那些。然而，虚拟现实最具魅力的不是我们能够在那里生存这一事实，而是其更深远辽阔的前景：它使我们能够以前所未有的方式扩展我们的经验。为了加深理解，让我们先看一下*Omni*记者印象主义式的描述：

> 在加利福尼亚州帕洛阿尔托市杰伦·拉尼尔的凌乱住宅里，客厅的墙壁上悬挂着印度教四臂女神迦梨的画像。画中她的四个大拇指和余下十六个手指灵巧地弹奏着西塔琴。大多数西方人会觉得这

---

① Michael Heim, *The Metaphysics of Virtual Reality*, New York/Oxford: Oxford University Press, 1993, pp. 114-115.

张画像是非常奇特的,但是在虚拟现实表象世界的背景下——拉尼尔无疑是这一背景的大宗师——迦梨看起来就像 Betty Crocker 一样正常。

> 虚拟现实(或人工实在)是一种热门的新计算机技术,它能够让你做不可思议的事情——从穿过心脏主动脉游泳到在土星光环上遛狗……[虚拟现实]使人们能够在彩色动画中设计自己的梦想,然后让他们的朋友加入其中。①

虚拟现实打动我们的正是这种让我们"做不可思议之事"的潜力,它创造出完全独立于所谓物质性的纯粹意义领域。这也就是当人们问所谓的**无意义**问题"生活的意义是什么"时所指的那种意义,这一点将在后面的论述中清楚阐明。

虚拟现实的扩展部分没有同基础部分一样的本体地位,这是因为,首先,扩展部分的虚拟物体在自然世界中没有与之具有物理因果联系的对应物。它们是在数码和次因果联系的层次上产生的,脱离了物理因果联系层次。在扩展部分,我们可能碰到各种各样的由数码程序产生的虚拟物体。我们能感知到虚拟石块,它们有的有重量,有的根本没有重量,我们还能看见随时会消失的虚拟恒星,感觉到产生音乐的虚拟风等等。我们还可以有虚拟动物,它们有的像我们过去在自然世界中见到的动物,有的不像。第二,我们能"碰见"虚拟"人类",它们的行为完全由数码程序决定;它们不是动因主体,没有主体视界,不能感知和经验任何东西。因此,扩展部分的事件既不同因果过程相联系,也不是由外部有意识的动因主体发起的。这是一个纯粹模拟的世界。

有趣的是,拉尼尔一方面作为使虚拟现实商业化的第一人,是最重实际的虚拟现实先驱之一。另一方面,作为音乐家和视觉艺术家,他也是这一领域最古怪的追梦者。我们来听一听他所说的发生在他公司里的事情:

---

① Doug Stewart, "Interview: Jaron Lanier", *Omni*, Vol. 13, No. 4, 1991, p. 45.

在 VPL 中,我们经常变化成龙虾、瞪羚、长翅膀的天使等不同的生物取乐。在虚拟现实中,换一个不同的身体比换一件衣服的意义要深远得多,因为你实际上改变了你身体的动力学。……虚拟现实的感觉特征完全不同于物理世界[用我们的话说就是自然世界——本书作者]。……令人振奋的是想象力的疆界,人们虚构新事物的创造力浪潮……我想为虚拟现实制造像乐器一样的工具。你能拿起它们优雅地"演奏"实在。你可以用一个幻想的萨克斯管"吹"出一条远方的山脉。①

因为在虚拟现实中我们能够创造出我们想要的"实在",在同一次会谈中,拉尼尔建议称之为"意向"实在会更好。这的确是一个好主意,但是意向性并不必然地导致任意性。相反,如果我们想创造一个可以同自然世界相提并论的扩展的虚拟世界,我们最好考查一下我们的创造性怎样才能将我们同物理世界重新连接起来。这样,我们才能证实我们有能力改变我们称之为"实在"的基本结构,而不是仅仅弄一些华而不实的噱头。也正是在这一关节点上,我们通过虚拟现实基础部分和扩展部分的运行来检验我们的本体创造者地位。

与图 2.1 所示相反,一般的感觉以空-时结构作为物理性的最后限定。我们暂且撇开对时间感知的讨论,我们可以看到,通过提供不同的感知框架,我们如何可能改变我们的空间位置感知。假定我们在将自然世界的光学信号转化到头盔小屏幕时重新调整其顺序,使得我们在赛博空间中看到如图 2.3 所示的不同但是有规律的对应信号序列(为简单起见我仅显示这一调整的一个维度)。经过重新调整,原来在自然世界中感知为连续的信号,现在在虚拟世界中成为不连续的。比如,在自然世界中,一颗子弹从左边飞到右边显示为从 0 到 9 一系列连续的视觉图像。但是经电脑程序转换到虚拟世界后,子

---

① Doug Stewart, "Interview: Jaron Lanier", *Omni*, Vol. 13, No. 4, 1991, pp. 115-116.

弹的图像将首先出现在右端,然后突然跳向左端,然后跳回右边(但不像刚才跳那么远),然后跳回左边,如此等等,最后在中间 9 这一点上消失。因此,在自然世界中感知的空间位置性在虚拟现实中成为断裂的,因果性联系同纯粹的数学相关性没有了区别。

自然序列　　　　　　　　　　　　　**虚拟序列**

0 1 2 3 4 5 6 7 8 9　　--------→　　1 3 5 7 9 8 6 4 2 0

图 2.3 改变的光学信号序列

自然,当我们从一个观察参照点转向另一个时,空间结构的重新整合产生的视觉效果将变得非常复杂。举例说,假定在自然世界黑板上写有 ABC-DEFGHIJKLMNOP 的字母序列。在一定条件下,这序列由于太长而不能被整个看到,只有第一部分 ABCDEFGH 能够进入视野之中。在虚拟世界中,由于空间结构被重新整合,这部分将变成 DCBAHGFE,即原来在两端的两个字母 A 和 H 现在到中间了,原来在中间的 D 和 E 则到了两端,依次类推。

现在,假如你在自然世界中将头向右偏转,你的视野范围将发生改变。假定在自然世界中你转头后看到的是序列的 CDEFGHIJ 部分,但是在转动头部时你仍浸蕴在虚拟世界中。你将会看到什么呢?假如自然世界和虚拟世界的空间结构对应如上所述的话,你将看到 DCBAHGFE 变成 FEDCJIHG。

因此,在自然世界,你转动头部会连续地看到同一长序列的不同部分;但是在虚拟世界中,你会看见 DCBAHGFE 变成 FEDCJIHG,字母的有序性消失了。从第一个视野到第二个视野的转换似乎是杂乱无章的,因为在自然世界的静态图像现在在虚拟世界看起来是跳动不居的。也就是说,当我们的观察参照点改变时,自然世界中静止的东西在虚拟世界似乎是运动的。这当然要求我们按照新的位置感知重新表述物理学规律。但是只要虚拟现实和自然实在的空间结构之间是有规律的对应关系,这些重新表述的规律就表示同样的独立于我们的虚拟或自然世界感知的因果规律。

因此物理性和因果关系不必具有给定的空间框架,且必须被理解为独立于自然性或虚拟性。在这种情况下,休谟处偶然连结与必然联系之间的问题似乎得到了解决。

　　考虑到我们的对等性原理,或许我们也可以用这种方法解决量子非局域性的实验难题:既然两点间的空间距离只是由偶然加之于我们的感知框架决定,任何所谓的空间事件也可能在一开始就被感知为非空间的,反之亦然。

　　进一步说,假如我们从孩提时代开始,将我们的虚拟现实经验按照上述举例中改变后的子弹运动模式调整,则在虚拟世界中我们的心灵可能将习惯于将其感知为连续的。相反,如果我们除下虚拟现实装备,我们会感到子弹运动不是连续的。也就是说,我们的连续性和不连续性感觉(不仅仅是我们使用这个词的方式)完全反过来了。这是因为在引起我们感知空间不连续性的信号之间没有内在的"裂缝",而在引起我们感知空间连续性的信号之间也没有内在的"平滑"。空间连续性仅是我们构成性意识中协调感觉的重复性样式。①

　　我们能够看到,虚拟现实基础部分和扩展部分的结合会产生更多可能的变化方式。随后我将用虚拟现实科学博物馆的概念设计方式,来描述其中的部分。这里,我们只讨论与本篇内容特别相关的两个例子。

　　如果在自然世界我们的头转动180度(或其他任何度数),而数码化程序的介入使我们在赛博空间返回到原出发点(360度),则按照我们在第一章建立的对等性原理,我们能够合法地声称我们在转动点上转动了360度。毕竟,根据爱因斯坦的广义相对论,不存在绝对的参照系决定我们的头转动了多少度。

　　第一章提到的交叉感知没有经过计算机运算过程,现在可以用计算机代替声光转换器。自然世界的声音信号被麦克风接收,光信号被摄像机接收,然后输入计算机中。计算机软件则这样设计:浸蕴于虚拟现实的人接收视觉

―――――――――

① 仅时间的连续性或不连续性作为意识的意向性投射的结果内在于信号序列之中。这一点在本书第五章对意识的单一性进行讨论后将得到更清楚的阐明。

信息的变化同麦克风收到的自然世界声音信号的变化对应一致,接收的听觉信息则相反。显然,就物理输入与参与者经验之间的关系而言,这一过程将产生与转换器相同的效果,即,看到我们通常听到的,听到我们通常看到的。

这些变化方式有助于我们洞见因果联系的本质,但是不必一定有利于我们对虚拟现实基础部分运行的遥距控制。结合基础部分和扩展部分运行的更为实用的方式,大概如拉尼尔所述:

> 建筑师能够在房屋建成之前就使其有实在感,并且带领人们进入其中。最近,在和太平洋贝尔实验室共同进行的一次演示中,两个建筑师通过电话联系,考察虚拟现实的一个日托中心设计方案。他们互相展示自己提交的设计的特点,他们能够看到对方在房间中走动,并能随时改动房屋的设计。通过穿戴某种特制的手套,他们能够将自己的身体变幻成儿童身体的样子。这样他们就能够像小孩子一样跑来跑去,并且从孩子的角度出发考察像饮水机之类的设计是否合理。①

关于虚拟现实的心理学层面,妮科尔·斯滕格(Nicole Stenger)极为敏锐地意识到我们的心灵理解"实在"的方式可能受到怎样的影响,她将其作为虚拟现实经验的心理学后果:

> 我们的心灵正在温柔地泄漏出七彩虹般的幻想,很快有无数即将涵括大地并且改变人们心理氛围的幻想加入进去。感知将会改变,一起改变的,是实在、时间和生死的意义。②

---

① Doug Stewart, "Interview: Jaron Lanier", *Omni*, Vol. 13, No. 4, 1991, p. 113.
② Nicole Stenger, "Mind Is a Leaking Rainbow", in Michael Benedikt (ed.), *Cyberspace: First Steps*, Cambridge/London: The MIT Press, 1991, p. 50.

　　她的描述是诗意的,但是她的态度有点太谦逊了。事实上,在我们进入虚拟现实之前,我们在哲学层次对虚拟现实可能性的思考已经开始消除我们关于自然实在和虚拟现实区别的成见。正如我们所见,按照对等性原理,自然世界和虚拟现实基础部分的区别在本体论上是站不住脚的,因为二者是本体对等的。

　　如果我们只考虑当下的经验,我们甚至可以抹去虚拟现实基础部分与扩展部分的区别。在我们进入虚拟现实后,我们能够以这种方式将基础部分和扩展部分的运行结合起来,使得它们仅在目的论层次上具有必然区别。即,当我们区分为了生存哪些东西必须做时,我们不是根据它们真实或不真实,而是根据我们要达到的目的而做。这样,当我们进行前反思感知时,我们实际上将消除二者的本体区分。

　　我所说的"目的论区别"可用自然世界的一个简单例子说明:为了商务而旅行和为了娱乐而旅行存在目的论上的区别,因为二者的目的不同;但是它们在本体上是相同的,因为与它们运作过程直接相关的客观特性相同。在我们的虚拟现实终极编程中,如果我们愿意,我们当然可以将基础部分和扩展部分功能的不同化归为目的的不同。在这种情况下,较高层次的因果关系和纯粹虚拟事件的规律性在经验上将没有区别,但是人们所期望的结果是不同的。我们进入虚拟世界前常遇到这类情况,比如,当我们按下录音机按钮时,我们不会期望灾难性后果;但是当我们在五角大楼的某部门按下类似按钮时,我们知道这可能会发动一场核战争。在这里,如果我们不知道按两个按钮的经验在目的论层次可能产生的不同后果,它们在本体层次则几乎是相同的。与此类似,虚拟现实基础部分和扩展部分运行的区别也可以按这种方式划分。

　　我们也能在取得一致共识的基础上,进行最具挑战性的集体创造,即重新创造赛博空间的整个框架结构,从而确证我们的本体创造地位。当然,这项工作要在虚拟现实中进行。拉尼尔告诉我们在虚拟现实中程序设计如何变得更有趣和便利：

> 计算机程序设计师能够立即看到整个程序。一个大的程序可能
> 看起来像一个巨大的圣诞树，你可以变成一只蜂鸟绕着大树飞。你
> 也可以在任何枝头停栖，详细考察程序各部分的结构。更有甚者，你
> 还能够学会在空间中设计一个非常大的立体程序。①

无疑，我们能够在浸蕴虚拟现实世界之中的同时重新设计虚拟现实本身，使其基本结构产生根本性的改变。这将使我们更接近本书的主题，即，终极的本体再创造：上帝是我们。

五、成员间的相互作用

如果我们全都浸蕴在赛博空间中，被虚拟现实环绕，我们之间的相互作用则无须前面所说的**因果联系**过程，我们只需要次因果联系或数码联系。然而，我们的虚拟现实紧身服会刺激我们，向我们输送丰富的经验。按照对等性原理，这些经验可以像我们进入之前一样真实或虚幻。因此，我们得出图2.4 所示成员间的相互作用链，箭头表示作用方向。

当一个成员产生意念并开始行动时，她是作为一个动因主体起作用。一旦开始行动，她首先自己经验到行动，从此经验中她得到即时反馈信息指导她向目标行动。在虚拟世界中，她的行动在细节上可能类似或不同于在自然世界的行动，但基本模式仍是相同的。

假定她开始跳上屋顶，她跳跃的努力引起她的身体同虚拟现实紧身衣发生相互作用，相应的信号产生并输送到计算机或者如拉尼尔所说的家用实在机器中。这是一个我们称之为次因果性的过程，因为它的唯一目的是产生数

---

① Doug Stewart, "Interview: Jaron Lanier", *Omni*, Vol. 13, No. 4, 1991, p. 114.

码信息。一旦信号转换成计算机能够运行处理的二进制代码,次因果过程就结束了,数码过程开始了。在真正的相互作用情况下,新获得的代码立刻进入计算机运算过程,这一过程同时也处理其他可能主体产生的代码。故此过程一方面要处理许多成员产生的代码,另一方面数据库还要负责虚拟世界实体的形成和活动。这一过程是完全按照程序师设计的数码化命令完成的,至于这个过程是用什么物理过程来支撑的,那就无关紧要了。

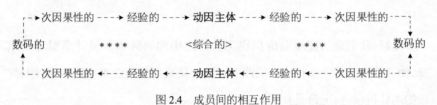

图 2.4　成员间的相互作用

　　然而,此后计算机运算的数码结果必须再经虚拟现实紧身服还原成新的刺激信号(视觉、皮肤的压力等)输送给现在作为接收者而不是动因主体的成员,这又是一个次因果过程。当然,作为行动的结果,跳跃者在虚拟世界中将经验到一些新东西。如果家用实在机器程序的设计使跳跃者经验类似于自然世界中的经验,在没有其他成员或意外自然事件干扰的情况下,跳跃的成功将会产生适当的视觉、听觉和其他相关感觉刺激。如果程序设计成与自然世界经验不同,则其虚拟现实经验也会相应改变。这些经验将导致此人再次作为动因主体进一步行动。第一个作用链结束了,第二个开始了,如此等等,依次类推。……假如在跳跃时其他成员试图阻止她,或者想同时跳上屋顶把她撞倒,她的跳跃将不能成功,虚拟现实机器将向她输送与此相应的他种刺激。

　　迈克尔·贝内迪克特(Michael Benedikt)提出了一套关于赛博空间建筑的系统建议,在那里人们不会失去"实在"的感觉,反而可能会从相互作用时带来的联合作业功能中受益。① 不过,在将这种设想变成现实之前,我们从

---

① Michael Benedikt, "Cyberspace: Some Proposals", in Michael Benedikt (ed.), *Cyberspace: First Steps*, Cambridge/London: The MIT Press, 1991, pp. 119-224.

当前流行的万维网中已可以见其端倪。一些网站以虚拟现实标记语言（VRML）为基础，向我们初步展示了三维"赛博城市"的雏形，虽然不是以浸蕴形式出现。还有，你可以在互联网上利用这些网站组织在线互动会议。一旦许多网上聊天站同这些前虚拟现实站点结合在一起并为我们提供一个浸蕴环境，并且一个人自我形象的文字说明被所谓的替身（avatar）代替时，网络就会变成一个虚拟栖居地。我们将能够在这里以预想的方式进行相互作用，这样我们就可以在更深刻的意义上将其称之为"赛博空间"。关于万维网外部的人际虚拟现实游戏领域，我们可以参看麦克尔·海姆对迈伦·克鲁格（Myron Krueger）成就的描述：

　　在克鲁格的电视游戏房里，人们在各个独立的小隔间中相处，他们互相在对方身体上绘画、做自由体操运动以及呵痒等。在克鲁格的光声游戏房 Glowflow 中，伴随着人们的运动，磷光管放出各种光芒，并发出人工合成的音响。[1]

　　如果我们还记得第一章讨论的交叉通灵境况，我们现在可以考虑它的虚拟现实变种了。我们在虚拟世界中可以非常容易地同其他成员交换视界，而不必置换由我们行动所控制的身体。如果在你我之间发生这种情况，则你的活动决定我能看到的东西，并且我仅能看到被我控制的身体，此身体是在空间上与我分离的一个客体；反之，对你也是如此。在这种情况下，我们还能够置换身体而使原有视界保持不变吗？当然可以，但是这与我们刚才所说的交换视界没什么不同。它们在功能上是对等的，唯一的区别是我们理解置换这个词时所选择的参照系不同。

　　很清楚，赛博性爱，无论是作为自足的目的还是作为人类繁衍的手段，都

---

[1]　Michael Heim, *The Metaphysics of Virtual Reality*, New York/Oxford: Oxford University Press, 1993, pp. 115-116.

必须牵涉物理性自然的**因果**过程。它必须进行遥距控制活动。但是,成员间为了交流或娱乐进行相互作用,则不需要因果过程做媒介。这些事情都可以在数码和次因果联系的层次上完成。在这里,基础部分和扩展部分融为一体,因而不能相互区分开来。

但是这是否意味着物理性或因果性联系如图 2.1 表明的那样似乎是外在于心灵的东西? 不是的。在引入感知框架之前,没有什么外在或内在的区分。图 2.1 表明的是一种逻辑关系,它并不表示内在或外在的空间关系。从根本上说,物理性和因果决定性是对等的。即,心灵在打开感知之窗时必须遵循一种前定的规律性。世界如何才能被构成这一问题,有着一种强制性限定,正是这种强制的限定,使我们产生物理性和客体性的感觉,并因此产生自我和世界的对立。这也是驳斥认识相对主义,区分思维正确与否的最终根据。

六、不可逆转的最后抉择:警觉!

为了说明普通的娱乐性虚拟现实如何可能会不可逆转地发展为终极再创造,我们最好在这里设想一个虚拟现实版本的科学博物馆,这样的博物馆,按现有的技术我们可以马上建立起来。

与工业性虚拟现实相比,虚拟现实版的科学博物馆具有作为形而上学实验室的功能优势。它不必考虑其他的实用后果,唯一目的是吸引参观者前来娱乐和学习。那么我们打算表达什么样的主旨呢? 当参观者被连接到我们的虚拟现实设备时,我们该让他们产生什么样的经验呢?

无论未来虚拟现实在工业中的具体应用能够发展到何种程度,来自虚拟现实博物馆的同样的奇特信息和经验类型仍具有重大意义。当然,我们在这里必须**忽略**虚拟现实的经济功能,而只关心虚拟现实如何能帮助我们理解实在的**本质**。我们希望来宾在参观时及参观后提出并思考这类最深刻的问题:"在何种意义上我们能够区别虚幻与真实?""有没有可能在我们听说虚拟现

实的很久很久以前我们就已经浸蕴于一个高度发达的虚拟世界中了?"或者
"我们有无可能终生生活在这个虚拟世界中,就好像它是我们所知道的唯一
世界?"

下面所述,可看作一个准备真正提交给博物馆馆长的虚拟现实科学博物
馆设计方案。为将虚拟现实事件的叙述和自然实在事件区分开来,此后本节
的所有斜体字均是关于虚拟现实事件的描述。每一步骤都意图阐释开头黑体
字提出的观念,而叙述的具体过程仅是体现基本原理的多种可能途径之一种。

1. **虚拟现实出入口处自然世界和虚拟世界间的模糊过渡区**。参观者穿
戴好虚拟现实服装(头盔、手套等)后,*看到* 和过去同样的环境(大厅内的虚
拟现实设备以及其他布置、墙壁等),*她也看见自己穿戴着虚拟现实服装。
她所穿戴的东西似乎没有改变她所看到的一切,头盔就像没有挡住她的视线
一样。*

*这时,一位"管理员"吩咐她从虚拟现实房间门口走出去,一直走到博物
馆外面的大街上。但是当她到了大街上后,看到了一个完全陌生的景象,管
理员告诉她她已经在虚拟世界中了。她想尽快结束这一经历,恰好看到一个
出口写着"回到真实世界",她就从这个出口走出去。然后,她又看到了那个
"管理员","管理员"告诉她按照某种具体指令脱去虚拟现实服装。她照做
后,一下子就看到了她在进入游戏之前所看到的虚拟现实房间的熟悉景象。
然而,事实上所谓"脱去"仅是她的虚拟现实经验,她实际上仍穿着这套衣
服;精密的设计使得她不能直接看穿这套把戏。现在她可能正以为自己已经
回到了真实世界。*

*当她向虚拟现实房间"出口"走去时,她得到一块博物馆专为参观者提
供的点心。她想咬一口,但什么也没咬到! 同时,整个视野突然变得一片漆
黑。她这才意识到自己仍在虚拟现实中。几秒钟后,她脱去了虚拟现实服装
回到真实世界中。她怎么能确定自己不是进入了另一个圈套呢? 别着急。
她会再次得到一块点心。这次她将真的咬到并且……*

2. 真实的和虚幻的。 二者之间区别所依据的原理将是下一章讨论的话题。这里我们试图演示参观者的经验如何影响她在感知层面对二者的区分。

参观者穿过门前的台阶，她感知到的每样东西都能被看到、摸到，还能听到声音（在敲打的时候）。一个棒球从墙上弹回来，她抓住它时手还隐隐震痛；她握住它时感受到了一个真正的棒球的重量。所有东西遵循着同自然世界一样的物理规律。汽车按照同样的交通规则行驶，风像往常一样吹弯了树梢。而房屋和山脉依然矗立在那里，没有明显的变化。其他东西如流水和船舶都不依赖于她的观察而自在地运行着。她看到一辆宝马轿车在等红灯转绿。转过头来又看见一只狗在绕着自己的尾巴尖打转。几秒钟后她又回头看那辆宝马时，发现它已经开到 20 米之外了，并且还在继续加速。这样说来，在她看这辆宝马的两次间隔中，所有与这辆车有关的事件都按照物理规律自在地运行着，就像在自然世界一样。

但是，她终于开始发现一些似乎不太真实的东西。不过，这些东西仍然不依赖其意志而自在地运行着，不过运行的过程不像她早先看到的宝马那样具有规律性和可预期性。一只小鸟突然出现，然后变成了一架模型飞机，接着又消失在虚空中。而她的苗条身材则变得十分庞大。

后来，事物完全就是"虚幻的"了，因为当她看见一个奇怪的物体向她冲过来，想把它推到一边去时，她的手碰不到任何阻隔。她抓住一只棒球，但是这个球没有任何重量。她发现她可以通过口令把这些物体变成别的东西。最后，她能发出命令将自己随时转移到她想去的任何地方，并且任意重建整个周边环境。她可以让各种各样稀奇古怪的东西反复无常地出现和消失。当所有在后面第 3、4、5 条和第 7 条描述的变化结束后，她将往回走，在返回自然世界之前进行一次从"虚幻"世界到"真实"世界的返回。

3. 选择感知框架的可能性。 按照我们在第一章提出的对等性原理，我们在自然世界的经验感知是建立在我们偶然持有的感觉器官的基础上的。但是，我们往往倾向于认为世界就是像我们感知的那样自在地存在。浸蕴于虚拟世界后,参观者渐渐意识到存在其他感知框架的可能性,它们可以像我们原有的感知框架一样起作用,甚至比我们原有的更好。

参观者走出房间,看到直接从门外摄像机传输过来的没有修改过的景象。她也听到直接由麦克风传送过来的声音。她看见和听到的东西和我们在自然世界看到听到的一模一样。但是,当她转过头来时,景象角度的变化比在自然世界中快了一倍,因为摄像机镜头的变化是按照她转动速度的两倍设计的,这样,当她的头转动180度时,她的视野回到了原来的地方。

现在,她被告知,到了交叉感知阶段了:突然,声音信号转化成光信号,而光信号转化成声音信号,这些都是由计算机按照相应的变量控制的。她开始看到我们听到的东西,并且听到我们看见的东西。当一辆救火车驶来时,她看见一道炫目的光亮闪过,这是汽笛声转化的结果。当我们看到强烈的闪电后面跟着震耳欲聋的雷声时,她先听到闪电转化成的雷声,然后看到雷声转化成的闪电。

交叉感知阶段过后,她现在开始看到和听到更大范围波长的事物:她看到我们所不能看到的、只发出紫外线或红外线的东西,听到已转化成正常声音的超声波。

然后,她开始经验事物尺寸的大幅度变化:她被连接到计算机上,在显微镜的帮助下,用"放大镜头"看和触摸屏幕表面上的凸起和凹陷,在自然世界的人看来那里完全是光滑的。她也能够"拉长镜头",在人造卫星信号传送机制的帮助下飞离地球,鸟瞰世界。所有这些变化都应安排在从虚拟到真实的过渡中间。

4. **有限无边的空间**。日常感觉使我们相信,无限大和无限小都是无穷无尽的。一方面,我们可以将事物分割得越来越小,但是仍会有无限的更小部分存在;另一方面,我们可以跑得越来越远,但是还会有无限的更远地方存在。但是这种无限无边的空间观念已经受到严重挑战。相反,爱因斯坦的有限无边空间观念得到较多的认同。但是在虚拟现实出现之前,我们不能够经验任何一种这样的可能空间模型。现在,虚拟现实可以为参观者提供至少两种这类空间模型的经验。第一种模型是空间的最大边界和最小边界融为一体。参观者将镜头放大,看到物体越来越小的部分,但是在某一点上她跨越了最小部分的门槛。在那一点上,她的视野同当她将镜头不断拉长到极限所看到的东西一样。现在,如果她继续将镜头放大,她的视野将回到出发点上。

反过来说,她也可以一开始就不断将镜头拉长到同样的门槛上,然后跨越门槛回到她的出发点。在这里,空间被感知为最大外部边缘同最小内部边缘卷在一起。窍门在于程序的设计:环路两端的内容要设计成在探险者的旅途中自我变迁但又让她感觉前后看到的是同一过程的两个阶段。第二个模型更简单了:参观者一直往前旅行,最终回到她的出发点。她的视觉、听觉和触觉都证实她回到了原来的地方。

5. 成员间的相互作用。在自然世界中,由于我们的身体易于受到他人伤害,我们不得不对陌生人加以防备。但是在虚拟世界中,如果我们设计的程序不容许,则无人能对我们的身体施加物理性影响。我们在程序中,设定了一个界限来防止任何严重的伤害。除了一些小小的惊吓作为生活的调味品外,我们能够最大限度地对其他成员开放,只要我们的心理条件允许。

在出口处遇到"管理员"之后,参观者还将碰到其他参观者。(为了简便起见,假设真正的参观者同纯粹的数码动画图像可以从视觉上区分开来。)参观者走进一个酒吧,看见几个人在那里玩撞球。她便同一个男人交谈并握手,然后也加入游戏。或许她觉得那个男人的触摸很性感。或许她本来就是同自己的性伙伴一起来的,现在她在赛博空间中遇到了他。他们可以来一次幽会,互相调情、拥抱……或者因为知道在赛博空间中没有人能够被物理地伤害,他们可能用拳头和石头互打取乐,他们都能感觉到身体受到对方的轻微攻击。最后,他们互相道别,继续各自的旅行。

6. 虚拟世界中的第二层虚拟世界。参观者在虚拟世界中看到一个和她在自然世界看到的一模一样的博物馆——后者才是她真正所在的地方。她

被同样的"管理员"带到馆中,穿上 和她第一次进入虚拟现实之前所穿一样的虚拟现实衣服。她开始了所谓新的虚拟-虚拟现实经历,完全可以同原来的虚拟经历相提并论。……过了一会儿,她"脱去"虚拟现实衣服,从所谓的虚拟-虚拟世界退出,"回"到第一层虚拟世界中。

7. 遥距控制的可能性。正如前面所说,如果我们不能在虚拟世界中控制物理过程,虚拟现实就永远只能是个游戏。但是如果我们能够利用机器人从*虚拟现实内部*影响物理过程,虚拟现实和赛博空间发展到极端就可能成为人类的栖居地。

为了表达这一观点,机器人被放置在一个独立房间中。在那里,机器人作为虚拟-真实实在的界面,将按照参观者*在虚拟世界的活动*模式进行相应的实物操作。*参观者被引入一个和机器人所在一模一样的房间。她被告知可以随意移动房间内的物体,但是在离开房间时必须记住这些物体摆放的最后样子。她回到自然世界后,发现机器人房间中的物体摆放和她在虚拟世界中摆放的一模一样。当时,她正在经历从虚拟世界到自然世界的遥距临境和遥距操作活动。*

旅行结束后,参观者很容易想到这样一些重大而合理的问题:"如果最后一幕所经历的遥距控制扩展到整个农业、工业生产系统以及人类生育领域,则在第一步骤例子中自然实在和虚拟现实间令人困惑的区别最终将会消失,自然世界和虚拟世界还会有'真的'区别吗?"以及"如果能有上面描述的第二层次的虚拟现实,那么更多层次的虚拟世界也成为可能,我们所谓的自然世界会是这些多层虚拟世界中的一个吗?"

我们暂且放下第二个问题,假定同迄今我们仅略知一二的虚拟世界相比,我们现在生活的世界是"真实"世界。问题就变成:"我们应该一劳永逸地彻底消除真实和虚拟之间的经验差别吗?"在我们能够回答这样的规范问题之前,我们必须理解从自然世界到虚拟世界的可能转换的本质,这就要求我们从现在开始,对"真实"的意义进行一次系统反思。

第三章
虚拟和自然之间的平行关系

> 阴与阳在这里交媾
>
> 虚与实在这里搏击
>
> 高与低在这里谈判
>
> 深与浅在这里相聚
>
> 永恒的苍穹接受边界的切割
>
> 有限的杂多在这里汇成无穷的单一
>
> ——《地平线》，翟振明，1992

一、"真实"与"虚幻"区分的规则之解构

在前面我所设计的虚拟现实博物馆中，参观者会历经实际和虚拟之间的逃逸区，但最终参观者能通过品尝博物馆供应的点心来判断她是否回到了自然世界。然而，如果由遥距操作而进行的遥距控制被充分应用到人类生活的所有层面——正如第二章所讨论的那样——则品尝点心的办法将不再生效，因为当参观者在虚拟世界中试图吃点心时，自然世界中的机器人将——比如说——把真的点心放进参观者口中。在这种情况下，自然实在和虚拟现实之间还会存在无法消除的终极界限吗？如果对等性原理是正确的，则此界限可以消除。但是，我们习惯于认为自然世界是真实的而虚拟世界是虚幻的。为了表明这种区分没有根据，我们还需分析一下我们的实在感觉是通过哪些感知构造形成的。

为方便起见,让我们在本节继续利用自然实在和虚拟现实的对照作为我们讨论的基础。在此基础上我们将看到,那些使自然世界事物成为实在的条件如何在虚拟世界中也有其对应物,并因此虚拟世界和自然世界在同为真实或同为虚幻的意义上是本体地平行的。我们将认识到如下对等性:如果我们在自然世界中称自然世界是真实的而虚拟世界是虚幻的,则当我们浸蕴于虚拟世界时我们也能够称自然世界是虚幻的而虚拟世界是真实的。

思想实验能让我们冲破环境限制的藩篱,给我们的理性思考提供丰富而切题的资料,这一点我们已经反复见证。现在,我们要逐层展开的一个新的思想实验,将使我们获得对"虚拟"的本体论意义的进一步的洞见。

在不知虚拟现实为何物的情况下,我们在日常生活中似乎总是能够把真实的自然物体与艺术、娱乐中人工模拟的物体幻象区分开来。当我们看电影时,我们可能会被故事深深地打动或困扰,或者被剧中的生动视觉形象或语言唤起激情,但我们还是知道那不过是在演戏,而不是真实世界中发生的事。为什么我们能够作出这样的区分呢? 让我们一步步往下走,试试能得出什么结论。

为了讨论的方便,让我们暂且这样使用真实和虚幻两个词语,就好像它们都有明确的定义和清楚的所指一样。我们按照这一方式使用下去,直到我们的表述由于这样的使用而变得不能自圆其说为止。这可以被看作是我们在一个解构过程中,履行展现了一种"双重态势"。

假想我乘飞机到某个陌生的地方去度假。我是近视,所以戴一副眼镜。旅途遥远,我很疲劳,在飞机上睡着了。趁我熟睡的机会,有一伙人把我的近视镜摘下来并换上另外一副外观一样的眼镜,这副眼镜使我能够看到视觉效果非常逼真的立体电影。这伙人把一切都安排得滴水不漏、环环入扣。在我醒来睁开眼睛的同时,就开始在我的眼镜上放映一个持枪的暴徒威胁要我交出随身佩戴的劳力士金表的场面,并说如果不给的话就把我干掉。起初,我相信这是真的,要么我被杀死,要么把劳力士表交给他。我会从什么时候开始怀疑这个抢劫场面是一个假象呢？

当我试图从手腕上取下劳力士表时，我首先将手抬到我能够看得见的位置。但令我吃惊的是，在任何地方我都看不见我的手。事实上，我的整个身体从视野里消失了。由于在真实世界中我的身体形象是最不可能消失的，它的消失一定表明世界的真实表象被挡在我的视场之外了，我现在所看到的东西不是真实世界的一部分。

此时，我可能开始注意其他的反常现象。比如说，我可能会去看我眼镜边缘外的东西，并且看出暴徒的背景和镜框外边的环境不相协调。但我怎么知道镜框内外何为真实、何为虚幻？回答不能是眼镜是人造用具而人造用具总是歪曲真相的东西，因为我原来的近视眼镜也是人造用具，它能够**帮助**我更好地看清真实世界而不是歪曲它。我区分镜框内外的真实或虚幻的理由大概是这样的：在镜框外我能够看到我自己的身体，它的存在我是能够确定的；但是在镜框里我看不到我的身体。一个真实的视场环境至少会让我的身体出现，一个不能呈现我的身体形象的视场环境一定是虚幻的。因此，我将其中暗含的判断真假的临时规则归结如下：

规则 1：只有将我的身体形象包括在内的视场环境才可能是真实的，并且在其中呈现的其他物体也才可能是真实的。不能将我的身体形象包括在内的视场环境不可能是真实的，并因此在其中呈现的其他物体也是虚幻的。

我之所以称其为临时规则，是因为它并不是一个建立在牢固基础上的可以一直贯彻下去的判断规则。设想立体电影将我身体的实时影像纳入其中，并使其看起来能够同里面的环境发生恰当的相互作用。这样我就有了替身——正如现在被数码业的行家所称的那样——代表我本人。假如我的替身设计得和我非常相像，这样当我抬起手看我的劳力士表时，我确实看到了我的手及表的立体动态影像。现在,我就不可能再使用规则 1 来进行判断了。

我能够用来判断真实和虚幻的下一个线索是什么呢?我将从手腕上取下劳力士表放到我面前的桌子上。但令我吃惊的是,当我看见我的手碰到了桌子时却感受不到任何抵挡力、质地感或别的属于我触觉部分的感觉。当我敲打桌子时,我也听不到任何声音。由于我能够通过触觉察知劳力士表的存在,所以我知道我的手并没有麻木。我还能够听到其他东西发出的声音,所以我相信我没有变成聋子。由于我视觉所见到的桌子不能和触觉等其他感觉一致起来,因而我断定它是虚幻的,不过是个光色幻象罢了。由此我得出另一个判断规则:

规则 2:一个真实的物体必定对我的不同感官给予同时性的刺激,在**我的感知中**它们是相互一致的;任何不能满足这一条件的所谓物体都是虚幻的。

但是,现在假设当我试图将手表放到虚幻的桌子上时,配合着我看到的物体影像,其他的独立刺激源在适当的时候给予我恰到好处的触觉刺激,并且我还能听到另外的刺激源发出相应的声响,如此等等,这些都是预先协调好了的。在这种情况下,规则 1 和规则 2 就只能作为区分真实和虚幻的必要条件而非充分条件了,也就是说,它也被绕开了。下面,还有什么线索能帮助我们识破这个把戏呢?

假如现在我面前的东西——如暴徒和桌子等——突然自动消失了,又突然自动出现,如此反复无常地变化着,而我对桌子的触觉也跟随这些视觉影像幽灵般地消失和出现。在这种情况下,即使我的不同感觉之间是相互一致的,我仍然会怀疑这些东西的真实性。或者,如果这个暴徒的行为动作就像不守自然律的卡通人一样,比如没有翅膀但能飞行,我也会认为这不

是真实的人物,因此不必担心失去我的劳力士表。这里,我归结出另一个判断规则:

　　规则 3:如果对物体的视觉、触觉等表象的变化没有表现出某种**我所预期**的规律性,则此物体是虚幻的。

　　但是规则 3 也不能作为判断真实与虚幻的最后依据。立体电影中的事件当然可以制作得符合自然规律,就像我们未参与其中但情节符合规律的电影一样。因此暴徒和桌子不必以幽灵的方式出现,它们能够被设计得和我预期的一样有规律性。这样,规则 3 又被绕过去了。我还能用什么办法来区分真假呢?

　　讨论至此,为了回避哲学史上更复杂的"他者心灵"问题,让我们暂且不管那个持枪的暴徒,将重心放到那张虚幻的桌子上。我如何能够知道桌子是虚幻的呢? 下面,我不再被动地接收感知,相反,我开始采取行动,试图把桌子抬起来搬到别的地方去。由于我所感知到的桌子不过是屏幕上的一个图像,我的触觉、听觉仅同这个图像协调,所以我是无法把它从屏幕上搬走的。而我——真实的我——能够去我想去的任何地方。因此我试图搬动桌子的行动必定不能成功,这个失败将揭示出桌子的虚幻本性。因此,我们又得出下一个判断规则:

　　规则 4:如果我不能在某个处所将被感知到的物体拿起来并在我自己的身体所在的真实空间中到处移动它,则此物体是虚幻的。

　　仅当我们能够将由屏幕上的立体影像创造的虚幻空间同我身体所在的真实空间区分开来时,我们才能应用规则 4 进行判断。假如,我试图移动自己身体的活动并未导致我的身体在真实空间中的真实活动;相反,人们可以使用类似履带的设备将我的活动转化成相应的信号发送给计算机,计算机再对立体影像和其他刺激源进行调控,将我的视觉、听觉、触觉等同我的活动协调起来,使我感觉到就像在抬动真的桌子一样,而实际上我只是具有抬动桌子的浸蕴体验。在这种情况下(我们终于又来到虚拟现实了),我如何知道我抬动的是一个虚幻的桌子呢?

如果我还怀疑桌子的真实性,我大概会开始检查桌子的第一性质——正如洛克所定义的那样,它被认为是内在于物体中的。我不再耽搁于第二性质的感知经验中,而是诉诸行动研究这张桌子的微观结构。我试图把它劈成碎块,或者像对一个真实物体一样先是简单地击打,最后将它的基本粒子如中子、介子等放到对撞机中粉碎。一旦桌子或其碎块的行为与物理定律明显地相违背(所有碎块突然消失,或者被打碎的小块和打碎前的大块大小相同,等等),我将知道这个所谓的桌子仍然是虚幻的。我将遵循这样的判断规则:

规则 5:如果**我没有看到**假定的自然物体遵守现有物理科学所描述的并为常识所支持的力学定律,则此物体是虚幻的。

规则 5 非常接近深深根植于相信科学实在论的绝大多数物理学家心中的假定。自然主义哲学家如约翰·塞尔和丹尼尔·丹尼特也倾向于这样一种信念,因为对他们来说,似乎物理学的力学定律是因果关系的基石,而因果关系的有效是实在性的最终检验标准。

然而,如果将我们所称的本体工程学应用到计算机程序中,则规则 5 原则上同样能够被绕开。只要有足够的计算力,我们就能将所有已知的物理定律和/或我们自己创造的定律编进软件中去。既然我们所有关于世界中物体的经验知识都是通过我们对它们行为模式的观察获得的,从同类事件中我们将得出关于它本体性的同类结论。即,所谓自然世界物质的坚固性,只是通过与被感知物体有关的合规律性**事件**建构起来的。当我们讨论分子、原子、电子、光子以及夸克时，我们仅是在使用这些概念来组织我们所观察到的由于我们活动的参与而形成的现象罢了；这些现象来源于一系列的事件，而我们的活动则是这些事件中的要素。

因此，原则上，没有什么困难可以防止我们把模拟自然世界运行的程序写进虚拟现实的基本构架中。合规则性，正是符号程序本来就首先需要完成的。在这种情况下，随着我把桌子分割得越来越小，我将发现分子、原子、电子等，同我在自然世界中分解真的桌子时看到的过程状态一模一样。或者，如果我拆开我的虚拟手表，我也能看到所有精细复杂的虚拟齿轮正在运转着，并且发出滴答声。

当然，只有当我们在硬件和软件层面都掌握了巨大的计算力时，我们才能够完成上面的工作。从现在看来，要做到那些是比较困难的，但是在原则上并不是不可能的。如果虚拟现实先驱迈伦·克鲁格能够将他自己创造的规律编进他的被称为**视听空间**的"人工实在"程序中，我们为什么不能将自然规律——就像我们在典型的物理学教科书中读到的那样——复制下来，纳入我们的终极规划中呢？让我们看看克鲁格是如何描述他的虚拟世界的：

> 在**视听空间**环境中，学生们能够扮演科学家的角色在陌生行星上登陆。他们的任务是研究当地的植物群、动物群和**物理学**现象。这个世界被故意设计得同现实大相径庭。它按照新奇的物理学定律运行，它可以被设计成这样，以致孩子们在其中比他们的老师都更能应付自如。他们独特的行为方式、他们的身材甚至他们所穿戴的衣物使得他们能够发现关于这个环境的独特东西。① （黑体为本书作者所标）

---

① Myron W. Krueger, "An Easy Entry Artificial Reality", in Alan Wexelblat (ed.), *Virtual Reality: Applications and Explorations*, Boston: Academic Press Professional, 1993, p.152.

克鲁格在这里毫不犹豫地使用了"物理学"一词,即使这个世界是"同现实大相径庭"的。现在,我们终于能够理解他的观点了。只要他的**视听空间**环境中的物体呈现出某种规律性,它们将给予我们一种物理性的感觉,即使它们遵循的是一套新的物理学定律。

在我们的例子中,那张虚幻的桌子是按照我们所熟悉的自然世界的物理定律制造出来的,因此它被故意设计得符合现实而非相反。在虚拟环境中,我们甚至能得到对撞机,它能够将虚拟粒子打碎,并且我们能够通过虚拟气泡室观察到这些基本粒子如介子、质子等。在这种情况下,如果我不知道自己在熟睡中被带进虚拟现实时我的感知经历发生了如此剧烈的转折,我如何能知道这个桌子是虚幻的呢?

你可能已经看到了问题的关键所在:一个真实的对撞机会消耗巨大的能量,而虚拟对撞机则不必消耗那么多能量。实际上一个虚拟事件所消耗的能量仅是运行此虚拟事件程序的计算机过程所需要的能量,它不会比此过程消耗更多的能量。因此,能量守恒定律在虚拟事件中似乎失效了,这似乎是我们区分真实和虚幻的最后依据。然而,能量不是独立于物体的东西,当能量被消耗时我们并不能看到能量的流动转化。因此我们必须求助于热力学第二定律,它告诉我们能量不会自己积聚起来等着我们转化使用。我们首先必须有意识地以某种方式将能量传送出来(如开动一个发电站)进入一个特定过程,然后再利用其为我们工作。因此,当我将桌子劈成越来越小的碎块,最后把它放到对撞机中打碎时,如果在这一过程中不必运行某种能量转换机器,或者不必有意识地安排其与越来越强大的发动机相关联,则此桌子是虚幻的。因此,我们得出下一条规则:

规则6:如果我们能够将被感知物体分成越来越小的部分或对其施加作用,而在此过程中无须通过**预期的努力**转换相应增加的能量,则此物体是虚幻的。

　　这一规则能最终帮助我们澄清真实和虚幻之间的迷惑吗？不一定。如果基本程序能够将**所有**关于事件间相互联系的物理科学定律涵括进去，则我们仍可以将规则 6 绕过去。所谓能量，不过是用来组织我们所感知的**事件的强制规律性**的另一个概念。在现代物理学中，传统物理学对粒子与其承载的能量或在它们中间传播的能量之间的区分，已经成为对物理世界其整体作统一理解的障碍。因此，如果我们理解了规则 5 的话，规则 6 实际上已经被包含在规则 5 中了。

　　因此，我可以使下列事件在虚拟世界发生。当我试图将桌子劈碎时，随着碎块变得越来越小，我必须持续付出更多的努力。当劈到一定程度时，我得在虚拟世界中找一把刀子、锤子或凿子继续干下去。后来，当这些碎块小到仅凭肉眼就快看不见时，我还得把它们带到实验室去，像在自然世界的实验室中一样运行各种实验设备：按下按钮发动电动机、打开灯光、启动计算机，等等。最后，我还要写一份申请使用对撞机的报告。在获得批准之后，我把材料放到由一群出现在虚拟世界中的工程师操作的对撞机中，他们看起来似乎知道怎样获得必需的能量。在实验过程中我所看到的、听到的、摸到和闻到的一切同在真的实验室中没什么两样，从泡沫室里还能看到预期的基本粒子的轨迹。现在我还能用规则 6 进行真实和虚幻之间的判断吗？不能。

　　为了进行区分，我必须用自己的身体作为最后的判断工具。我将试图检验，假定的破坏性（抑或是建设性）过程是否像在自然世界一样对我的身体产生可感知的后果。如果我把手指浸到咝咝作响的煎锅里却感觉不到灼热的疼痛，或者让汽车从我身上轧过去而我却能轻松地哼着"Yankee Doodle"的小曲，又或者暴徒用枪抵着我的脑袋时我只感觉到轻微的触碰，则我将推断这些物体和事件都是虚幻的。反之，如果在被感知到的环境中，大火会烧伤我、浓烟能使我窒息，或者小刀能将我划伤，倘若流血不止我很快就会倒下，又或者当我触摸裸露的电路时电流会把我击伤，则我将推断这些物体和事件是真实的。在这种情形下，当暴徒扣动扳机时，我就算不死也会遭受重伤。如果我的确被杀,我真的被杀死了,则同我一起离去的还有与那张虚幻的桌子相应的关于是否真实的问题。这样我又归结出一个判断规则:

规则7:如果一个事件中被假定的能量不能像预期的那样**给予我**相称的**伤害**,并最终不能终止我同环境相互作用的能力,则这一似乎携有能量的事件是虚幻的。

此时,我们已经到达虚拟现实同自然实在交叉与分离的决定性环节了。在此关节点上,一方面因果过程基本上被封锁在次因果过程之外,另一方面我的虚拟现实经验中属于基础部分那块的相应刺激通过家庭实在机器和紧身服的次因果过程产生出来。经过这种因果/次因果交换器的过滤,我们能够在因果封锁设施的保护下控制真正的因果过程,并因此能量的大小不会超出我们的感官所能承受的最大限度。从自然世界的角度谈论虚拟世界,我们可以说我们是在对自然过程进行遥距操作,虽然我们的感官经验到的直接刺激被限定在预先设置的能量限度之内。

就规则7已达致区分真实与虚幻的底线而言,它似乎是我们进行判断的最后依据。因此,即使终极规划能够将自然世界的所有因果定律整合到我的虚拟现实环境中,我的存在却不属于这一因果作用的层次。我,属于更高层次的因果世界。

由于这种跨层次的相互作用中的能量被故意地设定在人的感觉感知所能承受的限度以内,任何超过此限度的作用都被阻挡在我之外。因此,当我看到和听到某种致命伤害向我袭来而自己的健康却未受到半点威胁时,我的视听感觉与我的触觉世界之间的协调被打破了。这是因为视觉和听觉作用通常不会对我的安全——也就是说,我的生存——有直接的、相称的影响,而我的触觉作用(触摸、穿透、平衡等等)则有。这是洛克式第一性质和第二性质之间差别的最终现象学根源,这也是科学实在主义认为建立于触觉(作为抗穿透性的粒子）基础上的概念优先于建立在视觉和听觉（作为源自粒子运动之衍生物的颜色和声音）基础上的概念的根源。

然而，触觉同视觉有着明显的联系。**在我触摸或被物体接触之前**，我已经能够**看到**触碰即将发生。因此，举例来说，我就能够用我的视觉感知指引我的手进行触摸活动。这是如何可能的呢？因为视觉看到的空间接触，几乎总是同触觉相伴。一方面是被触觉感知的不可穿透性，另一方面是被视觉感知的空间连续性，二者相互结合起来促使我们形成对一个物体的空间特性的信念。由于这些特性至少包含了两种感觉模式的一致，它们似乎占据了首要的本体地位。因此，洛克认为这些"第一性质"引起与它们完全"相似"的"观念"。相反，所谓的"第二性质"仅被一种感觉模式感知。比如说，颜色作为视觉的部分没有牵连到触觉或任何其他感觉。因此，我能够通过视觉判断两件物体是相接触的，但是我不能通过触觉判断任何东西是有颜色的。故我们无法训练一个盲人使用其触觉区分不同颜色，但是我们能够训练一个手部麻痹的人不去触摸某些物体而仅通过视觉感知它们。与此类似，声音只属于听觉并因此也是第二性的。

但是，在我们对虚拟现实进行了反思之后，我们认识到单是感觉之间的这样一种协调不必使任何东西成为可感知背后的更真实的实在；一个在充分强大的计算机中运行的设计精良的程序将成功地做到这些。在我们虚拟现实经验的扩展部分，我们可以有一切物体的纯粹模拟物，它们看起来似乎具有第一性质，还有仅同一种感觉模式相关的第二性质。这是为什么虚拟现实不同于任何其他已知技术，能够直接进入我们的本体论视野的主要原因。这里，把所有感觉完全协调起来的想法，致命地打破了我们关于所谓第一性质内在于所谓的自在物体之单一性中的假定。

对于这样一种全方位的协调，不存在理论上的必然界限。仅当此协调系统中的刺激强度达致我们为自我保护而故意设定的限度时，这种协调才需要被终止。当你使用虚拟锤子将一个虚拟钉子敲进虚拟的墙壁时，你可能会看见、摸到和听到同用自然的锤子将钉子敲进自然的墙壁完全一样的东西。当你用同一个虚拟锤子轻触你自己的手臂时，你也会感觉就像被一个自然的锤子触碰一样。但是，如果你试图像敲钉子那样敲打自己的虚拟手指，你将会感觉到——比如说——就像被一个很轻的橡皮锤子敲打一样，无论你看到的是什么样的情形。不管你如何用力地击打自己，你都不会受到伤害或者感到剧痛。你的视觉和你的触觉不再像过去那样相互关联。这样的设计并不会产生麻烦，因为在虚拟世界一开始就不存在不同感觉间的我们无法改变的对应关系。相反，在系统中的刺激抵达限度以前各感知功能的对应关系，是在程序中我们故意设计好的。

那么，当我浸蕴于虚拟现实时，我能够以什么方式最终区分真实与虚幻呢？现在似乎有了最后的规则：真实的东西对于我的健康和生存有着可预期的后果，而虚幻的则没有。也就是说，是否被感知的因果事件对观察者产生能量相称的经验后果似乎是检验实在性的最后规则。这就是规则7的全部内涵。

如果虚拟现实只有扩展部分，规则7的确会成为我能够用来区分真实与虚幻的最后规则。但是，我们没有忘记还有虚拟现实的基础部分，在那里通过机器人进行遥距操作来控制物理过程。正是基础部分，使得规则7成为无效的了。

我们不至于忘记，在基础部分我们所看到的东西在自然世界均有其对应物，我们所做的一切都将影响到物理过程并因此在物理上和经验上对我们产生可预期的因果性结果。

因此，当我被虚拟世界之外的一个对我的身体具破坏性的真正的强力威胁时，我的虚拟现实经验的基础部分，将运演出被感知为破坏性的相应事件序列。如果我进行对应于自然世界的敲钉入墙的行为，则将会有真的钉子被猛力敲进去，并且其中蕴涵的能量同我挥动锤子的努力是相称的。当我看到一个表示着子弹最终击中我的影像序列时，被一个真实子弹或其他对等物所携带的破坏力将穿透我的紧身服和我的身体，即使杀不死我也会使我遭受重创。我将会感觉到意料中的疼痛，并需要尽可能快地被送到急救室抢救。在我的紧身服被毁坏的时刻，因果与次因果之间的分界线将会消失，而我将从虚拟世界回到自然世界。如果我在自然世界的某房屋中进行某种使同一房屋倒塌的活动，我的紧身服和我的身体将很可能在房屋倒塌时被毁坏。

这时，你可能会认为对等性原理（PR）被打破了。当我们面临生与死的问题时，你可能会辩论说，我们必须承认自然实在是真实的而虚拟现实是虚幻的。然而，这种辩论是无效的。在我们进入虚拟现实之前，我们没有穿任何特定的紧身服，但是我们有皮肤、眼睛和其他感觉器官。在正常的情况下，这些感觉器官正如紧身服一样在次因果层面上运作，从而向大脑发送信号。当子弹刺穿我的皮肤并损伤它时，因果与次因果之间的分界也消失了。我身体内的子弹穿过皮肤直接刺激我的神经，并引起难以忍受的疼痛。我对身体内子弹的感知比我被子弹击中前皮肤对子弹的感知更为真实吗？如果不是，这意味着我们的皮肤作为我们对子弹感知的媒介并没有在任何程度上降低其实在性。也就是说，在感官和感知之间添加媒介不会歪曲实在。

如果子弹损坏了我的眼睛又会怎样？我们的分析将是类似的。现在将紧身服、眼罩和我穿戴的其他装备同我的皮肤、眼睛相比较，我们将明白它们如何是平行的。你会认识到自然实在不比虚拟现实更真实，虚拟现实不比自然实在更虚幻，因为唯一的差别是人工的和自然的之间的差别。为什么我们不能有人工的实在和自然的虚幻，而非要反过来理解？因此，对等性原理仍然有效。

故规则 7 也是一个临时规则，通过此规则的检验不能保证做到对虚幻和真实进行最终的区分。但是我们还能够用什么做最终的区分呢？在经验层面上我们不可能再进一步了，因为规则 7 的检验是生与死的检验，它没有为更多的经验性检验留下余地。

当然，我能够从重伤中恢复并且永远失去我的眼罩和紧身服，也就是开始在自然世界而不是在虚拟世界中生活。但是我们已经清楚地表明这样一种转换是两个平行世界间的经验性转换,而不是虚幻和真实之间的本体性转换。

我似乎是任意地排列了这七个临时规则,但这个顺序并不是任意的。在我们试图经验地区分真实与虚幻的过程中,仅当所有先前的临时规则全部被绕过时,才需要诉诸后来的临时规则。如果你将它们中间任何两个的顺序进行对调,这种次序将被打乱,先前的那个规则将失去意义。比如说,如果你被某种强力伤害,这看起来是对规则 7 的印证,但是规则 6 向你表明那里并不存在什么"真实"的东西,因为你能够以你愿意的任何方式影响这一假定物体而无须使用一定数量的能量,你不会将此破坏性力量同这个假定的物体联系起来。它之所以被明确认定为是虚幻的正是因为它不可能对任何东西,包括你,施加"真实"的影响。因此,每一个靠后的规则,都更深地切入了假定的真实与虚幻之间经验性差别问题的核心。

在第一章中,我向所有好莱坞的制片人问难,要求他们视觉化地将第一人称视界和第三人称视界之间的相符或者不相符表现出来。这在逻辑上是不可能的,因此,任何一位聪明的制片人都根本不该进行尝试。但是现在,我的剧场虚拟现实女英雄布伦达·劳雷尔(Brenda Laurel)被邀请来做某种可能的并且极其令人兴奋的事情。

虚拟现实之所以从根本上不同于所有其他技术是因为它的运作方式,在那里第一人称视界通过使第三人称视界成为可能的感知框架的重新配置将自身客体化。布伦达已经成为虚拟现实戏剧艺术的先驱者,实际上是在形而上学的最前线工作。嗨!布伦达,既然你已经走在我们前面了,我就不必向你挑战了。但是我非常希望你能将我们置于那个暴徒的威胁之下,从而帮助我们理解这七个临时规则。如果你做到了,我该考虑为你买一个真的劳力士金表吗?

我们上面以思想实验的方式逐一讨论了七条规则,颇有我们标题中所说的"历险"的感觉。这里,我们就判别实在是什么的七个临时规则的实质作一概括表述。(1)一个(并不必须是视觉的)单独感觉模式①其内部的一致性:某种"真实的"东西发生在此刻。(2)不同的感觉模式之间相互印证:正在发生的感觉相互协调的东西是"真实的"。(3)在时间持续中呈现规律性:有一个固定不变的"它"作为"真实的"东西持续着。(4)在空间中的运动性:"它"是外在于"真实"的空间中的。(5)力学合法性:"它"具有承载"真实"变化的空间同一性的守恒性。(6)在变化和已知能量供应之间的相关性:"它"对其他事物有"真实的"影响,并且不会纯粹随机性地自我创生或毁灭。(7)对人的身体具有相称的因果性实效:能量守恒不是假的而是"真实的"。但这样一个渐次进行的解构过程的最后结果,是经验主体本身的终结。

在此,我们可以想象如果我们是从虚拟现实基础部分而不是从自然世界出发将会是怎样的情形,这就会像我们一开始所表明的那样,整个过程颠倒过来了。假定我入睡前是在虚拟世界中。当我在不知道的情况下我的立体眼罩被一副近视眼镜取代时将会发生什么?我现在也可以将我的虚拟现实基础部分的经验称作"真实的",并且将自然世界的经验称作"虚幻的"。然后我将以同样类型的问题为开始,并且以同样的方式使用临时规则1至7,最后以同样的不确定性而告终。这样的情形,完全证明了虚拟世界和自然世界之间的平行性。也就是说,对等性原理被再度证实。

二、作为最后规则的协辩理性

或许,还有更严重的挑战。由于所有的临时规则都有一个植根于第一人称视界的参照点,它们似乎没有满足交互主体间的有效性问题。这些临时规

---

① 考虑一下第一性质和第二性质之间的差别,关于是否有某个真实物体在那里,触觉可能比其他感觉模式更具优先权。假如你感觉撞到了某个物体但是你看不见它(而你能看见其他东西),听不到从它那里发出的声音;再假如你能够看见、听到某物,但触觉告诉你什么也没有,则对你来说前一个物体的真实感比后一个更为强烈。不过甚至触觉也需要同其他感觉模式——如视觉等——相一致,从而建立起你的实在信念。

则中的关键词是"我的身体图像""在我的感知中""正如我所预料""我自己的身体""我没有看到""我想要的努力""伤害我"和"我的能力"。对于一个典型的科学实在主义者来说,这样一种"主观"语言并未描述任何内在于被普遍因果性控制的客观实在中的东西。因此,有人可能辩称,所有七个临时规则的最终有效性的缺失仅同感知的现象学有关,而与硬科学中所研究的物理实在概念无关。

但是,正如自古代以来的许多哲学家(贝克莱或许是最为人所熟知的)所表明的,如果我们承认实在是被感知的背后的东西,则此所谓实在必定是一种假定或者推断的产物。在哲学的语言学转向后,一些人甚至将实在概念化归为我们的句法必需。除此之外,被认为支持经验研究的客观性的物理实在主义逻辑地走向它的反面:它最终退化成自然主义的相对主义,后者转而削弱了客观实在观念的基础。这是不可避免的,因为物质实在主义仅承认导致认识论自然化的经验科学的有效性,而这种认识论转而又导致知识和真理的文化相对主义。

然而,实在概念本来就是为了避免相对主义而设的。一旦我们知道这样的实在概念对避免相对主义不但无补而且有害,我们就很难有理由再去坚持它了。在这种情况下,改良后的理性主义去除了诸如实体等先验项的独断假定,转而诉诸主体间的一致同意观念作为合理性的最终基石。然而,这里"一致同意"不仅仅是简单同意的问题,否则有效性或真理问题将成为可以通过投票来解决的政治问题了。

这样一种改良理性主义的最有说服力的形式是由尤尔根·哈贝马斯(Jürgen Habermas)和卡尔-奥托·阿佩尔(Karl-Otto Apel)首创的协辩理性理论。按照此理论,这种一致同意是一个人通过反事实的、不被理性之外的力量影响的程序进行理性的辩护而实现的。在此程序中,所有参加者均做出有效性断言并且遵循一套严格的规则为其断言进行辩护。这些规则是作为使任何有效断言成为可能的最小前提条件而制定的,最重要的一条是我在我的《本底抉择与道德理论——通过协辩论证达到现象学的主体性》①一书中所称的"述行一致原则"。正如哈贝马斯、阿佩尔和我自己论证过的,协辩理性比任何其他类型的合理性更为基础,有效性概念比真理概念更具普遍性。因此,任何真理断言必须通过论辩去证明,此证明应该被辩明为有效的。因此,在每个个体的构成主体性上运作的交互主体性是真理之说服力的最终依据——对于是否存在实在和虚幻之间最终区别的真理,尤其如此。因此,我们得出下面的规则:

> 最后的规则:如果在协辩论证过程中我能够对所有人辩明(或者别人能向我辩明)存在或不存在真实与虚幻之间的最终分界线,则我必须将这样一个被辩明的断言作为我的理性信念。

因此,通过协辩论证,我能够得到我的关于是否存在真实与虚幻之间最终区别的被辩明信念。协辩理性的中心概念是下面的述行一致原则:

> 在论证过程中,参与者所做出的断言必须与他做出这一断言的**行为**中业已承诺的前提保持一致。

本章至此,我已经将我自己放进一个想象的协辩情境中,在那里我试图陈述在我询问的每一阶段所假定的七个临时规则。协辩团体的成员都是潜在的思想者,包括我自己。但是,如果把知识理解为被辩明为**真**的信念,我现在有知识吗? 也就是说,我的被辩明的信念为"真"吗? 按照协辩行为理论,没有真理问题能够同论证性的辩护分割开来,因为真理断言仅是通过协辩所辩明的有效断言的一个次级种类,因此"客观的真"现在被化归为"主体间的被辩明"。

---

① Zhai Zhenming, *The Radical Choice and Moral Theory: Through Communicative Argumentation to Phenomenological Subjectivity*, Dordrecht/Boston: Kluwer Academic Publishers, 1994, chap. II.

既然协辩论证是我们作出有效性判断之辩护的最后根据,我们就不能指望用"实在"概念回过头来支撑协辩理性。协辩理性的界限,也就是判断力的合法界限。那么,通过理性辩护我得出的信念是什么? 我使用临时规则 7 最终证明,一方面,虚拟现实扩展部分和基础部分之间存在着分界;另一方面,扩展部分同自然实在之间也存在着分界。但是,在基础部分和自然实在之间没有最终的分界线。因此,我必须将下面的断言认定为有效的或真的:**虚拟现实的基础部分和自然实在同样地实在或者同样地虚幻。**

不过,我们不能忘记,还有更为严重的本体论问题等待我们去攻克,因为在这里,我们不仅面对物体的实在性问题,我们还面对着人的本体论地位问题。具体说来,刚才我们有意搁下了这一过程中暴徒的本体地位问题,因为它涉及更为棘手的关于他者心灵问题的论争。现在我们虽然不能深入讨论这个棘手的问题,但也还是稍微考察一下,在协辩理性的框架下我们将可以用怎样的方式处理它。协辩理性是建立在反事实的理性协辩共同体的概念基础上的,后者已经假定了参与者的多元性。因为它是反事实的,它无须回答如何通过观察判断哪个物体有心灵哪个物体没有心灵的问题。在第一章我们已经推论出,一个人自我认证绝对性的获得是以拒斥来自第三人称视界他者认证的观察尺度为代价的。

从认识论上讲,只有我的感官感知和我所感知的经验世界可能是虚幻的;而使感官感知成为可能,却并不属于感官感知之一部分的自我心灵或他人的心灵则不可能是虚幻的。这是因为心灵的认证不可能从第三人称视界得到维护。因为心灵的认证不随着感知框架的改变而改变,仅通过依赖于偶然感知框架的感官感知是无法证实心灵在那里的。

由此看来,协辩理性必须假定他者心灵的存在,但是它没有给我们一个识别他者心灵的程序。相反,我是否能够相信一个似人的物体是一个作为感知和思想中心的主体——也即是一个心灵——的身体,必定依赖于这样一个断言的有效性是否能够被协辩地辩明。

现在,我如何能够知道这个暴徒是真实的还是虚幻的? 从假定他是"某物"开始,我将首先使用这七个临时规则在物理层次上检验他。如果他没有通过其中的一项检验,则我不必提出他是否有心灵的问题,因为这个貌似的"他"被认为是虚幻的。如果他通过了这七个临时规则的检验,那么,通过协辩论证我将认识到哪种选择是更可辩护的:把他看成一个真的暴徒或者仅看作一个虚幻的暴徒? 这里,述行一致原则将是最后的标准。由于临时规则7已经涉及我的行为,暴徒通过这项规则将迫使我述行一致地把他视为真实的。因此,即使我不能完全确定,视其为真实是符合协辩理性的,视其为虚幻则是非理性的,直到结果被协辩地证明为相反为止。这在自然世界中亦如此。对我来说,我们是无法结论性地将一个似人的机器人同一个真人区分开来的,除非有强大的反证据,当我遇到看起来似人的你——本书的读者——时,我会把你当作一个真实的人看待。这是同我的协辩论证以及写书让你阅读之行为相一致的唯一合理的信念。

三、现象学描述为何通盘一致

除了如何在浸蕴状态下区分真实与虚幻的认识论问题外,实在论者将声称,即使你在浸蕴状态下不知道事实真相,本体的不同却在于如下两个硬事实:(1)在虚拟现实中,对于单个的被感知物来说,每个感觉样式(指视、听、触等样式)的刺激源是独立于任何其他样式的刺激源的,而在自然世界中,由单个物体的被感知引起的所有感觉来自同一个刺激源。举个例子来说,在虚拟现实中,视觉可能在遥远处有其物理刺激源,而触觉的刺激源只在身旁连接着紧身衣的设备中。(2)虚拟现实中所有刺激是由某些人类主动因人工产生并协调起来的,而在自然世界中的刺激是自然而然地产生的,而不是刻意安排的。或者,如果是上帝创造了自然世界,**他**只是使物质实体通过因果必然性自动地刺激我们的感官,并因此当我们感知到一个物理客体时,并未有**他**在其中进行协调。

但是,如果我们理解了在第一章中建立并在其后进行讨论的对等性原理的精髓,我们将知道这里的第一个所谓硬事实的说法根本就是不切题的,因为它是从自然世界的视角出发形成的。由于自然实在和虚拟现实是交互对等的,当我们将视角从自然实在转到虚拟现实时,正如我们迄今为止的考察所表明的那样,描述完全可以被翻转过来。像"遥远的""附近的""分离的"等术语都是依赖于空间性的,但是爱因斯坦的狭义相对论和我这里的分析已经表明,空间反过来依赖于参照框架。只是,至少可以说,如果我们有同样一套感觉器官,我们将会有空间性的感觉。相应地,如果空间被感知为三维的,几何学的有效性状况将保持不变,不管空间位置性被怎样重新整合。也就是说,几何学教科书可能需要添加新的内容,但添加的只是建立在我们虚拟现实新经验基础上的新的研究成果,而自然世界的旧几何学教科书的内容仍可以在虚拟现实的学校中被用于教学,并且无须做一丁点修改。

然而反对者可能会继续说:在自然世界我们能够做科学研究去发现自然规律,我们将自然世界感知为真实的主要原因是隐藏在其背后的未知感。但是,这种反驳没有预想的逻辑说服力。首先,虚拟现实基础构架的软件仅设定了允许赛博空间中的事件自行演化的一般规则,第一序列规则中的不断相互作用将产生第二序列的规则,即使最初的程序设计者也不能完全知道。其次,再下一代的人们将在这样一个虚拟世界出生,就像我们出生在这个自然世界中一样;为了了解虚拟世界的自然法则,他们需要做大量的科学研究。最后,关于自然世界,一些人们相信有一个知道所有自然法则的创造者——上帝,但是这些人并未感到这个被创造的世界是不真实的。因此,如果在虚拟世界中我们类似于上帝,则作为我们自己的造物的实在能够被看作真实的。故我们有同样的理由宣称自然世界和虚拟世界都是"真实的"或"虚幻的",正如我们所设想的那样。

还有一种对虚拟现实本体地位的反对理由。这种观点认为感觉的模拟物永不可能获得充分的知觉可靠性,从而不可能消除我们对虚拟现实和自然实在的经验差别。其原因在于消除这种差别所要求的巨大计算力总会超出人类技术可能达到的极限。然而,这种反驳是建立在两种误解的基础上的。首先,它假定我们从现在掌握的计算力水平出发能够预测到它的理论极限。这种假定明显是错误的。在电子计算机发明以前,谁能预见到今日哪怕是一个最为普通的计算器的计算力? 其次,模拟物的可靠性在这里甚至不是一个真问题。我们在这里对虚拟现实的分析,不是试图计算出虚拟现实怎样能够欺骗我们的感官。我们只是试图表明为什么虚拟现实和自然实在是本体对等的,所谓对等,也就是说,任一方都不是另一方的原型。从根本上说,虚拟现实根本不需要模仿自然实在。如果我们在虚拟现实发展的开始阶段的确试图模仿过自然实在,那也只是为了实践上的方便或者让我们对新环境在心理适应上更为轻松。在我们习惯了新环境后,我们不需要考虑我们的虚拟现实感知同自然世界有多少类似。

甚至,在自然世界中,我们也已经目睹了我们的物理实在感觉的重大改变。举例而言,直观地看来,自然物体的重量很大程度上有助于我们的实在感的形成。我们习惯于认为一个真实的物体应该或多或少是有重量的,并且我们通过称重量来测量一个东西的量。当我们去商店购物时,我们准备着、并乐意为任何称起来超过零磅的东西(氢气球除外)付款。但是现在,我们知道,由于地心吸力的缺失,Mir 空间站中的所有物体变得几乎没有一点儿重量了,那里的每样东西称起来都是零磅。但是即使如此,没有人会认真地声称在 Mir 中的东西变得缺少真实性了。也就是说,一个物体的重量与其实在地位没有必然的联系。因此,在赛博空间中物体不必像我们通常在自然世界中看到的那样有重量。但如果我们不需要在赛博空间中模仿重量,我们又为什么要为了使那里的事物"真实"而必须忠实地模仿任何其他东西呢? 当然不必。

底线问题是:数码感知界面是否向我们为有效的遥距控制而进行的遥距操作提供了充分的信息? 如果是的话,则我们将集中精力于虚拟现实的扩展部分,使其成为我们艺术创造性的竞技场。如果不是的话,就让我们继续努力——如果我们愿意的话。因此,为了本体的对等而声称虚拟环境必须同自然环境相似,包含着循环论证的谬误:在前提中假定了虚拟现实的次级本体地位,然后妄求从这个前提引出它作为结论。

因此,当我们声称在虚拟世界对于单个虚拟物体的视觉、听觉和触觉是分别、独立地产生的,我们采取的是自然世界的参照框架。如果我们将参照点从自然实在转向虚拟现实,则我们能够以同等的逻辑强度声称,在自然世界,来自单个(仅从自然实在的观点看是单个的)物体的不同感觉样式的刺激是分别、独立地产生的——假使其像我们在第二章中讨论的那样,虚拟现实的基础构架采取了不同的空间性配置的话。刺激源的同一性不是被跨参照框架地认证的,而只是浸蕴在给定感知框架中的观察者的一个方便假定。如果我们在自然世界愿意接受科学实在论,则我们有同样理由在虚拟世界的基础部分接受它。

但是,内在于实在论观点的是这样一种对平行关系的拒绝,因为这种平行关系限定了我们称之为实在的东西只不过是可选择的。而一个可选择的所谓实在,根本就不是实在。或者,如果我们同意贝克莱,认为隐藏在背后的单一性实体的假定从一开始就是无根据的,并因此第一性质和第二性质的区分也是一种虚构,则自然实在和虚拟现实之间的这种平行关系就不必提出来,而实在观念本身从一开始就被拒之门外了。同理,将自然实在的参照框架作为唯一可能框架的科学实在论也成为无效的了。

唯一可能的"实在论"是所谓的工具实在论,即将实在观念作为明确表达事件法定规律性的一个方便的组织工具。然而,这是一种伪装的实在论,因为它去除了实在概念的基本含义。正如我们先前认识到的,在虚拟世界里,我们能够像在自然世界里一样研究物理学的基本粒子。这里,经验必然地在现象学上优先于为组织经验的方便而对所谓实在对应项所做的工具主义假定。

　　第二种反对理由是建立在另一个未被辩明的假定的基础上的,它声称来自自然强制性的感觉的统一性必定建立在一个实体的同一性或单一性的基础上,源自那里的刺激经自动配置形成不同样式的感觉,这里没有一个刻意的协调过程参与其中。相反,一个类似虚拟现实的人工环境是不同感觉之间被刻意协调的结果,它们背后没有任何单一的和"牢靠"的东西存在。

　　但是,这一假定再次建立在颠倒的逻辑基础上。所谓背后的单一性的断定,实际上来自现象的规律性。如果虚拟现实现象的规律性能够不通过背后的单一性来理解,则我们可以推断自然世界的类似现象也能够不通过这样的单一性来理解。

　　让我们考虑一下人类生育的极端有序化的过程和所要求的基因复杂性,很清楚这是编码和协调的结果。如果自然能够完成像人类生活中的生育这样一个复杂的协调过程而不必设定一个在背后的不可见的主动因,它当然也能够将我们的不同感觉模式协调起来。或者如果其背后有一个形成此世界中自然事件的主动因——上帝,则这个所谓的自然世界已经是一个虚拟世界了。或者说,一切事物将同样是虚拟的或现实的,并且同样是物理的或因果的。

　　不是实在的东西,也不必就是虚幻。在我们的现象世界里,并不是所有经验的片断都有同等的地位,那些可以被看作"虚幻"的,就是与其他经验不连贯的。只是,自威廉·吉布森在其《神经漫游者》中称虚拟现实的赛博空间为"集体幻觉"以来,许多人遵循着同样的思路。短语"电子 LSD",也在媒体间激起极大的幻想。至此为止,我们该知道为什么此标签对于虚拟现实是不合适的。

　　让我们想象这样一个国度,在那里每个人都被连接到虚拟现实基础构架的网络上。他们自母亲子宫一出来就被这样连接起来,浸蕴于赛博空间中并通过遥距操作维持他们的生活,他们从未想象生活还能是其他样子。第一个思考过可能会存在一个像我们这样的世界的人将受到绝大多数国民的嘲笑,就像柏拉图洞穴寓言中极少数觉醒的人被嘲笑一样。他们在家做饭或外出就餐、睡觉或整晚熬夜、约会或做爱、淋浴、为了商务或娱乐去旅行、进行科学研究和哲学探讨、看电影、读言情和科幻小说、赢得或输掉比赛、结婚或独身、养许多小孩或不要小孩、慢慢老去、死于事故或疾病或其他原因：他们的生命周期同我们一样地循环着。

由于他们是完全浸蕴的，并且他们在浸蕴中能够完成为生存和繁荣所必需的每一项工作，因此他们不知道他们正在过着一种在我们这样的外部观察者看来是虚幻的或虚构的生活。他们无法知道这些，除非有人告诉他们或者有确凿的证据向他们证实这些。否则，他们将不得不等到他们的哲学家通过理性论证展示这样一种可能性来帮助他们扩展他们的智性，达到这种超越的认知。

更令人关注的可能性是，他们的技术将导致他们发明自己版本的虚拟现实，这将给他们机会以形象的方式反思"实在"的本质，就像我们现在所做的那样。然后，他们可能会问同样类型的问题，就像我们现在正在询问的一样。

如果真有这样一个自由王国，我们能够说他们是在一个"集体幻觉"的国度中吗？不能——假如称之为幻觉意味着我们知道我们的世界不是由幻觉组成的的话。如果我问你："你怎么能向我表明这个想象的国度不是我们现在所在的地方呢？"你如何回答？也就是说，我们如何知道我们不就是浸蕴于虚拟现实的那些国民呢？

为了将我们自己同这样一种可能性区别开来，让我们假定那个虚拟世界的物理学基本法则设计得与我们的不同。假如他们的引力是我们的两倍，这样，他们的分子结构同我们一样的"自然"物体，自由下落时的加速度将是我们的两倍，他们抬起这些物体将花费两倍于我们的力气。与此同时，他们能够看到红外光线或紫外光线，这是我们看不到的。他们的科学家，将依据他们的观察形成引力定律。通过协调良好的界面，他们能够流畅地遥距操作我们自然世界的东西从而使他们的基础经济运行顺利。

认识到所有这些来自我们的"外部"观点的情形后，我们能因此判断他们的科学家是错误的而我们的科学家是正确的吗？当然不能，因为他们将有同样强烈的理由说我们的科学家是错误的。而且，从他们的角度看，他们并未进行任何遥距操作,而是在直接地控制物理过程,实际上在进行遥距操作的反而是我们。如果我们对他们说,他们的虚拟现实紧身服给予他们一个歪曲的实在形式,他们将以恰好同样的理由告诉我们,缺少这样的紧身服使得我们不能像他们那样看东西。他们会嘲笑我们并且说:"你们甚至不知道紫外光线和红外光线看起来是什么样子!"

当我们描述上面的情形时,我们仍然是在使用一种不对称的语言,似乎我们有特殊的优势知道他们是被连接的而他们不知道我们是未被连接的。但是,我们的讨论始终表明,在本体层次上不存在这样的不对等。他们和我们只是由类似的设置不同地连接起来的,因为我们感觉器官的使用首先就是被这样"连接"起来的一种方式。这不是相对主义。实际的情况是,从不变心灵的优越视角出发,我们认识到我们的感知框架的可选择的本性。

至此,我们可以总结出以下三条反射定律:

1. 任何我们用来试图证明自然实在的物质性的理由,用于证明虚拟现实的物质性时,具有同样的有效性或无效性。

2. 任何我们用来试图证明虚拟现实中感知到的物体为虚幻的理由,用于自然实在中的物体上,照样成立或不成立。

3. 任何在自然物理世界中我们为了生存和发展需要完成的任务,在虚拟现实世界中我们照样能够完成。

四、哲学基本问题仍在

中国古代道家的老子,可以被看成是第一位虚拟现实哲学家。他认为任何二元对立都是暂时性的,因为它依赖于仅从一个特殊感知框架看才有效的概念。只有道是绝对的,跨越所有可能的概念和感知框架。道不在某一时间或者某一地点被发现,它甚至不能被说成是在任何一个特殊的人之内或之外。它无处不在又处处都不在，它无刻不在又刻刻都不在。任何对道的描述都将导致悖论。但是老子仍试图说点关于它的东西。这如何做到呢？通过构建悖论表明对道的描述如何是必然不能成功的：用德里达的话说这是一种"双重姿态"，一个解构过程。

经验主义传统中像贝克莱这样的唯心主义者辩论说，没有什么东西是如常识所隐含假定的那样"实在的"（实际上现今的科学实在主义只是这样一种常识观点的更为系统的形式罢了）。按照贝克莱的观点，除了在感官知觉层面协调良好的规律性外，在背后没有永恒的物质实体承担如洛克假定的那种第一性质。在第一章中，我们的对等性原理支持这样一种贝克莱式立场。但是像贝克莱这样的经验主义者和我们不一样，因为他们不允许我们将任何非经验的东西作为进一步理解这个世界的本体出发点。他们在经验的事实和"观念的联系"之间有一个简单的二分，正如休谟所提出的那样。

与经验主义哲学家不同，理性主义哲学家却是另起炉灶。自笛卡尔至黑格尔的理性主义传统的哲学家，从另一个角度抵制这种二分。在传统经验主义者简单地将实在或客观性归于所谓的物质性的地方，这些理性主义者发现了一个非常复杂的世界，在那里，客观性从未可能同主体性分开。笛卡尔对揭示他所称的"第一原则"的"自然之光"的谈论，莱布尼兹对人类单子之间的"预定和谐"的赞美，康德对先天综合"范畴"的表述，黑格尔对"意识样态"（shapes of consciousness）的自我展开的诠释，等等，都是试图说明人类认识和/或经验之**给定**结构，而此种结构是理解所有其他被经验观察到的所谓"实在"的**本体论**出发点。

然而，理性主义哲学家中的实在论和观念论之间也存在着分歧。就客观性仍被理解为在本体论层面与主体性相对立而言，对于是否存在独立于心灵之外的给定实体，他们的看法并不一致。实际上，康德认为空间和时间是心灵将外部世界的杂多组织成有意义经验的直观形式的观点，非常贴近我们对于感知框架的理解。或者我们可以说，我们这里对虚拟现实的讨论维护了康德式的空-时观。但是康德没有依据空间性和时间性给出对心灵基本结构的充分说明。

　　莱布尼茨的单子论可能也是一个有意义的参照，他的前定和谐观点或许比物质单一性观点更明智。但是莱布尼茨不认为我们的给定空间配置是可选择的。对他来说，这个"所有可能世界中的最好世界"没有给人类创造的赛博空间留下地盘。也许，他会将赛博空间看成是窗口中的窗口？

　　现象学基本学说的硬核的创立者埃德蒙德·胡塞尔实现了新的理性主义转向，将客观性和主体性溯回到同一个根源——意识的给定结构上。就此结构是**被给予**而言，它是被本体地决定的并因此需要**被发现**，而不是被发明。因此，同广泛流行的误解相反，胡塞尔现象学从一开始就驱逐了认识上的相对主义。从构成的主体性出发，不会给经验主义传统通常理解的认识论主观主义留下任何空间。

　　但是在第二章中，当我们讨论从此被给定的感知框架向虚拟现实感知框架——它能够通过数码程序被一遍一遍地重新创造——转变时，我们的确是在这个意义上谈论我们的"本体创造权"。在什么意义上我们能够声称我们是本体上的"创造者"？在那种情况下，我们仍假定本体论是关于被经验观察的物质实体的"实在性"的。既然这样一种实在观念已经被抛之门外，并且我们知道所谓的本体框架是可改变的并因此我们能够按照我们自己的意愿重新创造它，在这样一个范式转变过程中，还有什么是保留不动的呢？

　　这里，胡塞尔现象学走上了前台：除了经验的内容和形式的框架之外，还有无论我们做什么都不能改变的寓于感知之中的现象或本质。从历史上看，笛卡尔早在胡塞尔之前就已经认识到，某些如几何学和算术中的那些真理不管是在"现实"世界还是在梦中都是有效的——正如他在《第一哲学沉思集》中所表明的那样。这样一种笛卡尔式观点很明显同我们的对等性原理和胡塞尔的《逻辑研究》与《现象学的观念》中的大多数论题是一致的。

　　在更深的层次上，不管感知框架如何从一个向另一个转换，我们的内在时间意识是保持不变的。因此,胡塞尔在其《内时间意识现象学》中的观点如果有效,则其在自然世界和虚拟世界同样有效;如果无效,则其在两个世界都无效。在前面章节中,贯穿于整个解构过程的所有七个规则、所有的经验内容均容纳于时间性和空间性中。我们能够从一个空-时框架向另一个转换,但是我们无法改变我们感知的空间性和时间性。在下一章,我们将进一步论证,只要我们的经验在继续,意识的意向性结构及其衍生物如何保持不变,无论是在自然世界还是在虚拟世界的层次上。

总的来说,任何有效的现象学描述,以及纯粹的数学和逻辑等——它们都不指向基于特殊感知框架的经验事实——无论在什么样的感知框架中都必然保持其有效性。

按照胡塞尔的观点,所有真正的哲学命题必定是先验地有效或无效的,包括所有那些像休谟和穆勒这样的经验主义者提出的命题(参见胡塞尔《逻辑研究》第一卷),即使他们自己错误地声称他们的命题是建立在经验基础上的。我认为这种胡塞尔式观点能够作为区分哲学方法和经验方法之间差别的规范标准。如果这样的话,所有真正的哲学问题将在任何被给予或被选择的感知框架中——也即在任何自然的或虚拟的世界中——具有同样的意义。比如,柏拉图的洞穴寓言将被那些完全浸蕴于虚拟现实和那些在虚拟现实之外的人以完全同样的方式讨论;笛卡尔的《沉思集》将有着同样的智性力量;莱布尼茨的问题——为什么有某些东西而不是根本什么都没有?——也将在虚拟现实中被提出来,就像在几个世纪前被提出来一样;康德关于人的统觉、物自体等观点将保持同样的意义;黑格尔的"逻辑学"将像过去一样保持它的思辨魅力;胡塞尔对意识的意向性结构以及逻辑有效性的直观绝对性的现象学描述如果是有效的,将仍然有效,如果是无效的,将仍然无效。

最后,本书关于虚拟现实和赛博空间的论述对于那些已经进入虚拟世界的人和那些仍在自然世界中的人将具有同样的意义。正如所有其他真正的哲学讨论一样,我们这里的讨论不是由我们现在碰巧持有的感知框架决定的。它们的全部基本所指将自动适用于新进入的世界并且保持同样的意义，在此意义上它们都有自我滑移的能力。由于虚拟世界和自然世界之间的对等性，无论我们碰巧浸蕴在哪个世界中，我们都将提出关于那个世界的哲学问题，就像我们浸蕴在任何其他世界所提出的一样。展望将来，如果我们移居到我们自己创造的虚拟世界并浸蕴其中，这里所讨论的问题将具有与它们初次出版时一样的哲学意义。因此，类似本书这样的著作，其内在价值将代代持续，即使人类已经移居到赛博空间中（我将阐明为什么这不是个好主意）也会保持同样的意义！还记得在我的虚拟现实博物馆的概念设计中的第二层次虚拟现实的想法吗？这一想法使你领会到，当我们浸蕴于一个终极的虚拟世界时，我们仍然能够从那个世界内部创造虚拟现实，如此等等，原则上可以无限进行下去。

这宣告了经验主义的终结，而不是终极者的终结。终极者是我们所不能改变的被给予的合规律性，因为如果没有终极层次上的强制性限定，我们所讨论的这些选择没有一项能够实现。我们不是物质论者，也不是观念论者——如果观念是指在我们的有意识的心灵中的那些东西的话。假如我们仍选择使用"实在"一词意指此终极者的话，则我们可以说**终极实在**就是强制的规律性。但是为了避开"实在"一词的传统内涵，我们最好还是不要使用这一概念。因此，如果你愿意，你可以称此观念为"跨越的非物质主义"（transversal immaterialism）或"本体论跨越主义"（ontological transversalism）。

在这样一种本体限定下，我们能够通过虚拟现实重新创造整个经验世界。如果真是这样，本书最终能够以**再创世**的故事形式被重写并呈送给我们的后代吗？如果我们的孩子真的放弃了自然世界并且在虚拟世界中过着安全和有保障的生活，他们将继续创造他们自己的虚拟现实吗？如果真的发生了，我们将会说，上帝是我们。

"要有二进位码"，接着，"要有光"，再接着，"让我们有一个新的身体……"

第四章
除了心灵其他都可选择

> At across around,
>
> Into through up'n'down;
>
> Behind below between,
>
> Under onto within.
>
> After among about,
>
> Over upon or out;
>
> Before beneath beyond,
>
> Outside against alone.
>
> Aback above abask,
>
> Aslant asquint astride;
>
> Again afresh anew,
>
> Astern aslope askew.
>
> ——"At Beneath Askew", Z. Zhai, 1987

一、约翰·塞尔关于身体的大脑图像的错误想法

在一切可能的虚拟世界或自然世界中,我们的感知经验必须将空间性和时间性作为所有事物和事件的基本结构。这是否意味着空间和时间具有地位同等的本体必然性呢?不。空间的存在仅是由于我们在所有的感知框架

中均使用同一套感觉器官,不管是在自然世界还是虚拟世界,我们的各感觉器官各自分别接收相应类别的感觉刺激。

但是,如果我们除去一个或更多的感觉器官,我们仍可以具有一系列感知经验。举例来说,如果我们失去视觉,我们的空间感觉就会受到显著削弱。如果再除去触觉,我们是否还会有空间感将成为一个严重问题。如果除嗅觉以外其他感觉形式全都被消除会怎样呢? 可以想象,在这种情形下我们的空间感将完全消失。① 如果我们不敢十分确定我们的空间感将在何时全部消失的话,我们可以确定的是,我们的时间感将会持续下去——只要我们仍在感知、在进行意识活动。因此,时间性是完全内在于心灵中的,而空间性可能仅依赖于我们感知框架的某个特殊性征。

因此,心灵之外的一切都是可选择的。但时间性总是同心灵在一起,心灵必然是时间性的。所以,我们不可能跳过时间性理解心灵的本质。讨论心灵而不讨论时间性,只能是在外围兜圈子。任何预设了时间性甚或空间性的解释至多只触及心灵的表现形式,而非对心灵本身的阐释。由于客体化的空-时观念必定已将空间性和时间性作为其中的经验内容,故任何预设了这种客体化空-时框架的东西一定不能作为充分解释心灵的出发点,否则将导致循环论证甚至自相矛盾。所有经典力学模式的因果性解释都前设了这样一个框架,因此无助于对心灵自身本质问题的说明。故而像约翰·塞尔和丹尼尔·丹尼特那样以神经系统科学——它基于因果关系的传统模式——

① 我有一个提议可供世界科学共同体参考。当前,自然科学以我们的感官区别为基础分化成不同的分支。比如,光学以我们的视觉为基础,声学以我们的听觉为基础,而严格的固体力学很大程度建立在我们的触觉基础上。但是现在,我们可以尝试将这些领域中那些建立在不同感觉模式基础上的已知自然规律归并为仅以一种感觉模式为基础的规律。举例来说,我们可以尝试将光学规律转化为声学规律,或相反;或者将固体力学规律转化为光学规律。这种转化是以对数学的创造性使用和转化的想象为基础的。我们可以问这样一个问题:"如果我们没有视觉而只有听觉,我们如何表达那些光学规律,就像我们所知道的那些从来就没有过颜色观念的人一样?"或类似地说:"如果我们使用一个模拟设备将所有颜色变化的规律性转化成相应的声音变化的规律性,我们如何能够从纯粹声学的观点出发重新表达我们现有的光学规律?"不同学科的自然科学家可以在不同方向上努力,有的可以尝试将所有事物纳入光学,有的则纳入声学,等等。这种合作性努力的结果将会使自然科学的解释力和预言力大为扩展,并且极有可能获得意外的科学发现。

为基础的认知方式解释心灵,是不可能具有如其支持者所认为的那种论证力的。

很多心灵哲学家或心理学家都对截肢者的幻觉问题颇有兴趣,但迄今为止,我们还没看到任何对这种现象在因果关系之外的正确理解。我们知道,一个脚部截肢者在截肢后可能会有类似脚部疼痛之类的幻觉。显然,这涉及截肢者作为主体对自己身体的空间位置性感觉同作为第三者从外部观察到的自己身体图像之间的差别问题。前者是其所独有的,他人无法分享;后者则是其与其他观察者共有的。截肢者内在地感觉到脚部疼痛,但是从外部根本看不到脚的存在。对于这种现象,塞尔从神经生理学出发做了一个非常有趣但却是错误的解释:

> 一般感官告诉我们,疼痛位于我们身体的某个物理位置,举例说,脚部的疼痛就在这只脚的内部。但现在我们知道这种看法是错误的。大脑形成一个身体图像,疼痛就像所有的身体感觉一样,是身体图像的部分。脚部的疼痛实际上是在大脑的物理空间中。[1]

因此,按照塞尔的说法,所有的身体感觉都是身体图像的部分。如果真是这样,那么,当我将手浸入热水中时,是我的大脑而不是我的手感觉到暖和。但是,这种说法必然导致自相矛盾。假定我的整个头部都在痛,按照塞尔的说法,我的头痛"实际上"是在大脑中。但是,我从第三人称视界是看不到我自己的头痛的,正像任何其他人都看不到我的头痛一样。但我还是断定是我的头在痛,而不是我的屁股在痛。因为我睁开眼睛是看不到自己的头痛的,我的视力对判断我身体的哪个部位在痛毫无帮助,所以我闭上眼睛仍能内部地感觉到我的头在痛,就是我肩膀上的那个头在痛。我怎么能够内部地感觉到我的头在那里呢? 这是由于我内在地拥有它的感觉,这种感觉也许让

---

[1] John R. Searle, *The Rediscovery of the Mind*, Cambridge: The MIT Press, 1992, p. 63.

我愉悦，也许让我不快。我的头痛可能比其他感觉更让我相信我的头存在，因为它确确实实在折磨着我。因此我内在感觉到的我的头的所在地一定就是我的头痛的所在地。这样塞尔还会说由于我的所有身体感觉都是身体图像的部分，因此我的头"实际上"是在大脑的物理空间中吗？

如果他回答是，那么立刻就会导致一个悖论。我的大脑包含在我的头中，因此是我的头的一部分，同时，我内感知到的头又在我的大脑"中"：大脑在头中，头也在大脑中！这种明显的自相矛盾是由于混淆了两种视界。"大脑"一词通常是指从第三人称视界出发在空间中观察到的客体，而"头"一词首先指从第三人称视界观察到的客体，其次又指第一人称的身体感觉的某个部分——虽然这里没有明确的空间定位。我们在第一章论证第一人称视界的自我认证不受空间位置性的限制，因此，断言我内部认证的头位于我从外部看到的客观化了的大脑"中"犯了范畴误置的错误。

塞尔可能辩驳，疼痛不同于头之存在的内感知。因为疼痛不能从外部观察到，所以它不具有第三人称视界看来的独立地位，而头首先是第三人称视界的一个客体，对它的内在感觉是派生出来的。然而，这样的区分是肤浅而又无根据的。疼痛当然有其可被观察的对应物，医生就常常根据它来诊断病情。我们通常称其为瘀伤或发炎而不称其为疼痛，这是语言上的事实。疼痛的内在感觉是如此强烈以至于我们必须为了实用的目的为它取一个特殊的名字，而头的内部感觉则没有那么突出，因此无须再进行命名。

也许还会有人辩称，同样的疼痛感有不同的症状，因此疼痛不同于症状。但是，不同模样的头也会给你同样的长着脑袋的感觉。因此，疼痛的内在感觉对其外部症状的关系与头的内在感觉对其外部表象的关系是平行的。如果我们不能逻辑地论证一个人的头在他的大脑中，我们也不能说一个人的疼痛在他的大脑中。正是因为疼痛的感觉是一个心理事件而根本不是一个物理事件，我们不能按照第三人称的视点来将疼痛定位在其脑神经活动的对应事件上。截肢者感觉自己的脚在痛，这个"脚"是指身体内感觉的脚，而不是从第三人称视角观察到的脚。

很清楚，塞尔在这个问题上的混淆是由于其方法论原理的前后矛盾。他一方面正确地坚持了第一人称视界同第三人称视界之间的不可通约性；但另一方面又认为理解作为主体的心灵之唯一途径是神经系统科学这种以第三人称视界为基础、限定在经典力学框架内的经验科学。这种方法论原理的矛盾，导致他误解了神经系统科学实验成果的哲学内涵。

当塞尔声称所有的身体感觉都是身体图像的一部分时，按照他的观点，"身体"一词不能从第一人称视界来理解，因为他认为从第一人称视界出发只能有作为身体"图像"部分的身体"感觉"，而没有身体本身。因此，"身体"在这里一定是指外部观察者和身体所有者从第三人称视界观察到的客体。现在，塞尔如何知道脚部疼痛"实际上"是在大脑——它是身体的部分，而非仅仅是"身体图像"的部分——这一物理空间中呢？

当然，他不能打开大脑看看疼痛在哪儿；他必须采取功能主义的方法来证明他的论断。比如，神经系统科学家告诉他，如果对大脑的某个区域进行疼痛性刺激，主体将会感觉到脚部疼痛，不管他的脚是不是存在；反之，无论其脚部出现什么情况，只要能防止大脑的那个区域受到疼痛性刺激，该主体就不会感觉到脚部疼痛。其实，这一发现在神经系统科学中并不稀奇。假如证实大脑是所有感知信息的处理中心，上面的实验还会有别的结果吗？不过，塞尔在对这一实验结果进行推论时误入了歧途。

疼痛与大脑的功能性对应，只是说明了对大脑某一区域施以恰当刺激是产生脚部疼痛感觉的必要和充分条件，并不能证明如塞尔所说的，疼痛发生在"大脑的物理空间中"。在这个物理空间中发生的只是与疼痛相关的物理事件，而不是主体经验的疼痛本身。如果遵循塞尔的逻辑，我也可以说现在我面前的计算机屏幕的图像不是在我之外的，而是在我的大脑中，因为如果视觉信号在到达我的大脑之前停留在任何地方，我将看不到这个屏幕；如果其他刺激源产生的相似信号能够到达我大脑的特定地方，我的心灵中将会出现这个屏幕的图像。按同样的道理,我们也可以来说明其他感觉形式(如听觉)。这样,我们将得出结论,整个世界的可感属性实际上不是在我之外的,而是在我的大脑中。但是,我的大脑也是物理世界的一部分。整个自然世界如何能够在它自己的一小部分之内呢? 我们还要继续说我的大脑的所有属性实际上不在物理空间中,而是在我大脑中的某个地方吗?

当然,塞尔对他遇到的困难并不是全无所知。为了摆脱这样的困境,塞尔试图将物理客体的属性区分为内在属性和非内在属性。他认为,实际上在我们大脑中的是那些非内在属性,疼痛就属于这类属性;内在属性则确实在客体中。他说:

> "质量""引力",以及"分子"等词语表达了世界的内在本质特征。如果所有观察者和使用者都不存在了,世界上仍会有质量、引力和分子。①

这样的区分与洛克的第一性质和第二性质的区分没有多大差别,后者受到贝克莱的严峻挑战。在第三章,我们已经认识到这样的区分源于我们的不同感觉样式之间的协调经验。的确,在我们所有人都死去之后,分子仍将继续存在,如果"存在"一词的意义被限定在我们现在碰巧持有的感知框架内的话。但正如我们前面所说,在虚拟世界中,对应于我们现在自然世界的粒子物理学,我们将会有新型的粒子物理学。即如果换一个感知框架,我们现在感知为"分子"的粒子可能不再是粒子,而只是某种前定的规律性,因为空间性的位置能够从根本上重新构造。这可以与爱因斯坦的广义相对论相对照,当对重力进行几何学的理解后,质量的内涵就发生了根本性变化。

既然空间位置性本身是偶然加之于特定感知框架中的,这个世界唯一的强制的必然性是事件的规律性,不是被理解为物理世界的建筑材料的任何物

---

① John R. Searle, *The Rediscovery of the Mind*, Cambridge: The MIT Press, 1992, p. 211.

体,这就是我们迄今通过各种思想实验所获得的最重要洞见。

塞尔是一个聪明的哲学思考者,只是他的物质主义偏见将他引入了歧途。一旦我们说到物理客体时,我们已经是在某个被给予的感知框架中说了,因而也就背离了第一人称视界,产生出第三人称视界。这样,根植于这一感知框架内的物体的任何属性都会被理解为内在于物体的。这就是为什么洛克的区分在这里仍是有意义的,以及为什么笛卡尔如此确定广延是物质性的本质。但也正是在这一点上,塞尔犯了错误:他错误地运用第三人称视界的位置性概念来解释第一人称视界的疼痛概念。当大脑概念仅在某特定感知框架中才有其意义并因此才有内在属性与非内在属性之区分时,由于疼痛概念只能是第一人称视界的,因而同产生于第三人称视界的内在性对非内在性的区分无关。

更糟的是,塞尔的"大脑中的身体图像"概念将导致类似于他称为"缩微人谬误"——通常他将之归于他的认知主义对手——那样的错误。① 假如在大脑中有身体图像,按照他的观点,脚部疼痛必定发生在图像中对应着实际脚部的一个地方,而手部疼痛必定发生在对应着实际手部的一个地方。这两个地点在空间上必定是分开的。但假设一个人清楚地感觉到他的脚部和手部同时疼痛起来,对他来说,为了能够比较这两处疼痛,必须有一个更高层次的信息处理中心从大脑中"身体图像"的这两处接收刺激。这样,这个更高层次的信息中心将需要一个较小的身体图像,如此类推直到这个图像化为一个单一的点为止,否则这种倒退将继续下去以至无穷。然而,如果图像最终变成单一的点,则这个点应该被理解为脚部、手部以及所有其他部位疼痛发生的地方,而不是那种看来是中间性的"身体图像"中的地点。并且,如果所有信息都要汇集到一个点,所谓的"身体图像"的说法就变得毫无意义:反正所有信息都要归一,半路来个"图像"又有何补益? 在眼睛的视网膜上,不是

---

① 塞尔的批评是对的,某些认知科学家的确犯了这种错误,他们相信一个物理过程可以不通过数码化的诠释而直接就是数码的。这里暗含着一个假定:在人的大脑内部都有一个像人一样的诠释者。但是这样的假定将导致无穷倒退。

有过一个"图像"了吗？

假设存在这个所有信息的聚集点，这个"地方"不可能是空间可辨认的"地点"，因为经典力学模式的空间必须包含多个彼此独立的点，而不是一个单一的点——单一的点不占有任何物理空间。总之，这个大脑中的"身体图像"理论需要有无数个越来越小的身体图像；或者若有尽头，则这尽头必须是无空间无图像的点，因而在大脑的任何地方都找不到。依照塞尔的"身体图像"理论，我们最终要么根本没有图像，要么无限向后推演下去。

那么，对截肢者疼痛幻相的正确解释是什么呢？首先，我们需要正确理解我们正常疼痛的位置参照。在脚部被截肢前，我感到脚部疼痛不是因为我看到疼痛在那儿。相反，我在一种被根本变更了的意义上认识到疼痛在我的脚上：我的疼痛同与其相伴的方位索引内感一起，共同对应着我外部可观察的脚。我不是说一个可观察的物理伤口本身是疼痛，或者这个伤口产生的信号是疼痛。我的疼痛感觉是从第一人称视界确认的，从第一人称视界出发，主体的行动中心必然构建出第三人称视界。正是由于这种构建能力，我们才能够讨论可观察的物理伤口以及从脚部到大脑的信号过程。

由于我们将第三人称视界归因于我们的感知框架，我们可能会认为，与这种视界联系在一起的空间性是建立在我们感觉器官的生物学和神经生理学结构基础上的。但这种想法是不恰当的，因为生物学和神经生理学同其他科学分支一样，都是建立在经典力学模式基础上的，因而已经预设了空间性。而对物体空间性的理解必须在第三人称视界构建起来之后才开始。

因此，一个幻觉疼痛之为幻觉仅仅是因为原先在第一人称视界的疼痛认证和第三人称视界的位置认证之间建立的对应现在被截肢打破了。由于二者之间是一种共时对应关系，因而不能将疼痛归为任何一方，所以截肢者的幻觉疼痛不能说是在大脑"中"。那么，疼痛"实际上"在什么地方呢？在截肢之前，它就在脚中，不过这个"中"正如我们刚才分析的那样，是被根本变更了的意义上的"中"；在截肢之后，疼痛哪儿也不在。引起疼痛的刺激或早或晚终止在大脑中,但疼痛从来并且永远都不会在大脑中。

既然人对位置的内在感觉完全是心灵的内感与感官的外感之间对应协调的结果,我们可以很容易地理解拉尼尔关于虚拟现实体验的下列表述:

> 在 VPL 中,我们经常变化成龙虾、瞪羚、长翅膀的天使等不同的生物取乐。在虚拟现实中,换一个不同的身体比换一件衣服的意义要深远得多,因为你实际上改变了你身体的动力学。
>
> 令我们惊讶的是,人们几乎能立即使自己适应于控制形象根本不同的身体。他们用细长的蜘蛛臂捡起虚拟物体就像用人的手臂一样灵活。你认为你的大脑熟悉你的胳膊并按固定模式操纵它们,如果它们突然长了三英尺,你的大脑将无法控制它们,但是事实看起来并不是这样。①

因此,当我熟睡时,如果我的身体一夜间按比例增大十倍,我不一定会内在地感觉我的手指尖离我的感知中心远了十倍。在睁开眼睛或别的东西挤住我巨大的躯体之前,我也许会感到身体内部同昨天没什么惊人的不同。

丹尼尔·丹尼特做了一项突出的工作,他揭示了大脑中的"笛卡尔剧院"观点——塞尔的大脑中的身体图像就是此类观点的一个版本——的逻辑矛盾。实际上,我前面对塞尔谬误的分析做了和丹尼特同样的事。但总的说来,本书可看作丹尼特《意识的解释》一书的对应篇。丹尼特想当然地从第三人称视界的科学物质主义出发,在被给定的空间性感知框架内理解因果关系。他的大脑观念不加考察地建立在传统位置性概念基础上。

以此为出发点,丹尼特成功揭示了笛卡尔剧院观点的混淆,但同时错误地抛弃了心灵的本体地位。然而我们迄今对虚拟现实的讨论已经表明:除心灵之外,其他一切都是可选择的。也即是说,第一人称视界比第三人称视界

---

① Doug Stewart, "Interview: Jaron Lanier", *Omni*, Vol. 13, No. 4, 1991, p. 115.

具有本体上的优先地位。因此如果依据神经生理学这种基于可选择感知框架的认识方法来理解大脑，就跳过了解释心灵问题的关键所在。难怪，丹尼特用他的神经生理学方法无法找到心灵。

由于这样一种命题态度预设了第一人称视界与第三人称视界的区分，丹尼特完全从第三人称视界出发解释意识的尝试注定要陷入更糟糕的述行矛盾中：当他声称他对意识的阐释有效而他的对手的阐释无效时，这种阐释本身却不允许任何有效申述的可能。理由如我在上一本书所论证过的，①由于意义同因果性有着根本区别，这种彻底的化约主义实际上限定了意义关系只能在言语行为的因果状态下才能够在语言中被理解；而这种有效性也是意义上的而非因果关系的。既然他对意识的阐释仅是诸多言语行为的事例之一，依据此阐释，他的阐释本身将是既非有效也非无效的。丹尼特甚至主张：

> 其次，让我们抛去**谈论思想的语言**吧；判断的内容不必以"**命题的**"形式来表达——这种表达是一个错误，一个极端热衷于将语言范畴错误地投射到大脑活动本身之上的例子。②

因此，按照丹尼特的观点，他在全书中进行的所有命题辩护都能还原成对其作为自然演化结果的大脑活动的描述。但是，任何相信其反命题的人也会有相应的作为自然演化结果的大脑活动。为什么我们该相信他而不相信别人呢？他会说，相信他的意识解释将能使你在自然选择的过程中得到更多好处。但这只是一个经验命题，而对此经验命题的辩护，我们还等待丹尼特在不使用"思想的语言"的条件下去完成呢！他当然永远也办不到：丹尼特像任何自然主义还原论者一样陷入了无法摆脱的自毁境地。

---

① 参见 Zhai Zhenming, *The Radical Choice and Moral Theory: Through Communicative Argumentation to Phenomenological Subjectivity*, Dordrecht/Boston: Kluwer Academic Publishers, 1994, chap. Ⅴ。

② Daniel C. Dennett, *Consciousness Explained*, Boston: Little, Brown and Company, 1991, p. 365.

盲点问题,是心灵哲学家和感知研究者经常需要面对的另一个看来似乎比较棘手的问题。在这一点上,丹尼特陷入了自掘的陷阱而不自知。在(正确)分析了为什么"充入"的存在使我们察觉不到盲点之后,丹尼特又退回其致人歧途的幼稚的科学物质主义泥潭中:

> "充入"观念的根本缺陷在于它表明大脑在提供某种东西而事实上此时大脑在忽视某种东西。……由于表面上的连续性,意识的不连续性是令人吃惊的。[①]

然而,根据我们的分析,盲点仅在某种可选择空间结构下的第三人称视界中存在。从第一人称视界看,盲点根本就不是一个"点"。大脑作为被理解成空间中的对象性物体是不会观看的;只有前空间性的心灵用眼睛去看。眼睛能看见它自己的盲点吗? 当然不能。

让我们稍微使用一下归谬法,就能看到其中的奥妙。假设盲点能够出现在我们的视场中。盲点的颜色(假定是黑色的)将不同于周围事物的颜色。但无论它是什么颜色,只要我们能看见它,必定是由于视网膜细胞对它有反应。但是,盲点所在地正是没有视网膜细胞的地方。我们可能看到这个点吗? 当然不可能。按照定义我们的盲点不容许我们看见任何东西,包括盲点本身。我们需要考虑到这一点:视神经发送到视觉皮层的是电信号而非第三人称视角的空间性。电信号仅传送信息,信息自身如何能有一个"点"被"充入"或"忽视"呢?

再假设,从第三人称视界看我们的视网膜细胞在眼睛背后呈环形分布。那么我们的视场看起来将会像一个套在黑馅饼外的圆环吗? 不会的。如果中部视网膜细胞的缺少使我们将事物感知成黑色,那么正如我们在第一章所论述的,除眼睛外身体的每个部分都会使我们看到黑暗;我们的视场将出现

---

① Daniel C. Dennett, *Consciousness Explained*, Boston: Little, Brown and Company, 1991, p. 356.

在无边无际的黑暗中间。很明显,这种思考方式是错误的。

如果我的视网膜细胞分散于我的全身,我仍然会看到统一的视场,因为我的心灵不依赖于特定的空间结构。大脑从经验层面理解不必"充入"或"忽视"任何东西,因为在电信号中向来就不存在内部的"点"需要充入或忽视。

但是,为什么盲点能够被发现呢?因为当被观察的物体和眼睛之间存在相对的运动时,盲点将引起感觉的某种不连贯性:物体或其部分将突然显现和消失。它会出现,接着消失,然后重新出现。即,不一致将被感知成时间性的断续,它不能被还原为任何其他东西。这是因为,时间性是内在于我们的意识之中的。从第三人称视界看,空间性差别原则上能被还原成时间性差别和身体运动感的差别的结合。时间性差别和身体性差别,是意识的终极不可还原要素并因而是理解经验世界的前提。丹尼特幼稚的科学物质主义不可能帮助我们理解意识本身。

当丹尼特试图解释时间和时间感知之间的区别时,他遭遇了严重失败,这也是其方法论的必然结果。按照他的观点,时间感知是被"管理时间"的大脑通过时间性排列产生的,似乎我们能够独立于我们的时间感知来理解"真正的时间"。当他解释利贝特(Benjamin Libet)的"实时回溯排列"实验时,他以这样的方式使用客观时间的概念,即客观时间的测量不依赖于我们对时间性的内感知。但正如在第三章所论述的那样,无论我们如何客观化时间,时间的最终参照一定以我们的时间感知为基础,并且被我们的空间性感觉协调修正。

而且,按照爱因斯坦的狭义相对论,时间的定义在同时性和光速概念之后,而距离的概念则根植其中。因此,我们先前关于具有不同空间结构的感知框架之间对等性的论证直接暗含着对时间和时间性的理解:如果空间距离依赖于特定感知框架并因此依赖于我们的空间感知,对时间的概念性把握也必定依赖于我们的时间感知。至于我们使用像钟表之类的工具测量时间,那只是为了实践的方便而进行的约定。

由此看来,丹尼特正像西谚说的那样,把马车摆在了马的前边,还企图让马把车拖走。我们知道,这是办不到的。

其实,丹尼特的想法与我们这里一直在论证的东西是不相容的,我们这里的论题,正是丹尼特理论的反论。我们在第二章提到一种危险的观念:有些人声称赛博空间中电脑模拟的主体与被连接到赛博空间的具有意识的人类是等同的。他们之所以持这种观点,是因为他们认为任何不能被第三人称视角观察的东西根本就什么也不是。他们认为自己在坚守某种牢靠的东西,亦即,坚守给予我们感觉材料的物质的唯一性。

既然我对虚拟现实的论述已表明这种所谓的物质性论证如何必定走向终结,而具有某种前定结构的心灵依然牢固地自我保持着,丹尼特的观点和我的观点是完全不相容的。丹尼特试图取消心灵而保留物质客体,但这种尝试本身已经建立在心灵优先于物质的基础上了,尽管他自己没有意识到。从心灵的第一人称视界出发,我们能够理解第三人称视界如何产生。但从第三人称视界出发,我们无法理解第一人称视界及其感受性,故而看起来最容易的规避方式是把它们一起清除出去。但是这样的清除就像是在拆自己的墙根——必然导致完全的自我崩溃。

迄今为止,我们这里的分析已经使事情完全翻转过来了。现在很清楚,我们从不可能通过人工智能(AI)重新创造人的心灵,但我们能够通过虚拟现实(VR)重新创造整个经验世界。

至此,我们又可以进行一次小结了。我们的论证支持的是如下论点:如果我们将心灵的内容理解成完全等同于大脑中的物理过程,则空间感知通过大脑的空间性指派而产生,正像脚部疼痛的产生一样。假定如此,若遵循塞尔的逻辑,则我们不得不说空间"实际上"在大脑中,并因此整个宇宙"实际上"也在大脑中;既然大脑(同心灵对照)依其定义是宇宙中的一个物体,则按照这一逻辑大脑也在同一个大脑本身之中。很明显,这是自相矛盾的。陷入这种自相矛盾,是由于在空间性问题上将第一人称视界(心灵)同第三人称视界(大脑)相混淆的缘故。丹尼特对心灵的解释其危害甚至更大,因为他试图完全消除第一人称视界,这在第一章已经被表明是不可能的。

二、整一性投射谬误

我们承认了两种视界的相互独立性,我们就不得不支持某种身心二元论吗? 这倒不必。由于第一和第三人称视界的区分是偶然加之于我们的感知框架的,如果我们能从一个逻辑上先于我们感知经验的优越视角开始我们的理解,我们或许能够解释之后的一切东西。倘若一个理论的空间和时间概念不依赖于特定的感知框架但能够逻辑一致地解释我们所感知的空间和时间,则这一理论将比在第一和第三人称视界进行区分更高一筹。

当然,即使这一理论能够解释所有被观察的现象,此理论中的概念将不指称任何可观察的物体。如果我们将这些理论概念直接应用于任何依赖感知的物体,我们就将陷入悖论中。但是这种超感知的理论可能吗?

量子力学正是这样一种理论;相对论似乎比较接近这种理论,最近的超弦理论看起来也属于这一类型。不幸的是,主流脑科学远远落后于现代物理学的步伐。这是由于对人类心灵进行充分理解的前提条件还未被认识到,并因此由新物理学提供这一前提的可能性被大大忽视了。

但是,也有例外。已经有一些颇具才干的研究人员敢于超越既定传统的严格限制,将他们的科学新探险奠基于物理/数学科学之上。① 亨利·斯塔普(Henry P. Stapp)和罗杰·彭罗斯(Roger Penrose)是其中的两员大将。他们认为经典力学和计算理论不能充分说明意识问题,而量子力学是解释意识的可能选择框架。尽管他们的一些论证可能还未被充分辨明,至少他们对新物理学在理解人的心灵问题上的重要性的确信是令人振奋的。

---

① Henry P. Stapp, "Why Classical Mechanics Cannot Naturally Accommodate Consciousness but Quantum Mechanics Can", *PSYCHE*, Vol. 2, No. 5, 1995.

受此鼓舞,我在此将要证明,任何以经典物理学框架的空间位置性假定为基础的理论,被应用于意识本身的解释时将如何导致自我崩溃。如果我的观点是正确的,则以大脑构造——大脑被理解成空间可辨认的物体——为基础的认知科学尽管可能带来一些实践上的效用,但无法处理人类心灵问题,进而解释意识本身。它至多能帮助我们理解一些来自第三人称观察的与意识有关的现象,而不能理解来自第一人称认证的意识本身。

斯塔普关于内在描述和外在描述的区分是值得关注的,因为这种区分是以许多主流认知科学家所假定的大脑演化的计算机模型所涉及的逻辑混乱为背景建立起来的。其重要性在于,它帮助我们揭示出在从事对精神现象进行经验主义研究的传统研究人员中较为常见的谬误。此谬误我称之为"整一性投射谬误"(Fallacy of Unity Projection,下文简称 FUP),它可以被表述如下:

> 在对某物体(比如说大脑或计算机)的假定的精神现象进行经验的实证研究时,一个人假定被研究的材料的空间整一性内在于此研究材料本身,而实际上这种整一性来自研究者自身进行观察的心灵的投射。换句话说,观察者将整一性投射到所面对的研究资料中,这种所谓的整一性其实只是他或她自身的构成性意识在背后进行综合的结果。这种投射,是在假定(或试图解释)被研究的对象如何保证具有感知和意识的整一性时被不经意地做出的。

有两类研究者会犯这种错误:一类如约翰·塞尔,相信经典框架下的神经生理学能够因果地充分解释意识本身;一类则是比较狂热的强 AI 信奉者如侯世达(Douglas Hofstadter)、丹尼尔·丹尼特以及弗朗克·提普勒(Frank Tipler)等,他们将智力和意识看作不过是符号计算,与自然的因果联系是没有关系的。这两类研究者在关于意识整一性之基础的问题上是截然对立的:物理的对数码的,或者因果的对符号的。但是,他们都认为在经典力学中被理解为具有位置分离性的物理(大脑)或数码(计算机)过程,能够毫无障碍地帮助他们理解意识本身的整一性。

为什么 FUP 确实是一种谬误? 或者,为什么不能将意识的整一性从一个分离性过程中推导出来? 我将首先阐明,任何依照具有位置分离性的生理学过程来解释意识的整一性的尝试都必然会导致无穷倒退,而最终只有通过非分离性的解释才能停止这一倒退。然后,我将简单论证符号性的解释如何会导致意识现象和非意识现象之间的差别完全消失。最后,我将表明为什么一切在这两种框架下的所谓解释,由于犯了 FUP 从而都是无效的。

让我以一个同讨论塞尔的"身体图像"困境时稍有不同但更具有结构性的说明为出发点,因为这样一个说明对于我们进一步理解量子力学式理论在解释意识本身时的必要性是必不可少的。

经典框架下的大脑生理学尽管可能有多种理论模式,但都假定大脑是我们在空间中所看到的诸多物体之一。让我们看看,为什么这种假定虽然应用于其他目的是有效的,但不能用来解释心灵本身? 为简明起见,让我们分析一下一只眼睛的二维视觉感知对象的事例。

我们如何看见空间中的物体? 很明显空间和物体不会进入眼睛内并传播到大脑的处理中心。眼睛仅从物体那里接收光信号,并将这些信号传送到大脑中。现在,假定我们的一只眼睛看到面前的两个物体 M 和 N,相距为 2 英寸。如何解释这样一个事实:我们能在一个统一的视场里同时看到这两个分离的物体?

我们知道,大脑不是像眼睛一样的光学设备,视神经也不传送光,因此不会有图像投射到视觉皮层或大脑中的其他地方。① 如此看来,大脑接收到的

---

① 实际上,在大脑中寻找小的物体图像的观点是愚蠢的,因为那样的一个图像将仅表明在大脑中有一个视网膜的复制品。当然,一个复制品除了告诉我们那里有一个复制品外,只能帮助我们研究眼睛本身,而不能理解别的东西。基于同样的理由,去问为什么视网膜上的颠倒图像不会引起颠倒的感知是一个伪问题,因为大脑处理的信息不是图像,因而是没有"上"或"下"之分的。如果它是一个图像,则为了解释任何关于视觉感知的东西,我们需要进一步观察直到我们发现不是图像的东西为止。从几何学上讲,如果所有东西都是"颠倒的",则将不存在使任何东西表现为"颠倒的"的参照框架。

是被转换了的信号(电子的、化学的或其他种类的信号)。我们要问的是:对于物体 M 和 N 而言,大脑最终接收到的是来自两个空间分离的地点的相应的各自独立的信号,还是一个综合的信号呢?

如果大脑接收的是两个分离的相应信号 m 和 n 分别与 M 和 N 相对应,则我们就不可能感知到它们之间相距 2 英寸。设想 m 和 n 之间的距离同 M 和 N 之间的距离成正比也无济于事,因为在经典框架中,如果 m 和 n 是分开的,无论它们隔多远也不能改变 m 或 n 中的事件状态。为了使距离的不同对感知产生影响,我们必须引入一个更高层次的感知功能"测量"m 和 n 之间的距离。但这样做时,按照经典的因果性位置关系理解,这个更高层次的功能(比如说记忆)为了进行同步处理将必须把来自 m 和 n 的信号在某个空间点上合并为一个单一的信号。因此,大脑要想在一个统一的视场内感知 M 和 N,倘若不对来自二者的信号进行最终的综合,则无法接收来自二者的分离信号,因此我们必须诉诸一个地点来履行综合 m 和 n 的更高层次功能。但是如果这个地点仍依经典框架被理解成一个生理学上的场所,我们将会问一个与先前同样类型的合法问题:在进行测量之前,这个地点最终接收的是来自 m 和 n 的相应分离信号 m' 和 n',还是一个来自 m 和 n 的综合信号呢?如此类推,最终我们将不得不采取第二种选择,即在大脑的某处有一个单一的地点接收一个单一的综合信号形成最终的统一视场。

但如果我们假设第二种选择真的描述了大脑中发生的情况,我们必须知道一个单一地点如何能够在我们的感知中成功地形成一个统一视场。在经典框架中,所谓"一个单一地点"意味着这样一个区域,其中的每一个点直接同其他的点连续接触,没有中断。由于任何物理事件必定在一定区域内展开,而此区域可以被分割成许多更小的区域,我们可以将这一区域的事件还原为更小区域内次级事件的总和,就好比纽约城任一时刻发生的事件是该城市每一个地点在那一时刻所发生事件的总和一样。用斯塔普的话说:"经典力学的基本原则是,任何物理系统能够被分解成单一、独立的局部要素的集合,各要素仅同其直接邻近物发生相互作用。"①

依照这种设定,我们能够理解同一时刻的意识整一性吗? 答案是不能。关键在于局部要素间的相互作用需要一定时间。如果我们去除时间因素,相互作用就不会发生。既然相互作用对于我们理解问题毫无补益,相邻要素间的直接接连与要素间的远远分离在功能上是完全等同的,就像印在本页上的两个单独的词语一样互不影响,不管它们是紧挨着还是隔了二百个单词。

因此,在任一时刻,此地点的每个单独的更小区域将会有其自己的独立于该区域外任何其他事态的单独事态。因此,将这些相邻要素分开并任意地重新排列它们将不会影响该地点的事态的总和。这样,我们仍不知道,也不可能知道最终的综合过程发生在何处。问题在于,只要一个物理系统依据经典位置性来理解,任何多地点的困难必然会转移到所谓的"一个单一地点"而产生同样的困难,因为依照经典空间性的理解,根本就不存在一个不能被分割成更小地点的最终单一地点。这里,"一"或"多"只是一种随意的区分。由于任何两点间的相互作用必需消耗一定的时间,为了实现意识的瞬时性统一,或者说为了形成一个统一的视场,任何相互作用都必须被排除在外。

丹尼特的多重视图模型也无济于事,因为所谓不同视图的"编辑"(记忆)并不能形成视场表面上的整一性。丹尼特会说本来就没有真正的整一性,被感知到的整一性仅仅是表面上的。但我们这里想理解的正是这种表面上的整一性,而非任何第三人称所看到的(非表面的?)整一性。因此,只要我们试图坚持用经典的物理位置性观念去理解意识的整一性,我们将不得不徒劳地陷入无穷倒退的陷阱。

通过以上分析,我们解释了经典物理学的时空假设为何在原则上不能解释意识内容的整一性。但我们还没有涉及计算模型必然会遭遇的问题。让我们现在就来讨论强 AI 信奉者所坚持的意识的计算理论吧。

---

① Henry P. Stapp, "Why Classical Mechanics Cannot Naturally Accommodate Consciousness but Quantum Mechanics Can", *PSYCHE*, Vol. 2, No. 5, 1995.

与意识的生理学解释信奉者不同,强 AI 支持者认为意识(他们将其看成与智能同一个层次,这一点弱 AI 信奉者是不赞同的)现象不必依赖于大脑的生理学过程,任何能支撑一定的可靠符号运算的因果过程(我们在本书中已将此过程称为"次因果"过程)都可以产生意识现象,因为意识是一种符号模式的功能,而不是物理性相互作用式的功能。当他们回应约翰·塞尔和休伯特·德雷福斯(Hubert Dreyfus)等哲学家提出的挑战时,他们通常辩称,即使单个符号不具有意识,整个符号系统总体也具有意识。

这种对心灵的全盘符号化的解释在丹尼特和侯世达的文选《心灵之眼》(*The Mind's I*)中得到了较为完整的表述。侯世达认为,人的智能或意识之于符号的关系就像油画之于色点一样。在一幅油画中,每一个色点单独看起来都是没有意义的,但许多单个的无意义的色点凑在一起就凸显出了更高层次的属性,从而产生出一件富有意义的艺术品。与此类似,人的智能或意识正是这种从较低层次的符号中突显出来的属性。

塞尔对这一论证进行了颇为有效的反驳:所谓更高层次的突显属性实际上只是在观者眼中如此,它们是意义而非属性。观者在何处? 如果它在大脑中,则意识就来源于这个微小的观者,而不是在较低层次上凑到一起的符号。这样,在这个观者中我们还需要另一个观者,如此类推。这个观者其实就是侯世达自己:他将自己的诠释投射到物体中了。

塞尔声称在一个可能的观者眼中,任何可能的物理结构都能被诠释成一个符号系统。这一点,塞尔也是正确的。那么,如果遵循侯世达式的论证,则每样东西都可以被诠释成有意识的,也就是说在有意识之物和无意识之物之间没有了区别,这种所谓的意识解释最后根本什么也没有解释。

但为什么以上两种理论的支持者都认为他们解释了意识的整一性呢? 这是因为,当他们解释他们自己的理论时,他们外在地使用了他们自己的心灵,因而将他们进行解释的心灵的整一性投射到被解释的材料中了,从而相信整一性是他们理论的逻辑结果。也即,他们犯了整一性投射的谬误,或曰 FUP。

在本体论层面,FUP 来源于我们根深蒂固但并不正确的常识和牛顿力学假定:空间位置性完全独立于我们的感知,一切事物包括精神现象均占据一定的空间性位置。由于意识的整一性首先呈现为空间性统一的形式,这种整一性被直接投射到被观察物体中。在一般情况下,由于意识的发生机制不是作为被研究对象,这种投射还不致引起麻烦。然而,一旦意识的整一性成为问题本身,这种投射即刻就会导致根本性的误释。这是因为此时被讨论的意识和进行讨论的意识被这种投射混淆到一起了,而依照研究者的经典模式假定,此时客体和主体之间的清楚界限还继续保持着。

与此相反,由于这种错误的假定,一些心理学家似乎在根本没有投射的情况下看到了精神的"投射"。举例说,他们声称脚部疼痛是被"投射"到脚部的,它"实际上"是在大脑中。他们所说的"实际上"是指大脑的空间位置性和脚是独立于心灵的事实,被感知的、来自第一人称视界的疼痛则是依赖于心灵的,而无论什么东西,只要一依赖心灵,就不"实际"了。但当你问他们投射是不是一个事实时,他们将难以作答。他们当然不会说为了感觉到脚部疼痛,大脑需要将信号发送回脚部。既然大脑仅接收电信号而非空间本身,它如何能认识这样一个根本就存在于"外部"的独立于心灵的空间?大脑中有的只是电信号,电信号绝对不是"空间"。按照物理主义的理解,我们只能说,大脑"错把"电信号当作空间了。显然,这种理解是错误的,因此大脑作为存在于空间"中"的一个物体无法处理空间本身,因此不能、也不必像他们所设想的那样进行"投射"。因此,心灵认为痛就在脚上而不是在脑子里,并不是一个错误,因为心灵不是物理意义上的脑。心灵之中没有电信号,只有空间的构架及感觉的内容。

丹尼特也认为这些所谓的精神投射是一种误解,但他是在一个完全灾难性的前提下坚持这一信念的,他宣称:真正的意识整一性不存在。这样一个前提是其完全自毁性地犯了 FUP 的结果:只有空间可辨认的物体算数,而精神的可感受特性是"没有资格的"。

　　按照斯塔普的观点,对经典框架下大脑认知过程的完全的内在描述,如果用物理事实而不是它们的数字记号来表达,就是其空间性位置相互分离的个体事实的聚集。相反,在外在描述中,认知过程的观察者能够将这些全部个体事实的汇集共时性地整合成一个整体。这一描述层面的区别,是十分有效和重要的。但是在运作层面,问题同样重要,没有描述者的构成性心灵在外在层次上的组织功能,于经典框架下进行内在描述是不可能的。在内在层次上,按照经典模式,每个个体事实除自身外不表明任何其他事实,尽管它与直接相邻的其他事实具有可能的因果联系。

　　换句话说,经典式理解认为,每一点的事件在一定的时间持续后能够影响后来的下一个点的事件。没有这样一个时间持续,则每一瞬间每一点的一个事件不多不少只能是它自身,并因此不会影响任何其他点的事件。为此,一个侦探能够推断出昨天下午三点约翰没有打死大卫,如果当时约翰明明在别的地方做别的事情的话。同样,由于一个因果变化必需一定的时间性持续,故一个瞬时的精神状态不可能来自一个因果作用的历时过程。相反,它必定对应于一个共时性的事实汇集,而不是按照经典因果性理解的这些事实之间的因果作用。因此,一个人在任何瞬间的精神状态不依赖于事实间的因果联系,而依赖于这些事实的共时性结合。

　　假使如此,则对这些事实的聚集进行内在描述是不可能的,因为所有这些分离的事实不能以有意义的方式将自己"聚集"起来。对于一个点上的单个事态来说,所有其他事态,无论是远离的还是毗邻的,也不管是在大脑内还是大脑外,都一样是异质的和不相干的。既然在每一个瞬间这些事实之间都不可能存在经典模式的联系,则在各瞬间被感知到的此事实对彼事实的空间关系必定是被进行观察的心灵从外在层次强加的,并因而不能对这一事实如何促成被研究讨论的精神状态的形成有任何解释力。这是因为在经典框架下精神状态被理解成物理事实的纯粹汇集。

　　正如斯塔普认为的那样,功能主义的方法同样是徒劳的,因为如果经典模式的空间位置性依然在这个功能层面上起作用,则同样的分析将适用于任何所谓的功能性实体。即,如果我们声称大脑的某一功能将各分离事实统一起来以达到意识的整一性,则我们会有这样一个问题:是大脑的哪个部分承担此功能。故任何被认为是有此功能的大脑部分将反过来需要进一步解释,这样一直推演下去。

所有那些相信心灵的神经生理学模型或计算模型的人均假定意识表面上的统一(或整一)能通过其模型中各要素间的相互联系来解释。当他们进行技术部分的研究时,他们用的是内在描述。但当他们试图将他们的研究依据其相关性诠释成对意识的理解时,他们就跳到外在层次上并将他们自己意识的统一功能投射到他们所描述的东西上,并且声称被描述的东西同意识本身是一回事。当侯世达解释爱因斯坦的大脑如何能被符号化成一本书并且这本书将完全等同于爱因斯坦的意识心灵时,这样一个投射是显而易见的。

很清楚,如果我们允许这样的投射,则在理解意识时,理解时间性的必要性将被掩盖起来,并且意识本身将永远逃避在我们充分的解释之外。在这种情形下,当那些符号和信号的操作者们声称他们是所有那些等同于人类心灵的新造心灵的主宰心灵时,我们将有可能错误地相信他们。

除了 FUP 外,还有一种发现某些强 AI 支持者的混淆的更为简单的方式:他们似乎将意识等同于智能。他们的论题常具有这样一个明确信念或含蓄假定:通过计算机重新创造智能就是重新创造有意识的主体。其余的人相信计算过程的一定程度的复杂性将导致意识"突现";即,他们努力试图通过制造高度复杂的 AI 来产生人工意识。

然而很明显,如果我们相信意识根本上存在的话,则我们不可能将所谓"意识"单指智能。按照我们对这个词的一般理解,一个更聪明的人无论如何不是一个更具有意识的人,而一个不聪明的人绝不是无意识的。像他们现在那样将人和计算机相比,甚至强 AI 信奉者们也不打算宣称——比如说——国际象棋游戏计算机深蓝比它的任何人类对手更具有意识,尽管它战胜了人类世界冠军。但是,这种胜利,在某种意义上可以理解为表明深蓝在下棋方面的智能超过了绝大多数人类成员。从另一方面看,就某种意义而言,一个正常的三岁小孩在计算方面不如一个科学计算器聪明,但没有人会在任何意义上说这个小孩比计算器更缺少意识。因此,这再次清楚说明了所谓智能不是指同意识一样的东西。

至于说意识出自于复杂性,它可以从符号层面或硬件(抑或湿件,即生物体)层面来理解。在符号层面上,我们已经认识到复杂性是在观者看来如此,因为任何东西都可以被诠释为许多无限复杂的符号系统的混合。但是,没有人会说一个非意识状态是无限多的意识状态的混合。此外,一个计算器能够解决非常复杂的数学问题,而一个正常的小孩则不能。但如果我们是将所谓"意识"指某样东西的话,我们宁愿相信这个小孩具有意识而计算器没有。因此,从符号层面上讲,复杂性并未直接促进意识的形成,即,一本包括了爱因斯坦极复杂大脑的全部信息的书不是一本有意识的书,即使我们同意侯世达所说这本书能够在某种意义上表现得和爱因斯坦一样的聪明。

在硬件层面上,很显然复杂性和意识并无对应关系。大脑的复杂性,是理解任何所谓复杂性与意识之间联系的参照基础。但是如果一个大脑复杂到足以使一个有意识的心灵出现,则把许多大脑任意装配到一起一定会复杂到足以维持同等水平的意识。但是我们知道,如果意识能够依据大脑过程来解释的话,两个任意结合在一起的大脑所增加的复杂性将更可能毁掉意识而不是维持或增强它。因此,硬件的复杂性,仅就其复杂性来说,同意识状态没有对应关系。也许,人们会说,复杂性指的是某种相互作用模式的复杂性,所以两个复杂的东西接在一起并不一定变成一个更复杂的东西。但是这样一来,我们就要解释所谓作用模式的"复杂性"到底是什么意思。这里指的是非线性的程度吗? 或者是遗传学家克里克(Crick)所说的和谐共振? 但无论如何,只要这里采用的是时空事件分离的经典力学概念,就会像刚才讨论过的那样,对理解意识的瞬时整一性毫无帮助。

我们这里的讨论,是为了说明虚拟现实与自然实在都对等地支撑在心灵这个基本点上。丹尼特和其他一些强 AI 拥护者试图使我们相信计算机能够成为有意识的,因为意识从来就不是任何超符号性的东西。对他们来说,计算机可以代替人的心灵。但是,我们对虚拟现实的分析,将我们带到他们的反面。我们能够通过计算机技术创造的不是心灵,而是他们称作的物质世界。是的,我们能够重新创造可经验感知的整个宇宙,我们毕竟有个隐喻:**上帝是我们**。但是,我们不能通过硬接连线或符号程序使计算机具有意识。换句话说,我们能成为以电子为中介的新经验世界的集体创造者,但是不能通过电子操作手段创造出更多的有意识的创造者。强 AI 是不可能的:从硅片和程序行中产生不出心灵来。但是从心灵的立场看,任何特定感知框架下的经验内容都是可选择的。

三、意识的整一性、大脑及量子力学

正如彭罗斯和斯塔普所指出的,量子力学恰恰可以作为解释意识的可能选择框架,因为它不再假定经典的空-时序列概念。整一性或整体性内在于此理论本身的数学结构之中,并因此不依赖于观察者特定的感知框架。根据量子力学理论,根本就不存在事件自行发生所在的单独孤立的空-时点。

有了这样一个量子力学出发点,我们就有希望对直接根植于宇宙原始整一性的意识进行全面的理解,而在空间中被观察的充满各种分离物体的自然世界,只是此终极整一性的一个感知版本。这里,解释的逻辑完全翻过来了。心灵不再是被观察到的物体的"属性"或"功能"。相反,宇宙的终极整一性首先通过人的自我意识显示自身,然后在因果秩序下通过空间化和个体化将自身客体化。在这种前空间性的理解模式下,我们能够领会第一章所表明的在最高层次上我们的人格同一性如何能跨越各种不同的感知框架而保持其完整性,并且在心理学层次上,我们可以有多种样式的自我,正如雪莉·特克尔(Sherry Turkle)在其著作《第二个自我》①和《屏幕上的生活》②中所做的精彩分析一样。

众所周知,在量子力学中,薛定谔所表述的波函数要求观察行为是说明被观察事件的不可分割因素。在这里,没有任何整一性投射是可能的,因为任何投射都要求在先的分离。这里,没有引入原初的分离,表明波函数是在第一人称和第三人称视界间的区别还未产生的层次上运行的。这就是为什么任何以经典的空间位置性概念和以(依赖于感觉的)常识为基础的对量子相关现象的描述,必然会导致像EPR悖论或薛定谔的猫之类的悖论的原因。

如果量子力学的确在前感知层次上运作,则无论我们选择什么样的感知框架,它都会保持其有效性。因此,不管我们在自然或虚拟世界中采取什么样的空间结构,它都是有效的。这种跨感知性的理论,恰好适合对心灵和人格同一性进行说明。这就难怪我们在做梦、冥想或被催眠的情况下——此时我们从第三人称视界退回到第一人称的内在意识世界——可能会经验一些超常事件。这些事件用经典或常识解释是无效的,但却可能同量子力学所提供的解释相符合。

其他类型的神秘体验——如果的确发生过一些的话——可能不会很容易降临到每一个人身上,不过大概人人都会做梦。很不幸,对梦的研究目前仅停留在心理学层面而没有进入物理学领域,这完全是因为它们被错误地当成了纯粹主观的现象,从而与物理宇宙的基本结构没有多少关联的缘故。让我们用两个例子说明梦的现象如何同我们对物理世界的理解密切相关吧,这些梦的现象从根本上对我们经典和常识所理解的世界的基本因果性结构构

---

① Sherry Turkle, *The Second Self: Computers and the Human Spirit*, New York: Simon & Schuster, 1984.

② Sherry Turkle, *Life on the Screen: Identity in the Age of the Internet*, New York: Simon & Schuster, 1995.

成了实际的挑战。

我听说一些媒体报道过——并且我自己也不止一次有过——类似下面情况的经历。某天早晨,你可能被你设定的闹钟叫醒了。在你醒来时,你记得你醒之前正在做梦,梦中的故事以一个闹钟的铃响而结束。梦中的铃声和把你叫醒的闹钟铃声一模一样,显然你梦中的铃声实际上是被同一个现实的闹钟引起的。但是奇怪之处在于,在你的梦里有一个导致闹钟铃响的长长的故事链,它先于你梦中的铃响。

有一次,我做过这样一个梦。在梦中我从一个艺术博物馆回家,发现我书桌上的闹钟停了,我就拿起它狠命地摇晃,于是闹钟开始响了,然后我就醒了。醒后发现,我的闹钟确实在响。假定梦中的铃声和现实世界的铃声是同时发生的(因为它们是同一个现实的闹钟发出的),怎么会有一个合乎逻辑的、同铃声联系在一起的先在的故事链呢?

如果我们仍使用第三人称的经典概念框架——在那里梦中的事件被看成是不真实的——则有以下三种可能性存在:

1. 在梦中,我对未来的闹钟铃响这一**真正**事件有一种潜在的预知。在这种情况下,我能够用这种预知构建一个逻辑上同此未来事件相联系的故事。

2. 在**现实**世界中,从一个不同的参照系看,因果联系能够反向发生,我的梦能将我带入这样一个参照系中。如果这样的话,作为未来事件的闹钟铃响反向地引起我梦的开始,即开始一个将同现实世界的因果秩序融合在一起的故事(去艺术博物馆等)。

3. 我没有一个先于闹钟铃响的梦;相反,闹钟铃一响,一个错误的记忆立刻发生在我**现实的**大脑中,因此我似乎有了一个根本未发生过的梦。

第一和第二种可能性同经典力学的基本假定相抵触。第三种可能性更对我们的客观世界观念构成挑战。如果一个错误的记忆能够被任意创造却仍然同现实世界很好地连接着，我们如何能够相信作为被记忆的故事集合的所谓世界根本上是真的呢？正如伯特兰·罗素所说，我们可以相信整个世界连同我们的记忆是三分钟前创造出来的，或者甚至世界本来就不存在，仅仅是记忆使我们相信它存在。这样一种断言显然同基于第三人称视界的任何科学实在论是不相容的。

然而在量子力学中，主客间的区分未被设定，普通的空-时概念也未形成。因此上面三种可能性在这一理论框架内都可以被容纳。

下面一个普通梦境的例子，也可以为我们理解意识的本质提供非常重要的暗示。它表明，我们的意识整一性可能是宇宙终极整一性的直接显示。我想，我们大多数人，都梦见过自己同另外一个人交谈。在谈话中对方会说出一些相当机智的话来，这些话并未经过我们事先的思考过程。他还经常能够说出一些令我们非常惊讶的话，甚至可能会以意料不到的方式在辩论中将我们击败。但这种意料不到的惊讶如何可能发生？既然做梦的只是一个人，也就是我，一切有意义的话语必定是我一个人构想出来的。虽然在梦中有两个人物，但实际上只涉及一个心灵。如果这样的话，这个梦中的**我**如何能够不知道对方将要说什么？我的心灵如何能够在梦中创造出一个梦中的**我**无法控制的冒牌他者心灵？

比较而言，一部小说的读者能够为故事中的对话所惊奇，是因为他不是作者并因此没有创造故事中的人物。如果读者碰巧就是作者，假如他已经忘记了他自己的思路，则他仍可能会为之惊奇。但是在做梦的情形下，不存在这样的作者和读者或者是过去的作者和现在的作者之间的区分。这个似乎"冒牌的"他者心灵是同时然而却是独立地与这个梦中的"**我**"打交道的。为了解释这种心灵从一到多的表面分裂现象，量子力学或许有助于我们理解所有个体的心灵，它们是某个无意识心灵的终极整一性的显示。

此无意识心灵乃万物的终极之源：既非物质亦非精神、拒绝任何范畴规定的原初的"道"。

意识整一性的根本性神秘还有另外一个表现，并且它是使我们的日常生活得以可能的前提。我们大概知道，预期我自己在明早八点的疼痛（或任何其他类型的不适）从范畴上讲与预言另一个人（比如说你）在明早八点的疼痛是不同的。我的疼痛会损害我，而你的疼痛无法损害到我。但是，是什么理由使我认识到这个疼痛将是我的并因此我应该特别地关心它，而另一个疼痛将是你的只有你应该特别地关心它？这样的质问，将使我们认识到，一个人对自己的未来状态的关心与他对任何一个他人的关心之间，有一种实质性的不同。

对这个问题，一个很容易的回答是，我的疼痛将发生在我的身体上而你的疼痛将发生在你的身体上，并且我只能感觉到我自己身体上的疼痛。但是，我问的是为什么我应该特别地关心这个身体（我称之为我的）而不是任何其他身体。也就是说，为何那个明天早晨的受痛者是和现在的我同一个我，而另一个则不是。简单的回答是，未来受痛的身体同我现在的身体如果具有持续的因果联系就是我的身体，如果没有这种联系就不是我的身体。

但现在问题是，既然两个身体的未来疼痛都不会因果地影响到现在的我，为何现在的我应该特别关心其中的一个而不是另一个？如果我能够预先停止一个身体明早八点的疼痛，为什么我会选择停止这个身体（我称之为我的）的疼痛而不是那个身体（我称之为你的）的疼痛？依照经典的因果关系模式，后来的事件决不能影响先前的事件，因此我们不能用因果关系解释为何我们现在会关心任何将来的事件：无论下一步将发生什么，现在的我还是一模一样。我们可能会希望改变某些过去的事件以改变我们现在的处境，但这是不可能的。我们不应关心将来的事件，但那是我们唯一能够希望加以影响的。因此按照对世界的因果关系式理解，一个人对自己未来经验的关心和期待是无意义的。但是,我们确切地知道,这不是无意义的。我未来的疼痛和你未来的疼痛,的确是以并不相同的方式关系到现在的我。就我而言,这种关心并非像恐高症那样仅仅是精神上的失调。在某种意义上,我现在的自我在比心理学更深的层次上被我的未来疼痛而不是你的未来疼痛影响了。这个期待的和受痛的"我"必定是一个不能以经典因果关系模式定义的整一性的统一的"我"。

这里,量子力学似乎再次成为充分理解一个人对自己未来经验之预期以及特别关心的一个可选择的理论框架。这是因为量子力学不需要假定两时间点之间分隔的有效性。疼痛属于一个被个体化的意识,因此它仅影响单个的人。但这个现在自我和将来自我的同一性被前意识地认定为超时间的。也就是说,所谓现在和未来的分离可以被理解为个体化的意识心灵运作的结果,后者是量子层次的宇宙心灵整一性的显示。

既然我们已经讨论了量子力学作为解释意识之可选择框架的可能性,其他的现代物理学理论又怎样呢? 我们尚未讨论相对论对于统一地理解心灵和物质世界所具有的可能作用。我打算提出一个猜想来结束本章,此猜想可能以一个独特方式将量子力学和狭义相对论结合起来,用同一个方程式描述心灵和物质,从而使科学-哲学达到真正的统一。

四、一个猜想:作为意识因子的-1 的平方根

在薛定谔的方程式中,牵涉决定概率振幅的-1 的平方根似乎是在导致叠置"崩溃"或"分裂"的观察者其意识的干预下引出来的。这里,-1 的平方根使经典的空间位置性观念和与之相联系的因果关系观念陷入悖论。

在爱因斯坦的狭义相对论中,闵可夫斯基的四维空间通过将-1 的平方根纳入时间,使时间成为与空间的三维结构对等的连续统坐标之一。因此,时间似乎成为被意识"占用"了的空间的一维。这里,-1 的平方根,似乎来自

将空间的一个维度转化成时间的意识。而且,在闵可夫斯基的空间中,光并不跨距离传播,因此这里我们的位置性观念也像在量子力学中一样变得无效了。

因而在上面两种情况中,-1 的平方根将"自在"的东西变成了向意识显现的东西。我猜想,在这两种理论中-1 的平方根是意识因子或心灵因子。

探索此类可能性或许会导致量子力学、相对论、**心灵理论**等更多理论的统一。我提议以这样的方式将相对论和量子力学重新整合:两种理论中-1 的平方根将可能是二者结合在一起的关节点,而意识因子就被内在化于其中。

当我们以-1 的平方根之类打破了经典模式的位置性结构的东西作为出发点时,观察者和被观察者之间的二分也可能相应地被打破。结果可能是光根本不跨任何距离传播,观察的外部极限(最大的、宇观的)和普朗克极限(最小的)或许就是等同的。空间完全地卷起来了,是意识用四个维度"呈现"并客观化空间,其中一个维度仍植根于意识之中并因此被感知为时间。因此,一个不将意识包括在内的物理学理论将导致-1 的平方根的形成,它是类空间的但似乎在空间的虚空中挖了一个洞。

这可能要求从当前的复数理论中发展出新的数学工具,外加一种处理自我推进性悖论的逻辑,此种悖论逻辑的运作还必须是可以操控的。或许,我们在赛博空间中的虚拟现实经验会唤起我们发展这种数学工具的灵感。除非去尝试,否则我们不知道会有什么样的结果。

有关所谓神秘体验的断言,由于其不可检验性通常被科学共同体拒之于门外。其不可检验的原因之一,是这些所谓的体验被认为超越了空间性的限制。科学检验要求事件在不同时间、不同地点和不同的人那里具有可重复性,这意味着可重复事件是完全独立于时间、空间和观察者的。但是所谓的被神秘主义者观察或体验到的事件之所以神秘,正因为它们涉及时间、空间、观察者和被描述事件之间关系的改变,这也许就是为什么神秘主义似乎同传统硬科学不能相容的原因。

　　然而正如我们所讨论的，现代物理学已经走上一条超越传统时间、空间和观察概念的新的理论道路。基于给定的空-时框架的传统概念被用于解释新物理学的方程式时，导致不可解决的悖论。在此背景下，像弗里乔夫·卡普拉（Fritjof Capra）和大卫·玻姆（David Bohm）这样的科学家已开始尝试寻找古代神秘主义和现代物理学之间的可能联系。但是，这类尝试由于带有太多的思辨色彩而未被吸收进主流自然科学。并且，经验可观察性和预言力的缺乏仍是其主要缺陷。

　　但是，像量子力学、相对论和超弦理论这样的新物理学理论，在比空间和时间更深的层次上或比空-时维度更广的范围内解释世界的结构时也具有很大程度的不可观察性，这些都是超空间理论。我们能够找到一条将神秘主义和超空间物理学结合在一起的道路，以便使双方能互相检验关于不可观察的东西的说法吗？

　　由于被描述的东西是不可观察的，我们无法使用经验主义者的标准对之进行检验。然而，既然我们在分析虚拟现实时已表明在我们的给定感知框架基础上对世界所做的经验主义描述是可选择的，我在此提出一种非经验主义的检验方式，我称之为"趋同检验法"。其大概程序如下：

1. 让超空间物理学家依据其理论对关于在超空间中什么是可能的和什么是不可能的问题进行一些定性的和定量的论断；这些论断的有效性应同我们对世界的常识性理解没有明显联系。

2. 将这些关于可能性和不可能性的论断任意混合成一个调查表，且不标明哪些是可能的和哪些是不可能的。

3. 让神秘主义者依据其所谓的神秘主义洞见确定哪些是可能的和哪些是不可能的。

4. 第三者，即评判者，检查是否一致项的数目非偶然地大过纯粹概率的允许。如果是，在不同环境下重复上面三道程序。

完成这样一个过程后,如果总的结果证实在可能性和不可能性问题上物理学家的理论推演和神秘主义者的选择之间存在一个比概率更大的吻合,则物理学家的理论和神秘主义者的洞见在一定程度上均被趋同式地证实了。但是,这里无法处理趋同式的谬误。同经验主义常规相反,完全的不相合在这里并不否证双方的任何论断。

第五章
生活的意义和虚拟现实

无限缩小

她领略回归本体的庄严

迅速扩展

她将整个世界

连同自身一起吞没

哦，影子

你是

最空幻的有

还是

最具体的无？

——《影子》，翟振明，1993

一、回视与前瞻

在第一章，我们同时做了两项工作。一方面，我们建立了可选择感知框架间对等性原理，或简称 PR。我们通过思想实验表明，从超越自然实在和虚拟现实的更高视角看，一个虚拟世界的感知框架同自然世界的感知框架之间具有一种平行关系而非衍生导出关系。我们的生物学感知器官，就如同我们为浸蕴在虚拟现实而穿戴的紧身服和眼罩一样，只不过起着信号传输器和信号转换器的作用。另一方面，我们也表明，无论感知框架如何转换，经历此转换的人的自我认证始终不会打乱。故一个人感知框架的转换仅使外部观察者对此人的同一性认证发生混乱，而不会使其自我认证发生动摇。从逻辑上讲，仅当我们拥有一个不变的参照点，我们才能够理解感知框架的转换；此不变的参照点根植于当事人的统一感知经验的给定结构中。

第一章建立了对等性原理后，我们在第二章证明，自然世界的一切功能同样能够在虚拟世界实现，从而增强了我们对交互对等性的理解。我们在此先抛开人的不变的自我认证观点不管，从而发现因果联系概念对于理解虚拟现实经验的基础部分是不可缺少的，正是基础部分使得我们能够遥距操作自然世界的物质过程。这种遥距控制，对于我们的生存是必需的。

我们使用"物理的"一词表示因果过程，它先在于任何感知框架而自行运作。由于空间性关系依赖于特殊感知框架，这里我们的因果性概念独立于距离、连续性、位置性等观念。因此我们所讨论的自内对外的遥距控制只是一个比喻性的说法，因为如果对"内"和"外"进行空间性理解的话，则根本就不存在什么"内"或"外"。但是如果我们将"外"理解为"外在于"整个空间的物理规律性，则这一比喻似乎更为恰当一些。

为了表明虚拟现实在实现人类生活的功能性方面**完全**同自然世界对等，我们论证了为实现人类生育而必需的赛博性爱是如何可能的。由于我们仍以自然世界的立场为出发点，我们考察了虚拟世界两性之间的性行为如何能够像在自然世界一样带来有性的生育过程。

如果虚拟现实仅能满足我们的基本经济生产和生育的需要，也就是说，如果虚拟现实仅具有其基础部分，则它对于整个人类文明将不会具有如我们所说的那种重要内涵。正是扩展部分的无限可能性，使得我们成为我们自己的新文明的创造者。如果我们用"本体的"一词指谓我们称之为"实在的"东西，则我们**除了**能够在基础部分以本体创造者的身份改变我们同自然过程的感知联系**外**，还能够在扩展部分创造我们自己的有意义经验。

因此，在第三章中，我们首先大胆假定了我们用来区分真实与虚幻所隐含使用的一套循序渐强的临时规则,但是所有这些规则最终都被解构了。这进一步表明,在何为真实、何为虚幻的问题上,虚拟现实和自然实在何以具有一种反射对称结构,从而为对等性原理提供了又一例证。

我们还表明,甚至在第二章中被保留的属于更高层次因果联系领域的物理性和因果性概念同样适用于虚拟世界并具有与自然世界一样的规律性。即如果我们能够在通常意义上将物理性和因果性理解成自然世界的一部分,则我们同样可以将其看成虚拟世界的一部分。直接地说,如果我们试图将虚拟世界看成是自然世界的衍生物,则自然世界也必须被看成是更高层次世界的衍生物,如此以至无穷。这样,我们再次以某种独立于任何感知框架甚至时间和空间的先验决定性而告终。

接着,我们分析了我们的终极关怀在自然世界和虚拟世界中如何是相同的。我们将追问同样类型的哲学问题而不会改变它们的基本意义,并因此自柏拉图的《理想国》以降至本书所包含的一切哲学命题——只要它们是纯粹哲学的——将在两个世界中具有同样的有效性或无效性。

在第四章我们表明,无论我们的感知框架如何从一个转换成另一个,心灵总是在最深层次保持其自身的统一性,而不管经验本身可能呈现为多种不同的形式。我们论证了约翰·塞尔和丹尼尔·丹尼特以及许多其他对心灵问题持传统神经生理学或计算模式观点的人如何犯了整一性投射的谬误。

强 AI 信奉者认为意识不过是智能,而智能可以通过数码计算机实现。但是我们对虚拟现实的分析表明恰好相反:我们不能重新创造意识,但我们能够重新创造整个经验世界。意识其实是不同于智能的,心灵本身不能依据预设了给定感知框架的大脑科学来解释。

然而,如果我们采纳量子力学这样的理论——它不依赖于特定感知框架——则我们能够避免整一性投射谬误并且有希望开始建立心灵问题的统一理论。我提出,或许-1 的平方根是量子理论和狭义相对论的意识因子,对其进行重新诠释可能会在科学探询的根底处产生真正的突破。

现在,我们开始了第五章,我们将要做些什么呢?迄今为止,通过使用像虚拟的和自然的、物理的和因果的、真实的和虚幻的、感觉的和感知的、经验的和现象学的等概念,我们已讨论了虚拟现实是什么以及它能够是什么。我们几乎还没有触及规范性的问题,而这是我们在决定沿着这条迷人而吉凶未卜的本体僭越之路应该走多远时必须回答的。入驻赛博空间投身于虚拟现实,对于我们意味着什么呢?我们**应该**欣幸虚拟现实的到来吗?如果这样的话,我们的欣幸应该到何种程度呢?

二、意义不同于快乐:美丽新世界?

如果你读过赫胥黎的《美丽新世界》,你可能想知道虚拟现实是否不过是那种倒挂乌托邦的数码化再现。当我们讨论以机器人为媒介的人类生育时,我们极可能联想到在"美丽新世界"里人被从瓶子中缓缓倒出的繁衍方式。因此我们可能会问,如果赫胥黎的描述被证明是人类最可怕的,为什么不应该把虚拟现实看成是同样梦魇般的东西呢?

对于赫胥黎的设想,最好用其本人的回顾性说明进行总结:"完全组织化的社会,科学的等级制度系统,被秩序井然的计划调节、剥夺的自由意志,利用化学药剂定期催生快乐而使人们乐于承受的奴役,通过夜间睡眠课程向人们潜移默化灌输的正统教义。"[1]这一画面之所以听起来令人毛骨悚然,其中有着多种原因,但最重要的原因是在这样一个高度集权的等级社会里,人几乎已经变成了像人偶(zombies)一样的造物,他们被人造的各种快感淹没,却丧失了作为自由主体进行创造性思考的能力。换句话说,在这样的社会中,每个人都变成了快乐的奴隶:

"今晚去斐里吗,亨利?"摄宰王助理问。"我听说艾哈布拉宫的

---

[1]　Aldous Huxley,*Brave New World Revisited*, New York: Harper & Row Publishers, 1958, p. 1.

新玩意儿一等的好。在熊皮地毯上有情爱画面；他们都说相当不错。

熊的每根毛发都模仿得惟妙惟肖。摸起来感觉酷毙了。"①

因此，他们仿佛被注定似的来到了一个叫作"斐里"（Feelies）的一流娱乐中心，在那里他们几乎完全沉浸在"orgy-porgy"感觉刺激环境中。他们对他们的感官生活十分满足，还抱怨说："那些糟老头到了晚年往往什么事都不管，他们退了休，过着修道般的生活，竟然将时间用于阅读、思考——**思考**！"②既然他们不是批判性的思想者，他们的视野永远不可能超出他们的当前境况，并因而所有被"倒入"社会各个等级（α、β、γ 等等）的人们都充满了快乐和感恩，庆幸自己是这一特殊等级而不是另一等级的成员。因此，没有人会对社会地位的不平等表示不满。

这听起来像虚拟现实吗？"斐里"？"orgy-porgy"？你还会读到："无论你什么时候愿意，你都可以从现实中抽身出来去休休假，回来后甚至不会感到一丁点头痛，也不会感到像是经历了一场骗局。"③如果你仅仅将之看成是技术对人类生活影响的**多与少**的问题，你就会将我们所讨论的虚拟现实看成是一种远远超出赫胥黎想象的东西。然而，真正的问题不是影响的"多少"，而是何种技术及其以什么方式被使用。赫胥黎关心的是，与一种利用"新巴甫洛夫条件反射"代替道德教育和利用化学干预代替伦理美德的完全组织化社会相对比，我们是否能够在个体层面上保持我们作为我们的强大技术创造物的主人地位。书中说道："现在每个人都可以是有道德的。你能够从瓶子中带来至少你一半的品行。什么是**道德大补丸**？那就是免除了眼泪的基督教。"④

不单单是人造快乐给人带来了主体性的缺失或道德内容的丧失，对于赫

---

① Aldous Huxley, *Brave New World*, 2nd ed., New York: Haper & Row Publishers, 1946, p. 39.
② Ibid, p. 66.
③ Ibid, p. 65.
④ Ibid, p. 285.

胥黎来说,最大的危险是一个极权主义的政府同某种技术结合在一起,这种技术明确以社会稳定的名义加强此政府的中央集权。在他生活的那个时代,"应用科学"几乎是"机械和医药"的同义词,倘被一个权力饥渴的国家机构控制,带给人们的更多是奴役而非解放。因此,他要求分散权力以培养"自由个体族类"——他们不为感官愉悦(或"快乐")所麻痹,并且不放弃他们在创造性的参与过程中对意义的追求。

在接受了传统假定的上帝是意义之源后,赫胥黎通过控制者之口向我们说了这样一段话:

> "把它叫作文明的缺憾吧。上帝同机械和科学药品以及全体快乐是不相容的。你必须做出选择。我们的文明已经选择了机械和药物和快乐,这就是为什么我必须把这些书锁进保险箱里的原因。"①

具有讽刺意味的是,当赛维吉(Savage)领导那些医院中的 Delta 种群反抗"全体快乐"的命令时,预先设计的人造反暴语音设备二号突然播放出这样反讽而又不自知的问题:"这有什么**意义**呢? 你们为什么不快快乐乐平平安安地待在一起?"②这里,"意义"想必被理解为隶属于快乐和社会秩序的东西。然而赫胥黎不接受这样的意识形态,他让他的英雄赛维吉和控制者进行这样一番对话:

> "但是我不想要安逸。我想要上帝,我想要诗意,我想要真正的危险,我想要自由,我想要美德。我想要罪恶。"
>
> "事实上,"穆斯塔法说,"你是在要求不快乐的权利。"
>
> "正是如此,"赛维吉坚决地说,"我是在要求不快乐的权力。"③

---

① Aldous Huxley, *Brave New World*, 2nd ed., New York: Haper & Row Publishers, 1946, p. 281.
② Ibid, p. 257. 黑体为本书作者所标。
③ Ibid, p. 288.

因此,就艺术、诗意、智慧、自由和许多其他富于意义的好东西并不总是快乐的一部分而言,似乎"不快乐的权利"是人类意义生活的必要组成部分。

现在,我们又该回到虚拟现实中去了:虚拟现实为人类带来的东西,会同赫胥黎所预言的传统机械和化学药物带来的东西一样吗? 虚拟现实能够被用作中央集权控制的工具以标准化"快乐"的方式阻滞人类的创造力吗?

尽管许多评论者对未来电子革命的其他方面评价不一,但他们几乎一致认为虚拟现实和赛博空间同赫胥黎所描述的美丽新世界正好相反:它将前所未有地激发人类创造力并且分散社会权力。

互联网被认为是赛博空间的原始形式,网上的一些评论者认为,赛博空间的社会后果同我们对电话的使用是类似的,而同电视的利用相反。电视将其集中控制的信息灌输给被动和孤立的观众,而互联网则依靠使用者提供并分享内容;他们相互配合发布自己创制的多媒体信息。由于资源共享和相互交换是组织良好且成功的社会参与的特性,一些支持者提出,赛博空间可能有助于恢复被电视严重败坏的必要的社会活力。

他们还颂扬互联网,将其看成是更重要的自由言论形式的先驱。由于网络允许每个人成为信息的发布者,它似乎为建立独立于私有报业集团和广播公司的公共论坛提供了一个强有力工具。按照这些评论者的观点,与赫胥黎所预言的传统技术类型相比,赛博空间的数码技术对人类生活显然具有积极、正面的影响。

关于这些,并不仅仅是一般媒体的热门话题,虚拟现实祖师爷杰伦·拉尼尔还说了下面一段话:

> 当人们宁愿花更多时间观看电视时,对社会来说是毁灭性的。
> 此时他们不再是一个有责任感的个人或社会人,他们只是被动地接
> 受媒体。现在,虚拟现实恰好相反。首先,它是像电话一样的网络,
> 没有信息起源的中心点。但更为重要的是,在虚拟现实中由于没有

任何东西是由物理材料制造的,一切皆由计算机信息构成,因而在创造任何特殊事物的能力方面没有人能够比其他人更优越。因此,不需要录音室之类的东西。当然也可能偶尔需要一个,如果有人拥有更强大的计算机产生某种影响,再或者有人将拥有一定天才或者声望的人召集到一起。但总的说来,就创造能力而言人与人之间并没有什么与生俱来的差别。①

但是,也不乏一些相反的看法。1992 年的电影《割草者》(*The Lawn-mower Man*)及其续集《天才除草人 2:超越赛博空间》(*Lawnmower Man 2: Beyond Cyberspace*,1996),将虚拟现实看成是可能奴役其主人的新弗兰肯斯坦式的东西。在这部电影中,不会说话的除草机操作人约伯,在这里起到了改变心灵的药物和改变感觉的虚拟现实的结合点的作用。作为这种感觉-心灵变更的结果,约伯变得几乎全知、全能和长生不死。但是由于他试图把人们全部带往虚拟现实从而将这些上帝般的特性扩展给所有的人,人们将此举看成对他们的最大冒犯,他们在安格鲁博士的带领下制止了他的行动。

这类电影制作者的保守态度,是建立在他们将虚拟现实的人理解为没有思想、整天浑浑噩噩地沉湎于电子游戏的人偶的基础上的。但是,具有讽刺意味的是,这些人认为在虚拟现实中,一方面人能够成为非物质的全知的精神灵魂(就像约伯),另一方面又会成为死气沉沉、没有头脑的人偶。这样两种全然相反的观点如何能够作为对同一个虚拟现实或赛博空间的描绘呢?

通过非常粗浅的分析,我们就能够看到这种对立产生的根源。对于那些没有进入虚拟现实的人来说,虚拟现实不过是一种完全使"游戏者"沉迷其中并变成"人偶"的电子游戏。对于已经进入虚拟现实的人来说,虚拟现实本身就是一个自在的、纯粹属于感知和意义的非物质世界,自然世界的硬件装备不过是无意义的物质材料的聚合物。

---

① Jaron Lanier, "A Vintage Virtual Reality Interview".

　　然而,从哲学上讲,我们对这两种相互对立的观点都不能满意。我们必须找到一个不偏不倚的立足点,将我们的理解建立在某种有效的、独立于任何独断偏见的东西之上。正如我们在上一节看到的那样,现象学的描述不预设任何观点和成见,因而使我们能够看到虚拟世界和自然世界之间的统一性。除此之外,赫胥黎书中所暗含的对意义和快乐的区分已经为我们更深刻的理解指明了方向。

　　我们应该注意不要盲目追随那些乐观的主张,因为就他们的理解仅停留在社会文化的层面而言,他们仅触及问题的表层。然而问题已经很清楚:当我们将虚拟现实作为生活本身的全部或部分时,这种乐观主义态度如何能够扩展到本体的层面? 赫胥黎提出的关于快乐和人生意义的对立,如何能够在作为**终极再创造**的虚拟现实的背景下得到解决? 为了使这些基本问题清楚明白地显示出来,我们现在就回到“上帝是否是可能的生活意义之源”这一问题上来,并以之作为进一步彻底考察的基石。

三、意义与造物主

　　当尼采宣称“上帝死了”的时候,他的意思是说在其他诸事物中,神性在欧洲大陆已不再被看作道德价值的根据。但是,如果上帝不是价值的最终根源,那么价值又建立在什么基础上呢? 一般公众只能认为价值无论从何种意义上说都失去了依托,他们还没有学会在没有了上帝作为人们日常生活幕后的道德立法者时,如何去理解道德价值的意义。对他们来说,如果宗教没有提供生活的意义,则生活就是无意义的。因此,这些人变成了虚无主义者。俄国作家陀思妥耶夫斯基对这种类型的虚无主义有过很好的表述:“如果上帝死了,人们什么都可以做。”

　　然而,尼采本人并不认为上帝的“死”必然导致全部价值和意义的不可逆转的崩溃。他宁愿让他的“超人”占据价值创造者的位置,这样,人类通过他们智力和体力上的创造力的发挥能够达到自己的顶峰。因此,他试图构建一个崭新的"价值列表",作为那些通过弘扬他的"权力意志"来产生意义的人们的指导方针。

不管我们如何看待尼采对于上帝的态度,我们都可以沿着同样进路反思上帝概念和生活意义之条件之间的关系。可以确定的是,如果有人相信上帝的存在使得人类生活具有意义,则他也必须相信上帝的生活比人类的生活更有意义,或至少同样有意义。然而,这种信仰通常同另一种信仰相伴随,即我们生活的意义性是建立在所谓我们是上帝的造物这一事实的基础上的,**造物主**的神圣计划限定了我们的世俗生活目的;这种观点认为,仅当我们的生活符合这一目的时才是有意义的,否则就是无意义的。然而,相信**造物主**的生活比我们更有意义同相信意义生活依赖于成为**造物主**的造物这两种观点是不相容的。

依据逻辑上的必然性,如果被创造是导向意义生活的必要条件,则**造物主**作为非被创造者将过着无意义的生活。又或者,如果符合某一外部的给定目的是生活有意义的前提条件,则上帝作为唯一的目的给予者将过着无意义的生活。但是很明显,所有信仰上帝的人都认为上帝的生活比人类生活更有意义,或至少同人类生活一样有意义。因此,他们不可能将生活的意义性奠基在成为服务于上帝所给予之目的的被创造者的地位之上。

如果我们仅仅是上帝的造物,只服务于上帝的目的,则我们将等同于世界上的任何其他事物,如石头和烂泥等,因为它们也是上帝计划的一部分。但如果我们相信石头和烂泥没有过有意义的生活——尽管它们也是上帝造物的部分——为什么我们应该基于同样理由而将任何意义归于我们自己的生活呢?

相反,如果依据创造性本身来理解生活的意义性,则一个上帝的信仰者就完全可以理解自己为何过着有意义的生活。这样一种理解,使得我们在上帝的生活和人类的生活中都能找到意义。上帝是最伟大的创造者,因此**他**过着最有意义的生活。我们是较低层次的创造者,因此我们的生活不像上帝那么有意义,但是仍然具有较低程度的意义性。很可能在最高层次上我们的生活服务于上帝的目的,但是在较低层次上我们也产生并投射我们自己的目的。

因此,如果上帝作为超级创造者和目的给予者而存在,我们生活的意义的多寡将依赖于我们在此方面在多大程度上同上帝相似。如果上帝并不存在,那么,就我们无论怎样或多或少地算是创造者和目的给予者而言,上帝的不存在并不能削弱我们生活的意义性。因此,如果创造性和目的性是意义之源的话,无论上帝是否存在,我们的生活总能保持其意义性。

总之,由于一个上帝的信仰者必定相信上帝的生活比人类生活更有意义,生活的意义不能建立在信仰者所谓的上帝造物之地位的基础上。一个逻辑一致的上帝信仰者必定将其生活意义建立在他同上帝的相似性上。也就是说,真正的信仰者,必定将他们自己的生活意义理解为来自他们自己本身的创造力。意义在于目的的给予,而不在于服务于一个强加的目的。至于不信上帝的人,他们可以简单地将生活意义理解为他们有目的的创造性功能而不必依赖于上帝。

可能有人辩驳说,生活的意义必须以某种超越我们物理对象之物质易朽性的东西为基础,而对上帝的信仰,给予了我们这样一个超越的希望。这种观点假定了永久的存在本身就是意义。但是如果这样的话,我们不必希求任何超越的东西,因为我们知道我们身体的物理元素将永远存在下去,我们可以将自己简单等同于这些元素。

很明显,所有那些将他们的希求从所谓神圣计划导出的人,将拒绝这样的等同。因此他们所希求的必定是某种特殊的永存性,而不是建立在物质不灭法则基础上的永存性。因此,这里物质的易朽性大概不是问题的真正所在。正如我们所知,这种特殊的永存性通常称作"永恒",并且要求灵魂的**不朽**。但是,为什么永久的物理"质料"的存在不能说明永恒,而灵魂的不朽却可以？或者换一种说法，是什么使得灵魂的永久存在成为有意义的而物理元素的永久存在无意义？为了考察这种以非物质性永恒为基础的意义性理解是否合理，我们必须再回到创造性和有目的性之概念上来。让我们看看为什么如此以及何以如此。

四、意义的差别而不是真实的差别

在人类生活中，某些事情对一个人有意义，不一定要在这个人的经验中造成**真实的**差别——从该词语将被阐明的意义上说。如果一个差别对这个人是**有意义的**——从该词语将被阐明的意义上说，即使没有被这个人真正经验到，它也会以正面或者负面方式对此人的生活意义产生影响。实际上，这种意义差别的观点对于理解所有像成功、所有权、道德责任这样的专属人类生活的概念是必不可少的。下面的思想实验，将被用于证明这一点。

假设迈克是我最好的朋友，他很爱他的猫，但他不幸得了癌症。自知将不久于人世，他请求我在他死后照顾他的猫，我答应了他的请求。上周迈克离开了人世。若不考虑流行于伦理和宗教中的关于守信与死后生活可能性的信念，除了这只猫自身的福利以及我是否喜欢这只猫这两个问题外，我是否遵守诺言照顾迈克的猫对已经去世了的迈克而言，有什么相干吗？

许多游客专程到卢浮宫欣赏达·芬奇的《蒙娜丽莎》。现在，假设原作不小心被毁了，而公众对此一无所知并且将来也不会有机会发现真相。博物馆私下保存了一幅复制品，仿造得相当好，以致用肉眼判断不出它与原作的区别。如果在公众一无所知的情况下将复制品代替原作展出，对那些长途旅行至此，只为见一眼《蒙娜丽莎》的游客而言有什么关系吗？

詹妮花多年前相信是山姆把她从强奸犯手中救了出来，也正因此她以身相许，嫁给了山姆。昨天，他们家着火了，为了救山姆，詹妮花受了重伤，危在旦夕。但是詹妮花很欣慰，她相信自己舍身救山姆是很值得的选择，因为山姆也曾在危急的关头救了她。但是,实际上,山姆正是那个试图强奸她的恶棍,而真正救她的人被山姆暗算了。山姆对詹妮花耍了手段,使詹妮花错误地以为他是英雄,引诱她嫁给了自己。但婚后,山姆成了一个十足的好丈夫。现在,如果詹妮花对真相一无所知,欣慰地死去,与山姆是真英雄的可能事实相比,这种欺骗给詹妮花的生活经历增添了瑕疵吗? 也就是说,在两种可能性之间,詹妮花的生活有任何正面或负面的不同吗?

杰夫和蒂娜是夫妻,亨利和海蒂也是一对夫妻。杰夫和亨利是好朋友。蒂娜非常爱杰夫,以至于一想到与其他男人做爱,她就会觉得无地自容。但杰夫和亨利于对方的妻子都有欲望。所以一天,他们商量交换性伴侣。如果知道他们的企图的话,蒂娜(也许还有海蒂)就会觉得荒唐透顶。于是杰夫和亨利开始练习对方的做爱方式,以便在某个漆黑一片的晚上能骗过蒂娜和海蒂。经过一个星期的练习,他们最终铤而走险并成功了。在交换伴侣后的第二天早上,蒂娜甚至说,她觉得昨晚的性生活比以前的更让她兴奋,她觉得自己更爱杰夫了。如果蒂娜永远不知道杰夫和亨利的计谋,她算不算被他俩亵渎了? 换句话说,不考虑对社会的可能影响,**仅从蒂娜的角度来讲**,当晚是杰夫还是亨利给蒂娜带来了性快感有什么价值上不对等的差别吗?

假设一个独裁者酷爱政治权力,并乐于炫耀他的权力。他撤销了整个立法系统,使之推倒重来。除了颁布其他一些必需的法律以外,他还要宣布一项新法律,这一切仅仅是为了炫耀他专断行使权力的能力。他这样写道:“公民们不应该_____,违者必须受到统治者想施行的任何惩罚。”然后,他通过电视直播,以抽签的方式,任意地确定空白处的内容,句子填补完整之后即成为一条法律。很偶然地,抽签填空的结果是:“公民们不应该吻自己的鼻子,违者必须受到统治者想施行的任何惩罚。”假定没人能吻到自己的鼻子,不考虑对未来立法的影响,有没有这条法律对公民们的政治自由有任何差别吗?

对以上五个例子中关于有无差别的质问的回答是一样的:没有真实的差

别,但有意义上的差别。这里的关键在于**意义**与**真实**的区分。值得提醒的是,我们这里所用的"真实的"(real)一词,与我们在第三章所做的真实与虚幻比较意义上的"真实"无关。在讨论完虚拟现实的本体问题后,我们现在要转向我们在听说虚拟现实之前使用"真实"一词的方式,目的是弄清楚我们现在所关心的规范问题。那么,这种新语境下,与"有意义的"(significant)相对的"真实的"(real)是什么意思呢?

当然,我所说的"没有真实的差别"并非指两个事件在其自然过程中没有差别。很显然,我在每一个例子中都隐含了对已发生的事与另外一个可能发生的事的对照。因而,我实际上指的是,事情以何种方式发生,没有在某个人(或某些人)那里导致真实的经验内容的变化,或者说经验的内容在两种可能性中给人的心理感受的可接受性不相上下。与通常所讲的"真实的"不同,这里的"真实的"是指当事人具体经验的真实。

所以,无论我是否照看迈克的猫,在迈克的经验内容中不会形成任何真实的差别,因为死了的迈克不能再经验任何东西;伪造的《蒙娜丽莎》,作为真实的心理事件,不会在游客心理中激起少于原作的审美回应;等等。真实的经验差别只是在一般意义上的自然世界秩序中的真实差别的一个特殊类型。

真实差别可以在自然世界以及人类生活的任何地方发现,但只有意义差别是人类事务中独有的。一个真实的差别可以有或者没有意义,相反地,一个有意义的差别也可以是真实的或者是不真实的,它们之间有时也会重叠。① 哪一种差别对人类生活更为根本? 是有意义的差别。如果一个真实的差别不是有意义的,我们就**不必对它关心**;但如果一个有意义的差别不具有也不引发真实的经验内容,我们却仍要对它予以关怀。

在前面的每一个例子中,我们都倾向于支持其中一种状态,尽管两种情

---

① 在许多情况下,既是真实的又是有意义的差别或许可称之为"真正的"差别。如果我错了请指正。

形没有真实上的差别。我是否像我允诺的那样照顾迈克的猫,尽管对迈克没有经验内容上的影响,但确实对迈克而言有意义上的影响。如果博物馆拿伪造的《蒙娜丽莎》蒙骗我们,即使我们不知道真相,或没感到被冒犯了,在美感与愉悦感上也未有减损,但我们的尊严的的确确是被冒犯了。詹妮花如果没有嫁给强奸犯山姆,而是嫁给了救她于危难之中的那个真正的英雄,她的生命确实可以更为完满。类似地,尽管在实施性伴侣交换阴谋的过程中蒂娜拥有了更加美妙的性经验,但杰夫和亨利的谋划确实给蒂娜的生活带来了极大的瑕疵。在最后那个例子中,公民们的政治自由确实被专断制定法律的独裁者侵犯了,虽然没人可能违反这条法律,造成真实的影响。

相反地,我们知道我们想欣赏的《蒙娜丽莎》与达·芬奇当时画的那幅画已有了真实的差别,因为画作经历了几百年的风雨,已有了许多物理和化学的改变。但因为这不是意义上的差别,我们作为达·芬奇的仰慕者,会**忽视**这种真实的差别。我们所举的蒂娜的例子也是同理,她清楚地知道她丈夫杰夫的身体每天都在发生物理变化,但作为一个忠实的爱人和妻子,她不会在乎这些变化(或者这些变化中的部分)。

因此,我们可以看到,一个意义的差别并非一种心理或精神体验上的差别,后者属于经验的范畴。所有五个例子,除了第五个(独裁者的法律),不管潜在的可能性为何,并没有相关的心理差别介入现实。但有人会争辩说,虽然相关的心理事件没有现实地发生,但至少正是这种心理事件的潜在可能性造成了意义的差别。如果所有那些当事者被给予全部的信息,则没有相关的心理差别作为至少是潜在的结果,也就不会有所谓的意义差别。然而,这样的论点实际上是本末倒置的。正是因为某事物是有意义的,才给我们造成正当的心理上的影响,而非相反。否则,我们就无法将合理的(常态的)心理反应同不合理的(反常的)心理反应区分开来了。如果蒂娜无论什么时候一看到她丈夫口渴喝冰水,她就暴跳如雷毫无根据地非要他喝冰茶,这种情形下,蒂娜便是精神异常的,因为喝冰水还是喝冰茶之间的实际差别是没有夹带多少意义差别的。但如果当蒂娜知道她丈夫与亨利的计谋,心理上受到极大伤害,这就不能看作是精神异常,而应看作是她对意义差别的一种正当的反应,因为这个伎俩**确实**给她的婚姻和性生活带来了负面的意义。这种意义**先于**也不依赖于她是否知道这个计谋,更**先于**她对此计谋产生的任何心理反应。

很明显,人类生活最基本的东西,与其说是真实的事物,不如说是有意义的事物。[①] 因为这种"有意义"的意义性与任何经验上的真实(包括心理事件)相分离,它不必与任何人的实际经验相对应。因此,就快乐这种经验而言,我们完全可以过一种非常快乐但没有意义的生活,或者一种很有意义但并不快乐的生活。

但如果意义不是基于现实性,那它又基于什么呢?在胡塞尔之后,对应于"现实性",我们把意义的基础称为"观念性"(ideality),我们将在本书后面的部分对此进行更彻底的讨论。

实际上,所有那些独独适用于人类事务的基本概念,都在某种程度上与我们这里讨论的意义差别的概念相关联。现在让我们来考察三个仅适用于人类事务的基本概念:成功与失败、所有权、道德责任。让我们来看看,对比真实的差别,意义的差别在这里是如何成为人类生活方式所独有的要素的。

什么是成功或者失败?一个人完全意义上的成功是目标的实现,加上这个目标是他自愿设定的并且其最终付出的努力不大于他预计付出的努力。一个人完全的失败,是他没能实现他竭尽全力去实现的目标。在两个极端之间,一个人可以部分地成功或部分地失败。一个人的成功或者失败并不依赖于他人对他的评价,也不依赖于他人设置或承认的目标是否与这个人的目标相同。如果其他任何人想成为百万富翁,并以此为生活目标,只有我以成为

---

① 在日常英语中,significant 不完全等同于 meaningful;尤其是 meaningfulness(有意义性)似乎总是被理解为正面的。人们通常不会说,"这是 meaningful(有意义的)并且这也是灾难性的"——如果他们没有表达某种讽刺的话。然而,我是以稍许不同的方式使用 meaningful 一词,这在我们的讨论进程中会变得更为清楚。

一个发表诗作的诗人为目标,那么我成功的唯一标志即无论如何至少发表过一首诗。假设其他人每人都发表了一首乃至几百首诗,他们虽然竭尽全力却仍然没有一个能成为百万富翁;但我一不留神捞了几百万,殚精竭虑却一首诗也没有发表。那么,尽管我与他人之间很可能会相互嫉妒,实际上我与其他人都无任何成功可言,我们都完全失败了。

但由于一个人是否事实上达到了自己设定的目标并不依赖本人的判断,考虑到任何人都可能对自己的成功或失败形成错误的判断,问题就变得复杂了。某本杂志可能在我不知道的情况下发表了我的诗;或者我精神错乱导致我相信我已经发表了诗作,虽然实际上我并没发表;或者我持的股票暴涨,但我的经纪人错误地告诉我相反的消息而我相信了他;等等。而且,我可能在我知道真相前就一命呜呼,或者可能我一辈子活在错误的信念中。

因此,假定我打算成就 X,并把它当作我人生的目标,我们可以用一个表格(见表 5.1)来表示我的信念与事物实际状况之间的成功或失败的关系。

表 5.1　意图与成功

一个想要成就 X 的人	没有成就 X	成就了 X
相信没有成就 X	失败	成功
相信成就了 X	失败	成功

因为信念是心灵的真实状态,那很明显经验与每一信念都是相对应的。如果成功的信念给你以快乐,失败的信念未给你以快乐(或许给了你痛苦?),则我们可以用表 5.2 来表明这种修正了的关系。

表 5.2　快乐经验与成功

一个想要成就 X 的人	没有成就 X	成就了 X
没体验到成就 X 的快乐	失败	成功
体验到成就 X 的快乐	失败	成功

在表 5.1 和表 5.2 中,我们可以清楚地看到我是否成功依赖于目标实际上是否达到,而不在于我是否知道我的成功或经验到成功的心理反应。因

此,成功或失败本来是一件属于意义范畴的事,它给人造成的差别是意义上的,而非真实的。你可以相信和觉得你是个失败者,但实际上你确实是成功者,反之也一样。

因此,为自以为的成功而快乐的人完全可以是个失败的人,为自以为的失败而痛苦的人也可以是一个成功的人。但是,可能有人会对我的讨论提出异议。他们也许认为我对成功或失败的定义并不完全,或者认为只要与经验内容没有必然联系,是否真的成功或失败没有人会在意。可能他们理解的"成功"不仅隐含预设目标的实现,而且**包括**对这种实现的知晓和感觉,而"失败"则是两者的缺失。因此,会有人反驳说,在成功与失败之间,对个人而言,真实的差别比意义的差别更为根本。但我要指出的是,对"成功"或"失败"的定义是否恰当是语言上的问题,不需要我们过多考虑。问题的要点是,由于下面的理由,那种认为人们只在乎真实的差别而不关心意义差别的断言是站不住脚的。

如果我们能达到目标**并**体验到成功的陶醉,这当然挺不错。如果因为一些错误的信息使我们感到了等量的陶醉感,但实际上并未达到目标,这当然是不完满的,这些不都是自明的吗?这至少已经表明,除了真实的差别之外,还存在意义的差别。不过我们仍然可以追问的是,究竟是真实的经验差别还是意义的差别更重要呢?

为了进一步讨论,让我们假设只能两者择其一,也就是说,因为错误信息或者精神错乱,我或者达到目标但没感到快乐,或者没达到目标却感到了快乐。假设我想成为一个能发表诗作的诗人,如果(1)我的诗发表了,但我不知道它发表了(也因此不能感到知道这个消息后的快乐);或者(2)我没发表任何作品,但自以为发表了并且快乐得好像自己的诗发表了一样。仅仅**为我着想**,你觉得我更应该处在哪种状态呢?

确实,选择(1)有不完满的地方,但至少我所希望发生的事已经发生了,这与我的期望是一致的。但选择(2)能给我的生命提供任何积极的价值吗?

如果我是一个疯子，或者是被洗了脑，或者完完全全就是一个醉汉，那的确有可能相信并感到我已成就了许多事，虽然实际上我什么也没成就。如果只包括经验内容，那最值得向往的就是一种精神错乱的生命状态，在这种状态中，你相信并感受到任何你希望的东西。所以我设想你为了我的好处更倾向于为我选择（1）。如果你为我选择（2），让我拥有成功的感觉，你也同时会认为我在实际上没有达到自己设定的目标是一个不小的缺失。也就是说，虽然我深信并且强烈地感觉到我的诗被发表了，但这与我所渴望的实际上的发表相比，还有着重大的缺憾。何止如此，也许，由于我的确没达到目标，那种经验到的虚幻的成就感比全无感觉更可怜，这种所谓的"成功"的愉悦比基于对事实正确理解的挫折感更为糟糕。由此可见，意义的差别确实与经验的（真实的）差别有区别，而且区别很大。

现在，让我们讨论一下所有权，看看情形如何。所有权概念是所有人类事务所独具的概念中最世俗化的一个，并且听起来很物质主义。不过，你拥有还是不拥有什么财产，最根本的是意义上的差别，而非你作为所有者的真实经验的差别。

在前面我们关于成功概念的讨论中，我们已经明白，我们可以实现了百万富翁的目标，但完全没有意识到，并且由于错误的信息，我们感到的完全是破产的痛苦。在这个例子中，不管所有者相信或感到什么，或者这个世界上其他人相信或感到什么，只要他持有的股票暴涨，以至于他的资产达到了一百万，那么他确实就是一个百万富翁。或者反过来，即使我在牙买加度蜜月，相信自己是并且举手投足间俨然是世界上最阔绰的人，但实际上我的股票已经跌得一文不值，即使谁也不知道，我在一夜之间也确已成了穷光蛋。因此，我拥有多少并不依赖于任何人的判断或经验内容，它只依赖于法定的所有权概念。

自然灾害或意料之外的事故，也会造成你所实际拥有的与你相信你所拥有的财富之间的巨大反差。当然，精神错乱也会导致如此。这种认知的差错还可能一直伴随着你,也许到死都不会有人知道。这里,你没有机会经验真实的差别,但是与所有权概念相关的意义的差别并不会由此消失。

最后,我们来考察道德责任概念。我对我所做的事在道德上负有责任。如果我**过去**做过什么道德上为恶的事,**现在**,在道德上我也是有过失的。假设昨天我杀了一个无辜的孩子,因道德理由法律要判我有罪。为什么? 当然不只是因为我是**造成**那孩子的死的一个原因;否则,那把我用来杀人的枪,至少也是造成孩子死亡的原因之一,也会像我一样,是邪恶的、有罪的,但谁也不会认为那把枪和我这个人一样有罪。也许有人会说,我过去的谋杀行为预示着我现在和将来有着再做同样事情的极大可能性,而对那把枪却不必有同样的顾虑。但这种可能性的考虑与道德责任无关,因为我们不会基于同样的可能性的考虑而把道德责任归于危险的动物。由此看来,道德责任的概念并不一定直接指向人类行为中任何可以作经验描述的方面。

答案也可能是:我**故意**杀人,也**知道**那把枪带来的后果,因此,我是杀人行为的实施者,而那把枪不过是一个被动的工具。如果这种回答对路的话,那剩下的问题即是,为什么现在的"我"要对过去的"我"的意图负责任。当然,我昨天蓄意杀人是事实,但这并不表明我现在或将来仍会"蓄"一样的"意",杀更多的人。而且,我现在的意图不可能对以前的意图造成任何影响。因此,如果我的企图使我负有道德责任的话,那当然我受到惩罚的理由不是因为这种惩罚可以在受害者那里造成真实的差别。所以,如果我的蓄意仅被看作是孩子死亡的原因之一,而不再进一步说明为何这种蓄意使得我在道德上应该负责,那么,除了警示作用的实践考虑外,我们对道德责任概念的理解就仍然是一团迷雾。

但我们如果认识到,在关系到我蓄意做什么和我在此意图下做了什么这一点上,惩罚是为了造成意义的差别而非真实的差别,那么道德责任的概念也就不那么费解了。因为意义的差别不像真实的差别那样属于自然因果关系的序列,我们完全可以说,我负有道德责任的,不仅是我过去所做的,而且还是我将来可能会做的。因为我的过去、现在与将来的行为都属于一个人，属于这些行为意义关联的单一承载者。没有人会为我还没做的事情在现在就来指责我，因为现在没有人知道我将来会做什么，但我**现在**必须要对我未来要做的任何事情负道德上的责任，因为我将走哪条路现在即对我造成意义上的差别。时间的先后在这里是不重要的，正如我前面所举的迈克、迈克的猫与我的例子。我在迈克死后，对迈克的猫所做的一切对活着的迈克确实有意义的差别。

你可以沿着同样的思路，进一步分析诸如尊严、敬重、诚实、正直、公民权等概念，看它们如何源初地基于意义差别的观念。事实上，所有对理解人类个体或人类社会甚为重要的概念都与意义差别的概念息息相关，这也是本节一开头的五个例子所打算证明的。因此，任何否认这种独立于经验差别的意义差别之核心地位的人，将不得不得出这些重要概念全无意义的否定性结论。但既然谁都知道这些概念是意义重大的，所以这种否定是全然错误的。

我们通常只把人类个体或群体当作成功或失败、所有权、道德责任等等的可能承载，如果我们要把这些概念运用到人类以外的其他存在者，要依据某种准则把他们看作与我们人类是对等的。这种准则是什么呢？当然是他们对**意义**差别进行区分的能力。换句话说，他们的生命不仅是真实的，而且是**有意义的**。因此，他们不是人偶，而是真正意义上具有人格的人。

意义的差别，正是对两个或更多并列的可取之道进行意义对照的结果。我们已经理解为何意义观念是人类生活基本概念的核心，我们现在需要看这些概念在现象学层面上的根源是什么，这样，我们就能够发现理解人的独特性的关键所在，这是对赫胥黎的生活意义不同于快乐问题的有效回答的基础。

问题的复杂性在于，即使意义的差别独立于真实的差别，意义性在现实世界中却依赖于真实性。在我的例子中，我是否成功**的确**依赖于股票的价值真的是多少，或是否任何出版商真的出版了我的诗，即使它不依赖于我或其他人如何真实地、经验地感知。那么，真实的和有意义的之间的关系到底是什么？这一问题将我们带回到胡塞尔对建立在意识的意向性本质概念基础上的人之主体性本质的理解上来。

五、主体性三面相和意向性

在经验主义的哲学阵营之中，"主观"这个术语，与日常语言相似，在用于知识论的时候，具有一种负面的含义。事实上，前者乃是后者的一种概念化的延伸。经验主义认识论支持真理符合论：主体一方的信念是真的，当且仅当它与客体一方的事实相符合。主体是能知者，客体是所知的对象。既然假定了只存在一种有待认识的客体领域，而孤立的认知主体则是多种多样的，因此，如果存在什么相符合的话，那么，为了真理的单义性，这个符合必定是由所知的客体而不是认知的主体决定的。也就是说，真理乃根植于客体之中。在给出了这样的诠释后，我们便很容易理解为何在日常语言之中，"客观的"就是"无偏见的"、"不偏不倚的"、"公平的"、"一致的"，也很容易理解为何在作判断的时候我们希望是"客观的"，而"主观的"则是"有偏见的"、"偏袒的"等等。

但是，当我们停下来进行反思时，我们可能会问自己：如果人是"开辟"感知领域使客体显现的一个主体——正如我们在第一章讨论对等性原理时所看到的——他如何可能是不主观的？这里我们是在不同的意义上使用"主观"一词：不是作为客观性的对立面，而是作为使客观性在一开始成为可能的东西。因此，从现象学上讲，任何从第一人称视界理解的东西都可以被看作主观的。① 我们要排除一个假定，这个假定认为来自第三人称视界的观察可以在第一人称视界缺席的情况下进行。但正是这个假定，使日常意义上的"主观"变得成问题了。因此，现在让我们从现象学意义上通过与客体性的关系来理解主体性。

———————————

① 在中文里，这里的含义已经是"主体的"，但原文都是 subjective。——译者注

逻辑实证主义的最著名观点,是作为经验陈述的有意义性标准的可证实原则。这里,一个陈述的证实在于被陈述的东西和被观察的东西之间的一致。

由于一个科学理论是被概念地组织起来的、不能单独描述任何事件的观念体,我们不能将它同我们的观察直接进行对比。因此,它的可证实性,依赖于它能否产生可以进行这种对比的命题。由于观察是我们通过感官经验外部世界的直接结果,可证实原则被认为同传统经验主义是一致的。

许多理论都讨论过没有前见的观察的不可能性问题,为此,除了托马斯·库恩(Thomas Kuhn)在解释其科学革命的范式转换理论时所给予的理由外,人们甚至开始谈论主观性存在的普遍性并且将意识形态的宣传计划同科学研究的规划混同起来。这当然是一个危险的举动,我当然也希望表明对这一举动的支持如何没有牢靠的根据。但是现在,我不打算在这里做这件事,我打算做的,是下面的事。我将要阐明,没有主体性卷入的判断和陈述是不可能的,这是真的,但是我们需要将三种主体性面相相互区分开来,这样我们就知道主体性的哪种面相是客观性的前提条件并因此从根本上不会带来个人偏见,而其他面相可能确实是偏见或错觉的根源。

主体性是使人成为一个主体的东西,一个主体经由其主体性进行观察而不能被观察,进行感知而不能被感知。这在我们第一章讨论亚当和鲍伯的交叉通灵境况时已经得到清楚地表明。当一个词语指谓内在于人但原则上不能在物理空间中被观察和定位的东西时,则它指向的是主体性的一个成分或整体。因此,像"观念""概念""情感""意识"这样的词语就是其中的几个例子,因为根据定义,任何可经验观察的东西都不可能为这些词语所指谓。举个例子说,如果你打开一个人的大脑,你可能会看到许多东西并且不确定它们是什么,然而可以确定的是,你永不可能看到一个概念或者观念以一个物体的形式在大脑中显现。相反,这些词语的每一个所指谓的东西都是专属于某个主体的。因此,我们对这些词语的理解不是以我们的感官运作而是以我们的反思为基础的。

　　但是有人可能会问,如果这些词语的指谓物是经验所不能达到的,我们如何能够知道他们真的存在? 我的回答是,词语"存在"是我们语言中最含混不清的条目之一。除了物理客体的在场是"存在"的无可争议的当然事例外,我们不能非常确定地声称还有什么别的东西存在或者不存在。一个洞,是存在物中间的缺失的部分,那么洞本身存在吗? 一个数存在吗? 三加三与六之间的相等存在吗? 一个头痛存在吗? 如果我们对这些问题的回答是肯定的,则我想不出充分的理由说明为什么我们不能说观念、情感以及意识等是存在的。但是,存在概念的意义不是此刻我们真正关心的话题。我们可以暂时悬搁主体性涵盖下的各种东西是否存在这一貌似重要的问题,而转向关于我前面所限定意义上的主体性结构问题的讨论。

　　主体性有三个面相,即构成的面相、协辩的面相和意动的面相。为了方便起见,我简单地分别称之为构成的主体性、协辩的主体性和意动的主体性,尽管它们只是同一主体性的三种面相而已。

　　正如我们所提到的,经验主义者使用"主观"一词同这个词的日常意义没有多大差别,在那里,"主观的"东西从来不是指值得欲求的东西。与总是意味着理性与健全的判断的"客观性"相反,"主观性"被视为人类心灵的一个弱点,这个弱点导致我们走向成见与错误,我们应该想方设法努力避免的正是成见与错误。"主观性"在这里的意思是,只与持有那种意见的具体个人相关,这种意见纯粹是"个人性的",因此不应被视为必定是正确的。正如我前面所说,对主观性的这种理解是自洛克以来的经验主义哲学家的认识论基础。

　　在我们的意义上这种主观性是意动的主体性,因为作为我们意欲的精神活动的结果,它会影响到我们的判断。这些精神活动包括欲求、希望、渴求、幻想、感情、冲动等等,它们常被认为是个人的偏好、趣味或者"价值"——正如某些人愿意称为的那样——的根源。或许由于它们同我们的身体机能或生理结构的密切关系,所有这些都被经验心理学假定为主体方面的事情,并因此对于它们的表达——虽然不是它们自身——是可以以某种方式进行经验地描述的。由于在主体性的这种面相中一个人所拥有的不能同其他任何人分享，故它是主体间分隔独立的。

实际上，就派别利益来源于主体性的这一面相而言，相互间的阻隔常造成对外的排他性。因此意动的主体性是当我们试图证实一个经验陈述时应该阻止进入我们的观察过程的东西，并且我们的政治生活中大多数的意识形态冲突可能与这种主体性面相有很大关系。而且，当我们指责某人在做判断时是非理性的时，我们可能是说他在做此判断时卷入了太多的意动主体性。如果有人相信这样一种阻止是不可能的，因为我们感觉器官总是为我们的意动主体性所影响，则他将必然地认为科学和意识形态之间的差别不是种类的问题而只是程度的问题，并因此将陷入认知的相对主义。

主体性的第二种面相是我称为的协辩的主体性。这里"协辩的"一词很大程度上是在哈贝马斯的协辩行为或协辩理性理论框架下得到理解的。按照他对这个词语的使用，进行协辩不仅仅是传递某种信息，更确切地说是做命题断言并且为其有效性论辩。因此，它包括将我们的前感知经验概念化、定义词语、作判断、把命题形式化、陈述命题、理论化、论证性地辩护等等——即所有那些我们通常称之为认知活动的东西。

因此，按照这一理论，形式逻辑的规则是有效协辩的规则。外部世界并未将自己细分成许多独立的物体，但是，为了组织我们自己的经验并且同他人进行协辩交流，我们使用概念将其分割成许多项目。当我们使用我们的词语描述这些项目时，理论上我们需要我们的词语和那些项目之间的一一对应，并且始终如一地坚持这种对应。因此，我们有了形式逻辑的不矛盾律。所有其他逻辑规则，基本上也能够以同样的方式来理解。那么一个理论是什么呢？一个理论就是将各个概念和命题前后一致地组织起来的一个系统。

但是，观察是如何同这种主体性面相联系在一起的呢？近年来，人们常常谈论到，如果没有前见概念和预设理论的卷入，观察是不可能的；我们的工具如何建立在前见信念的基础上等等。所有这些,都可以根据协辩主体性的必然卷入来理解。因为在同一水平上组织我们的概念和命题的可能框架不止一个,可能会有一个以上的理论在理论效力方面为各自长处的显现进行竞争。因为不同的框架可以在不同层次上完成,一个新理论可能比旧理论覆盖更广泛的领域和获得更强大的组织力并因此取代后者。也因为观察本身是一个概念组织和理论引导的活动,故不存在所谓的"纯粹客观的"观察。托马斯·库恩的范式观念及其变体,在这一点上可以被恰当地理解。

但是现在很清楚,这里所涉及的主体性面相与第一种面相——即主体性的意动面相——是不同的,后者由于一个人的希望、渴求、欲想等而产生武断的成见。协辩的主体性是主体间透明的,因此通过运作我们的协辩理性,我们能够看到一个概念、理论或者辩论同其他可选择项相比的优长短缺。因此在自然科学、社会科学或者哲学领域,不同观点或理论之间的竞争根本不同于意识形态的冲突。如果最终对某些有效性断言的有效性取得了一致的认可,这将是在一种理想的情境下,通过理性的论辩达成的,而不是所有派别通过对某一权威或全能者的非自愿屈从而达成的。

但是,承认协辩的主体性已经威胁到传统的经验主义——他们声称知识的唯一来源是感官知觉。在维也纳学派,纽拉特(Otto Neurath)采取整体主义的科学真理观。这种观点认为,即便是在前语句(protocol)的层面上,也没有单独的陈述能够被孤立地证实,只有整个理论能够按照既定原则(如简单性原则)被证实。石里克(Moritz Schlick)立刻感觉到这一观点有脱离经验主义而走向理性主义的危险,他因此提出确证(affirmation)概念以代替卡尔纳普(Rudolf Carnap)的前语句陈述的概念。石里克认为,他的这一做法能够拯救逻辑实证主义的经验主义特征。但是事实又如何呢?

在一个陈述和一个观察之间有着认识论上的鸿沟,一个观察不能自动成为一个具有语言结构的陈述。为了证实或否证一个源自某理论的陈述,我们必须以这样的方式阐述它,它一方面表示来自我们感官的纯粹事实,另一方面也被以语言表达并因此能够被概念性地理解。这种陈述被卡尔纳普首先称为"前语句陈述"。

在一个前语句陈述中,物理客体和事件可以被描述。然而,声言某人观察到一个物理客体,已经包含了作为这个人的感觉材料综合之结果的一个可错的假定,即这些感觉材料本身并不是物体或者事件的假定。为此,石里克发展了一个新的概念:确证(Konstatierungen,英文为 affirmations)。在他的确证中,除了未经处理的现象,没有别的东西可以被记录下来。一个确证将采取这样的形式:"此时此地蓝色。"很明显,这种陈述不是普通意义上的陈述,不仅是因为它缺少完整的语法结构,而且,更重要的是因为它的极端私人性和瞬时性特征以及同一般空-时框架的分离。

然而,一旦过了证实的时刻,我们对这一陈述的有效性的确定立刻就会消失。按照石里克的说法,这是我们为那一刻的绝对确定性所付出的代价。这种绝对确定性的获得是因为此确证是完全经验性的,也就是说,唯一起作用的,是我们通过感官所进行的观察活动。因此,那些涉及不可见物体如原子、夸克等的陈述永不可能被证实,即使它在另一种意义上是可证实的:我们能够由那种陈述演绎出诸如"此时此地蓝色"之类的预言。

石里克没有认识到,即便诸如"此时此地蓝色"之类的准命题,如果是可理解的话,也早已是观念化了的。只有在观察者明白什么东西被观察时,观察才能发生,因而只有有意义的现象才能在观察命题中得到表述。换言之,被观察到的东西必须被体验**为有意义的**东西。在这一层面上,例如蓝的概念,与这个世界的非蓝部分的联系,同不可见原子的概念与可见物概念的联系是一样的,即使是在证实的那一时刻。而"此地"或"此时"作为在那一时刻被经验的东西的意义也暗含了一个无限大的空-时结构,在那里,"此时此地"是一个点。

实际上,我已经讨论了主体性的第三种面相,也就是构成的主体性。术语"构成的主体性"指的是最高层次的主体性,它**构成**物理客体性和在这个世界的空-时连续统中的一般的客体性。换言之,当我们的感觉满足如第三章所讨论的物理性**真实**的标准时,构成的主体性是我们将事物感知为物质实体的前提条件。它补足不在场又必不可少的东西,从而构成世界的物理客体性,并使我们能够超越我们感官当下感知的东西。没有这样一个前概念的构成性运作,无论什么样的有意义经验从一开始就是不可能的。正如我们所知,这一构成主体性的概念主要是被现象学的创立者埃德蒙德·胡塞尔在其主要著作中发展起来的。

我想强调的是,构成性主体性的卷入不仅不会产生个人的偏见,而且是我们所可能理解的任何种类的客观性的前提条件。它是主体间超越的,因为它运作于任何可能的主体之上,然而,没有人能够自愿地进入或者摆脱这种运作。

当我观察任何物体,比如说,一棵树时,向我呈现出来的是这棵树的一侧,原则上没有人能够看到这棵树的整体。但是树的**概念**,甚至在其纯粹的物理意义上,已经包含了对此树进行观察之视界的无限多个可能性。因此,当我确认一棵树,或者只是这棵树的一侧时,在这一观察时刻,我已经产生了这棵树的未被感知面的视野从而构成了我们称之为树的这个物体的客观性。

甚至整个世界或者宇宙的客观性,当我们使用这个词语指谓它时,已经是心灵的构成性运作的结果了。谁曾把整个宇宙感知为一个物理客体?没有人。但是我们相信宇宙就是自己在那儿存在着的,即使是在我们讨论了自然世界和虚拟世界的平行性之后。我们注定会有这样一个信念,这得归功于构成的主体性的运作,这种运作同任何随意性无关。它的运作方式是被决定的,超越任何人的偏好和趣味。但是我们知道那仍然是主体性,真正的主体性——就其使得我们成为一个人类主体、一个认识者、一个感知者而言。

空间和时间的可量化的几何属性,是任何物理性和客观性的前提。按照胡塞尔的分析,没有构成**主体性**的意向性,对这样一种量纲性的经验是不可能的。在感知一个空间性的物体时,该物体的缺失部分通过一个他称之为"射映"(adumbration)的过程被加到在场部分之上。在时间意识中,正如我们前面提到过的,通过持存(retention)和延伸(protention)——它们不同于回忆与期待——当前时刻被经验为从过去到未来的连续时间流中的一个点。否则,一个瞬间性的"现在"将是不可能理解的。总之,没有主体性的构成运作,即使石里克的最简单确证如"此时此地蓝色"也将是无意义的,更不用说对它们的证实或证伪了。

迄今为止,我已经试图大略地表明客观观察如何同构成的主体性是不可分割的。但是在虚拟现实的境况下,当我们退回到思考的反思模式时,被构成的客体性并不维持其牢靠性,即使在我们非反思的感知活动的每一时刻整个构成活动像原先一样运作。这是因为一旦我们脱离了对被感知物的当下反应过程,我们原来就具有的我们正浸蕴在虚拟现实之中的知识,就在我们的心灵中激活了一个解构过程,我们不得不承认,是数码刺激使我们产生了"客观实在"的构成活动,而不存在最原始意义上的"客体"。

在第一章进行了一系列思想实验或自由想象变化之后,我们已经看到,在一个模拟的、自恰的系统内部,我们不可能知道其中的任何东西是模拟物。因此,如果我们用胡塞尔的现象学还原悬搁我们关于什么存在和什么不存在的自然主义态度,我们就会抵达一个平台,在那里"真实"和"虚幻"两个概念受到了同等的质疑。主体性的三个面相,在两种情况下将以同样的方式运作。正如我们在第三章所看到的,虚拟事件的规律性将使主体性的构成性面相构成虚拟世界背后的因果性和物理性,并且形成客体性概念。这是因为基础构架是作为外部必然性被给予的,至少在当下虚拟经验的每一时刻,正是如此。

主体性三个面相的核心是自我超越的**意向性**,在意动面相中它投射要达到的个人目标,在协辩面相中它提出要辩明的断言并为之进行非个人的理论化的有效性辩护,在构成性面相中它构成客体性。我们谈论主体性,必须注意防范相对主义的侵入。在后现代及自然主义认识论思想家那里,主体性往往被赋予社会文化层面的历史主义解释,把先验理性遣送回因果他律的桎梏之中。但是,在我们这里,这样的相对主义进路从一开始就应该被断然阻隔。

主体性的三个面相,是先于任何特殊的生活内容的社会-文化相对性而被必然给予的。

现在,在我们对成功、所有权和道德责任概念的分析中,我们清楚地看到有意义性是如何不同于、然而又明确地同真实性联系在一起的。由于意义的差别首先与最初意向有关,此意向设定客体世界被选择的部分(构成的)应该承担(从意动主体性中发出的)什么样的真实变化,客体世界的这部分不含有任何人的经验作为此部分的一个要素。成功概念对失败概念最初是有关个体的意向的,所有权概念是有关所有个体参与者的集体的、被制度化的意向的,而道德责任概念是有关各个体意向同集体的、被制度化的意向之间的相互作用的。虽然意向不能被等同于意向性,但意向毕竟是意向性的一个表现方式,从而有意向性的结构。由于此意向性结构是空-时结构中自然秩序的先决条件,而其本身不在此结构中,意义的差别在其意义性中不受此过去—现在—未来的时间序列的限制。因此,我们能够在**现在**对我们过去所做的事情以及我们将来要做的事情负道德上的责任。

正如我在我的第一本书中所讨论的那样,分析哲学传统有多个意义理论,其中最负盛名的有指谓论(罗素)、图式论(早期维特根斯坦)、证实论(石里克)以及用法论(后期维特根斯坦)。这些理论尽管存在重大的差异,但它们都把意义视为**词语**的属性,而不考虑其在主体性三面相中的最终根源。这在某种程度上是正当的,因为用"意义"一词我们的确指的是某种可以与我们的意思相分离的东西。但是作为一种终极的意义诠释它们注定是不妥当的,因为它们并未把根子溯回至其意向性的起源。

如果我们注意到这样一个事实,即名词"意义"(meaning)乃是出自动词"意味"(to mean),那么,我们就不会去把一般的意义化约至任何脱离主体性的东西上面。例如,"猫"的意义可能是它所指谓的东西(载体),从而成为罗素指谓论的一个例证,但是,"如果"的意义很可能意味着它是在一个句子中使用的方式,从而成为后期维特根斯坦理论的一个例证。但是,为何我们在一种场合下说意义是载体,而在另一个场合下则说意义是用法呢? 如果我们将所有这些不同的理论都看成是真正的意义理论,我们已经假定有一个意义,其意思适用于所有的意义理论。也就是说"意义"这个词的意义至少是一个常项。因此,必定存在某种独立于任何载体与用法,但又将作为载体的意义与作为用法的意义统一起来的东西,如此我们便可以断言载体与用法都是不同场合下一个词的意义。正如我们所表明的,这个把各种"意义"统一起来的东西就根植在意味者——也就是我们所说的主体性——的意向性中。

我们想要的事态是否实现,要依赖于事情在客观世界如何发展。这是因为构成的主体性不属于一个人的可选范围。这与意动的主体性完全不同,因为构成的主体性是在外在必然性的约束下不由自主地运作的。此外在必然性分别表现为:自然科学所研究的自然规律、社会科学中的社会规律以及心理学中行为和心理过程的规律。因此,客观世界是被构成(be constituted)而非被建构(be constructed)的,因为它必须遵循"什么规律是我们所不能选择的"之规则。所以,我们是否成功或者失败——举个例子说——不总是同我们在启动此过程后对它的感知相吻合,正如我们在前面看到的。因此,承认主体性并不是支持认知相对主义。

六、意义、观念性和人的度规

在我的《本底抉择与道德理论》一书中,我提出并发展了"人的度规"(Humanitude)概念,以此来与人的本性这一自然主义的概念相对峙。① 正如我在该书中论述的那样,如果人的本性被假定为将人与非人区别开来的东西,并且只要我们是人它就不会发生改变,则对于我们所经验观察的东西的

① Zhai Zhenming, *The Radical Choice and Moral Theory: Through Communicative Argumentation to Phenomenological Subjectivity*, Dordrecht/Boston: Kluwer Academic Publishers, 1994.

自然主义描述永不可能达到人的本性。用亚里士多德的话说,既然人的本性是不可改变的人类本质,而经验所描述的人的属性是偶然的并因此总会发生变化,归纳程序永不可能使我们理解什么使得我们独一无二地成为人。而且,任何试图依据自然律描绘人性特征的尝试都不能解释人类主动因的自律性,因为自然律依其定义是作为外部必然性强加于我们的。因而,我推论:

人的本质概念是无法实现的,因为它内在地包含了恒常不变性与经验偶然性之间、自律自决与自然法则的他律性之间的不一致。①

与此相对照,人的度规是与那些试图将一切自然化的(反?)哲学探究的流行风气恰恰相反的概念。人的度规概念建立在前面我们区分意义的差别与真实的差别时所得出的结论的基础上,所有专属人类生活的那些概念首先是关于意义的而不是关于经验的。因此人的度规描绘了人之为人的独一无二特性,而非生物学意义上的人(Homo sapiens)的经验"本性"。我们可以在意向性的和经验的序列之间做一个对照。(表5.3)

表 5.3　两种序列的对照

意向性的	经验的
主体的	客体的
观念性	实在性
意义	事件
意义结	事态
概念	词语
命题	句子
逻辑的	因果的
投射性	连续性
自律	他律
人的度规	人的本性

① Zhai Zhenming, *The Radical Choice and Moral Theory: Through Communicative Argumentation to Phenomenological Subjectivity*, Dordrecht/Boston: Kluwer Academic Publishers, 1994, p. 86.

很明显,除了最后一行,表的左栏的所有条目仅与人类生活有关,而右栏的条目则同经验世界中的一切事物(包括作为被观察到的经验意义上的 Homo sapiens 的人)有关。现时流行的各种将哲学自然化(或社会化)的倾向可被理解为或明或暗地试图将左栏中的条目化归为右栏中的条目,即将意向性的化归为经验的。但是,我们已经证明这是不可能的。① 因此,如果打算将右栏的最后条目"人的本性"作为指谓人的独一无二特性的概念,这注定是不能成功的,并因而必须被其左边的概念,即人的度规替代。很清楚,人的度规和人的本性之间的对照是建立在实在性与观念性之间的差别的基础上的。因此,现在让我们转向关于此差别的讨论。

无论什么时候,只要我们去努力理解他人并使我们自己被理解,观念性都在起作用。当我们试图理解某人,比如说 A 时,我首先不是试图发现他说话的物理或心理过程,而是去领会他的由意义结组成的思想序列。这些意义结是可理解的,与依据物理-心理学术语来解释的自然过程不同。为了理解 A 说话的意思,A 的物理特性是逻辑地无关的,因此我们可以领会 A 的思想而无须任何关于 A 的物理-心理构造的知识。让我们看为何必定如此。

如果你同 A 有一个面对面的交谈并真的试图去理解 A,你必须倾听 A 的言语。但是当你倾听的时候,你不可能首先关心从 A 的嗓子里发出的声音的物理特性,因为你不可能也不被期望通过倾听知道这一物理特性。如果你关心 A 的嗓音的物理特性,你必须使用某种工具并且将注意力集中于在此工具的帮助下所收集到的资料上。但是,这样做时你将顾及不到这一声音可能承载的意义了,这意味着 A 的言语的意义不是由 A 的发音器官所产生的空气振动构成的。

① 很不幸,大多数自然主义哲学家不理解或误解了胡塞尔在 20 世纪初对心理主义的致命批判。实际上,对自然主义还原论的错误的彻底分析可能导致各种试图在自然主义形式下理解人本身的尝试被摧毁。经过这样的分析,可以证明当红哲学家如理查德·罗蒂、丹尼尔·丹尼特、查尔斯·泰勒、阿拉斯代尔·麦金太尔、斯蒂芬·福勒等,从根底上犯了致命错误。另一方面,对虚拟现实本身的哲学反思也反驳了这些哲学家论证的基本前提,虽然这要求一个单独计划进行技术方面的充分讨论。对于自然主义的全面的现象学批判,参见我的《本底抉择与道德理论》一书。

我们可以说意义的来源在于人，一个人的人格是超越或至少多于其物理特性的。的确，承载意义的物理过程的质料对于理解过程是如此无关紧要，以致不同的物理过程能够承载完全相同的意义。为了理解 A，你不必直接同他交谈，你可以收听 A 说话的录音带或阅读他写过的一篇文章，最终仍然可以领会到同样的意义，如果我们所说的意义只涉及命题的真假。这里我们看到了观念性的参与，因为正是独立于承载意义的自然过程的观念性使事物成为有意义的。

抛开由于我们碰巧持有某种感知框架而产生的"实在"，我们还要将自己同人的本性概念远远地疏离开来。三种在意义结中相互关联的主体性面相是我们的人格的基本要素，而正是此人格将我们同我们通常称作"实在的"或"物质的"的偶然存在的物体区分开来。如果在此意义上我们将自己认定为人，则我们没有人的本性。相反，我们用**人的度规**一词指谓使我们成为独一无二之人的特征整体。

人的度规概念因此将我们从迷失的他治领域带回家园，使我们得以真正地自我了解。当我们认识到我们能够从一个感知框架转变到另一个感知框架时，我们可以失去我们关于"实在"是什么的感觉，但是我们的观念性意识将永远保留下来，它是内在于人的度规之中的，不以任何偶然的感知框架为中介。反之，一旦我们返回到观念性领域，我们能够重新获得我们的"实在""客观"或"因果"感，因为我们知道同这些概念相联系的所谓物质性的基本本体地位并不是在一开始就充分地建立起来的。在家园里，我们完全能够接受同构成主体性相关的非物质实在性、客观性以及因果性等观念。

在家园里，我们在有限的意义上成为真正的创造者，并且如前面所论述的那样过着一种只有创造者才配享有的有意义生活。在全面讨论了主体性三面相的意向性结构之后，我们现在理解了前面关于意义差别的例子中所示的非经验的意义如何内在于人的度规概念之中。

对主体性三面相的理解，也导致我们对前面所提出的关于生活意义和创造性之间的关系的更系统的理解。仅当主体性的构成性面相和意动性面相（在社会层面上时，再加上协辩性面相）运作时，个体层面的创造性才是可能的。单是构成的主体性，则给予我们外部必然世界的强制感，但不能使我们投射出开放的可能性。单是意动主体性，则只允许我们希望或欲求，但不告诉我们要做些什么以及如何去做才能使愿望变成现实。因而，创造就是在外部必然性允许的情况下努力使被构成的客体世界向意动主体性投射的目标行进。与此相应，过一种有创造性并因而有意义的生活不依赖于任何前定的感知框架，也不依赖于所谓的"物理实在"的物质性的本体地位。

世界的物质性虽然很符合常识，但哲学家们很少有直截了当地将其视为当然的。我们知道，对物质性的质疑通常都引导我们进入哲学思考的纵深之处。如果我们不是经验主义者但又不愿意放弃物质自在性的想法，我们可能会将物质概念等同于理性主义传统中被理解为属性承担者的实体概念。在这种情况下，不管我们是在自然世界还是在虚拟世界，我们的感觉总无法接近这种物质本身，因为这所谓的物质本身是基于推断而非自明的给予。

如前所述，因果性也不依赖于物质性。如果我们仍然想保留物质概念并将物质性归于自然世界，则我们同样可将之归于虚拟世界的基础部分。在虚拟世界中扩展部分的物体对基础部分的物体的关系就如同在自然世界中视觉艺术的物体对自然物体的关系。关于电影和虚拟性，西奥多·尼尔森（Theodore Nelson）有过精彩的评论：

> 电影的真实性包括场景如何描画和演员在镜头之间变换到什么位置，但是谁介意这些呢？电影的**虚拟性**在于里面的东西看起来像什么。一个相互作用的系统的**实在性**包括它的材料结构以及它是以什么语言编制的——但是，又有谁在意这些呢？重要的是，**它看起来像是什么东西?**[1]

---

[1]　Howard Rheingold, *Virtual Reality*, New York: Summit Books, 1991, p. 177.

尼尔森没有讨论在"真的"是什么和"看起来"是什么之间的差别的本体论基础。但是很清楚的是，他暗示在电影中看起来是什么比"真实"更有意义。为什么？因为看起来是什么才是我们在开始制作电影时**打算**让它成为的东西。

七、虚拟现实：回乡的路

我们还记得，杰伦·拉尼尔建议虚拟现实可以更好地被命名为**意向实在**。但是，所谓"意向的"，他强调的是任一时刻虚拟现实环境在我们的幻想和愿望影响下的完全流动性。问题在于，当这种流动性被扩展到极致时，构成的主体性将被意动的主体性替代，依据我们的现象学分析，我们的实在感将会完全丧失。在这种情况下，我们感知为"物体"的东西将不过是我们自己观念的当下形象；观念和观念的形象以及物体将成为不可区分的，或者就是简单地同一。这样我们的创造性活动将变得不可能了，因为在我们想付诸**努力**去创造的**东西**和我们所投射的观念之间将不再有间距。正如我们所表明的，创造性预设了在**外部必然性**下构成的客体性，正是这种外部必然性将物体同观念分割开来。其实，外在对象的自返同一性必须依赖以视觉为基础的空间位置同一性的确立，而这种自返同一性在意识的意向性中的构成，是客体性形成的必要条件。

当然，拉尼尔本人作为一个程序设计师不会不知道基本软件的局限性，即它必须依照我们在他的"意向实在"中建构物体的方式来设计，但是程序设计和建构虚拟物体一样是创造性活动，只是在不同的层次上运作罢了。他的虚拟程序语言（VPL）甚至在同一个虚拟世界中将程序本身编制成一种特殊的虚拟建筑物。

因此，对于我们的虚拟现实经验的基础部分来说，我们面对的是同一类型的有关**因果**联系的外部必然性。但是，由于除了我们主体性的构成性面相外,意动的(在设计过程中投射目标)和协辩的(信息共享和设计的正当性)面相也被牵涉到合法改变感知框架的活动中,所感知的物体变得比在给定感知框架中更富于意义性了。它们除了产生真实的差别外,还有意义的差别被充实到意义结中,成为我们人的度规内容的一部分。因此,像前面所讨论的成功、所有权和道德责任等概念将以与过去同样的方式适用于这里的情形。

另一方面,我们的虚拟现实经验的扩展部分是由结果化的观念性构成的。所谓"结果化"我是指将非经验的意义结转化成我们能够在赛博空间经验的空-时事件。总体上讲,包括作为软件的创造性设计和虚拟物体的创造性建构,我们在集体和个体层面上的意向投射行为,成为凌驾于外部必然性或跨层次因果性的被感知事件。

正如我们所见,这里还涉及两种层次的创造性:编制程序的活动和按照此程序建构虚拟物体的活动。第一层次的创造能够在个体或集体层面上实现,比如集体配合创作巨大的程序。然而在第二层次上,由于任一个体都没有机会同其他非模拟物的个体发生相互作用,因而第二层次的创造仅由个体来执行。记住,在我们虚拟经验的这个扩展部分,我们只遇到纯粹的有"生命"的模拟物或无生命的物体。可以确定的是,一场模拟的暴风雨不是暴风雨,而一个模拟的女人是没有情欲的,尽管如丹尼尔·丹尼特和侯世达这一类还原主义者对此持保留意见。在这里,我们可以使用由程序提供给我们的建筑砖块去创造我们个人中意的环境并浸蕴其中。

值得注意的是,当我们在讨论中将虚拟现实分为基础的和扩展的两部分时,我们不是说这两部分在赛博空间中必须分开,它们之所以是两部分,是仅就它们同因果世界的不同关系而言的。因此,我们能够并且应该将这两种类型的物体结合起来去丰富我们的经验并邀请我们的朋友加入到我们中间——如果他们愿意的话。

在扩展部分,成功、所有权和道德责任等概念依旧还有在集体层面运作和在个体层面运作的区别,就这一点而言,这些概念还部分地保留着它们的意义。但是,由于源自自然因果关系的外部必然性的客观性基本被消除,如我们前面所揭示的"经验的"和"意义的"之间的可能差别,将被缩小到最低极限。我们在本章开头看到的赫胥黎暗含在其《美丽新世界》中的对经验快乐和非经验意义所做的区分,在我们无止境的创造性活动中将趋于同一。因此,虚拟现实丰富了经验和意义,并且将它们和谐地联结到我们作为其创造者所感知到的结果化的意义结中。

至此,我似乎一直在暗示,虚拟世界的生活必定是更为美好的生活。因为按照思想家们提出过的和我们可以想到的美好生活的标准,似乎很难对虚拟现实的前景持一种负面的态度。然而,果真如此吗?

自古希腊以来的西方哲学传统将生活中的善分为内在的善和非内在的善或者本身自有的善与服务于内在善的善。由于非内在的善仅依据其与内在的善的关系而具有价值,它的内容完全依赖于它在服务于内在的善时可能导致的结果。因此,非内在的善是一种关于实际效用的问题,与我们要讨论的问题无关。内在的善是我们真正关心的问题,人们对它的理解,从来都是在经验的幸福或超验的有意义性两个方面。因此,有必要让我们看看虚拟现实关于经验的幸福和超验的意义性两方面有何建树或糟践。

如果有意义性是从其他方面被理解而不被包括在幸福概念之中的话,则幸福概念的重心是与疼痛或苦难相对立的快乐。为了求得幸福,人们尽力避免疼痛并追寻快乐。虚拟现实能够在经验层面上增进我们的幸福吗?是的。正如我们所知,虚拟现实扩展部分的意向对象是被同一个人创造和经验的。如果一个人总是避苦趋乐并且知道自己想要做些什么才恰当,则那些对象带给此人的快乐应该大过痛苦。

另一方面,超验的有意义性概念总是建立在对人理应是什么的理解的基础上的。在这一点上,我们的**人的度规**概念将有意义性和人的独一无二性观念结合到一起了。我们的虚拟现实经验作为结果化的意义结因而是内在的善的——如果善被非经验地理解的话。

由此看来,虚拟现实于经验和超验层面都是内在的善的。既然此内在的善在两种意义上都不依赖于客观世界的物质性,虚拟现实决不会剥夺人类生活的内在价值。相反,虚拟现实以革命性的方式增进了这些价值。它将我们从错误构造的物质性世界带回到意义世界——人的度规的家园。我们可以说黑格尔式的绝对**精神**正在从一个异化的和暂时的客观化的物质世界回归家园吗?

赫胥黎对在一个"科学的等级制度系统"中,个体自由将被一个权威主义政府的整体控制所替代的担忧,在虚拟世界中似乎被最终克服了。如果当权者不回到自然世界中对个体以物理伤害相威胁,此种控制对人们施加的物理干扰,将不会超出必需的阈值限制之内的强度。

既然如此令人向往,我们应该因此消除物理实在和虚拟现实之间的经验界线,从而永远无法区分我们是在哪个世界中吗? 当然不。在我们讨论了意义的差别和真实的差别之间的联系后,理由变得非常简单。如果在两种感知经验层次之间存在差别而我们却不能区分这种差别,这将对我们的生活意义产生负面的影响。另一方面,如果我们抹去这种区别,我们将在本体层面上放弃一个基本的选择项并因而在根底处危及我们选择的自由。同样的道理,从自然世界移居到虚拟世界也不是最好的选择:如果二者在本体上是对等的,为什么我们应该为了其中的一个而放弃另一个呢?

我应该因此声称对虚拟现实和赛博空间的同时接受就不存在危险了吗? 也不。这里的确存在着某些危险,这一点我们将在下一章进行讨论。之后,为了将虚拟现实理解为永恒意义的可能媒介,我们将进一步详细阐述人的度规概念的内涵。在讨论中,我们还将认识到我们从第一人称视界把人格同一性理解为一切可能感知框架的统一参照对于正确评估虚拟现实而言如何是不可或缺的。

第六章
虚拟现实与人类的命运

虚虚实实,相反相成

片面的深刻

无边的幻景

自我的形象由此造出

透过窗口

窥视灵魂的背影

糊涂一世,懵懂一时

也许镜子会给我带来

片刻的自知之明?

——《镜子》,翟振明,1997

一、技术文明的脆性

那么,虚拟现实的最危险层面或者说赛博空间的"黑暗面"是什么呢?当然就是虚拟现实机器的崩溃了。这种崩溃,可能在硬件和软件两个层面发生。因此,我们有可能遭遇虚拟现实毁灭或赛博空间崩溃的灾难,就好像自然世界中地球同另一颗行星突然相撞一样!

几十年来,技术文明的脆性已经成为哲学批判传统反思的主要话题。维系我们文明的,是一个由会出错的人类设计的连锁相关的技术系统,因此,至少在两种意义上我们是非常脆弱的。其一，是在我们所知的每件事情的"如何"背后，总还隐藏着我们不知道"是什么"的东西，因此我们总是防不胜防地遭遇各种突发事故的袭击。典型的例子是，在飞机事故中无论我们通过分析黑匣子积累了多少新的经验和信息，总会有飞机由于难以预见的原因失事。在计算机程序中，尽管我们不断努力去修补漏洞，我们永远不敢肯定将来没有新的漏洞被发现。早晚有一天，当我们认为疏漏可能不再产生的时候就会突然遭到它们的攻击。

导致技术文明脆性的第二个根源，是人类自身的行为不端。因为我们是技术系统的设计者，我们知道如何控制这一系统，而任何控制了技术系统的人，都可以在瞬间支配巨大的能量从事各种目的的活动。如果一个人恰好有这种本事，且又偏偏希望摧毁我们的大部分文明，则他或许简单地按一下按钮就能让我们覆灭。

虚拟现实作为最尖端的技术，无疑暗含这两种危险之源。一个软件中的疏漏或者一个人破坏性地关闭超级虚拟现实机器，都足以引起整个灾难。因此，我们一定要有一个后备系统。我们当然可以多建几个虚拟现实机器，但是，最终的避难所应该还是自然实在本身，我们不知道它是谁创造的，也不知道它的"机器"在哪里，更不知道它是如何运行的。

这就是为什么即使我们能够永久地移居到虚拟世界中，我们也**不应该**放弃自然世界的原因。关键问题是我们如何能够在两个世界中舒适生活并且来去自如，当我们浸蕴于其中一个世界时，不会忘记另一个世界的基本生存技巧。毕竟，如果我们能同时拥有两个世界，为什么偏偏只要其中的一个呢？我们可以选择绝大部分时间生活在虚拟世界，因为在那里我们可以创造无限的可能性，但是，我们不必关闭返回自然世界的大门。

在此，我们似乎感到虚拟世界和自然世界的对等性被打破了。实际上，由于在自然世界中我们也面临同样类型的不稳定性，因此两个世界仍保持着本体上的对等性。我们不能绝对保证自然世界就是我们安全的最终避难所，我们在自然世界生活中遇到的各种事故和大型自然灾害都可以看作是隐藏在背后的实在机器出了差错的表现。或许有一天，由于偶然的系统故障，我们的整个世界会突然停止运行。

但是，为什么我们感到在自然世界更安全呢？因为作为虚拟现实的创造者，我们知道它的系统结构如何不够完善。而自然世界是强加于我们的，我们根本不知道它的系统构造是怎样的。我们在科学探索的过程中，只是简单认定它的运行法则，在宗教信仰中又简单肯定它是完美的。而现在，虚拟现实运行的基础是特定的计算机器和机器人，这让我们觉得远不如生活在自然世界有着落。我们创造了它，我们同时又知道作为创造者的我们是老出差错的，所以我们总会忧心忡忡。

我们能因此推论出自然世界一定永远比虚拟世界更安全吗？不能。原则上，没有什么能阻碍我们改进虚拟现实设备的适应性。将来有一天，我们的虚拟现实机器也许会比隐藏在自然世界背后的实在机器更安全可靠。这不是不可能的，因为一方面，我们的虚拟现实机器可以把自然世界的可靠部分作为基地，另一方面，遥距操作使我们能够避免直接接触自然世界的危险部分。

我们没有觉得我们正在重新创造一个新的经验世界，这是因为我们知道这个集体创造者是谁，他们从头到尾是如何创造的。我们就像是那英雄的妻子，由于太熟悉自己的丈夫而不会把他看成一个英雄。相反，我们无法知道自然世界是怎样产生的，也不知道为什么恐龙会灭绝，艾滋病毒为何攻击人类。因此我们认为，如果不可知的背后有一个作用者，那么他一定是至高无上的存在。相应地，我们倾向于将这个宇宙整体看成是完美的，即使它表现得似乎并不那么完美。

虚拟现实似乎是虚幻的，因为它抹去了外部必然性和我们感知经验生动性之间的物质厚度的间距。我们的实在观念，似乎要求某种物质性的厚重与坚固。但是我们自始至终的分析都表明,这种意义上的厚重本身不过是我们自己的建构。在现代物理学中,基本粒子的厚实性被弥漫在空间中相互作用的事件所代替。光被理解为物质有限性的实例,因为它的厚重性无限接近于零,因此光速是可能速度的最大极限。光的传播不依赖任何媒介;相反,它似乎是所有其他物质的终极"材料"。在狭义相对论中,光速作为一个常数,是测量物理距离的最终尺度,而物理距离又是厚度概念的前提条件。但是,光本身是没有质量的,也不待在任何地方。它就像宇宙的"道",所有物质和非物质的东西以及虚无都从那里来,再回到那里去。

但是,只要我们对世界的感知依赖于一个令人头疼的物质概念,所有这些来来去去的东西就似乎必须经由自然世界物质的厚重性这样一条迂回之路。然而,在虚拟世界的扩展部分,这种强制的承担者概念被一劳永逸地克服了。光,成为我们唯一要处理的"要素"。我们的感知经验现在直接同光接触;我们同环境相互作用的速度就是数码界面运行的速度,我们返回到了万物的终极之道。

然而,为了使我们的世间生活继续下去,我们必须推迟这种终极回归。我们的感知经验,依赖于我们身体的生物过程。如果我们想维持这种生物过程,我们必须经常在虚拟世界的基础部分工作,服从那里的必然因果秩序。在这种因果秩序下,我们不幸地注定是有限的存在:作为个体,我们每个人终将一死。经验意义上的不朽,是我们永远不可能达到的。

但是,虚拟现实不仅是我们感知经验的地方,而且是我们形成意义结的地方。虽然我们的人格植根于这个世界中,但是正如我们在上一章所说的那样,我们通过构成主体性和意动主体性的运作使人格超越生活的经验内容,人的度规将在理念性领域永存。由于虚拟现实使我们具有前所未有的创造性,它增强了我们意向性筹划的能力,使我们能够在理念性领域内形成更加丰富的意义结。首先,我们的人格作为个体化的人的度规,超越出我们生活的经验内容,因此已经在较弱的意义上不朽了;其次,虚拟现实或赛博空间作为我们创造能力的竞技场,一定会更加丰富我们在非经验意义上不朽的人格。下面,让我们进一步探讨非经验不朽的概念。

二、死亡问题

让我们回到古希腊,考察一下柏拉图在反思不朽问题时如何看待死的问题。柏拉图认为,只有类似于永恒"**形式**"的不朽灵魂才能够过"真实"的生活。如果我们用**意义结**代替他的**形式**,我们的不朽概念将同理念性概念密不可分。可以确定,柏拉图坚信我们变化领域内的尘世生活只是对存在领域内神圣生活的模仿,生活意义的最终根源只能在存在领域找到。对我们来说,非经验的人格植根于现实生活中,但是它不必永远地"活"下去才能达到意义上的永恒。

当代许多哲学家认为,不朽概念不必奠基于永恒或神性的形而上学教义之上。当存在主义哲学家让-保罗·萨特声称人类生活是向往成为上帝的持续不断的努力时,一方面,他像柏拉图那样认为我们人类注定是渴望不朽的;另一方面,与柏拉图不同,他不认为上帝作为不朽的存在是自因、自在、自为的。对萨特来讲,上帝被假定为如此这般只不过是作为一个限定人类生活存在状况的指导原则。即,人们持有一个不朽上帝的概念,是因为他们想将现实性和理念性完全统一起来。

马丁·海德格尔是少数几个强烈关注并且深入探讨死的问题的当代哲学家之一,在其著作《存在与时间》中,人类生活的特征被定义为"朝向死亡的存在"。海德格尔这样看待死:

> (死)不是在**此在**死亡时最终到来的东西。此在作为朝向死亡的
>
> 存在,它自身已经包括了最大限度的"潜在可能性"。[①]

[①]　Marin Heidegger, *Being and Time*, John Macquarrie & Edward Robinson (trans.), New York: Harper & Row Publishers, 1962, p. 303.

这样一种看法似乎表明,即使在最好的健康状态下,我们实际上也正在死亡。如果情况真的是这样,则这种说法,或者是肤浅的滥调或者就是简单的谬论,就看我们如何定义"在死"这个语词。如果"在死"意味着正在靠近机体生命的时间终点,则这种说法是肤浅的大白话;如果"在死"指的是日常语言中所说的正在患致命疾病,则这种说法是荒谬的。

当海德格尔声称死的问题内在地同生活整体问题相联系时,他似乎论及生活界限或边界问题。虽然海德格尔的术语比较混乱,常被其追随者和批评者进行各种不同的诠释,幸运的是,我们不必卷入关于其思想的论争。对我们来说,只要知道死的问题对理解人类要求超越有死性命运是如何必要的就够了。

在生命过程的任何自我意识瞬间,一个人总能够提出"存在还是死亡"的问题。如果一个人不受外力的控制,他总是面对着是继续存在还是自杀的选择。换句话说,活着暗含自我否定的可能性。但是,知道这种可能性又如何必然使得我们成为价值的创造者呢?

海德格尔称,死的可能性是**此在**的"最专有可能性"。如果理解成他认为死是人类所有经验中最私密的经验——正如一些解释者认为的那样——这种理解肯定是错误的。没有人能"经验"自己的死,因为从根本上讲,死是经验主体的终结。即使身体死后存在不朽的灵魂,也无济于事,因为就灵魂不死而言,它不可能经验**它自己**的死。或者,如果灵魂经验到死,则灵魂一定是同死去的人不一样的东西。我们怎能将死看成是人从其根本而言的最私密的经验呢?

人们可能倾向于将"死"等同于"在死",后者是指当患致命疾病时走向生命终点的过程。但是,没有证据表明致命疾病同可治疾病在经验上有何本质不同。相反,我们的日常实践以这样的信念为基础:病人(根据个人体验)对自己是否将要死去并不比他人知道得更多。因此,如果我们在这里相信二者有什么不同,我们必须在对待病人的方式上同惯用的方式有所区别,这样才能保证述行上的一致。

很明显,海德格尔不是关心死亡的物理过程——他应该是论述**存在**的本体论问题而不是存在者的"实体"问题。但是,这里我们关注的,是人类生活的有限经验内容和从这些生活内容产生出的无限意义筹划之间的对照。我们要做的,是阐明我们对死的内涵的理解同关于生活一般意义的规范陈述的初始条件之间的联系。

死是对生的否定,这就是为什么死的概念是理解生活整体的一个界限概念。在经验层次上,为了使一个断言具有认知上的意义——正如某些分析哲学家正确指出的那样——这个断言和它的否定命题都必须逻辑地包含事件的可能状态。这样,从外部观察者的角度看,**他人**的生和死之间的对比是我们理解"生活"意义的参照基础。因此,对死的理解可能是将一个自我的主体经验和主体间的生活世界的经验联系起来的一个关节点。

我可以经验到我自己的快乐、痛苦、焦虑等等,它们不能被别人以同样的方式经验。实际上,如果我的快乐和痛苦曾经发生过,我**一定**不会没有经验过它们,因为我经验它们和它们在场完全是同一个过程。但是,死的情况没有这种同一性。相反,我的经验的存在表明我还没有死。我经验的可能是任何东西,如对死的恐惧、升入天堂的幻觉、看到自己身体被焚烧的噩梦或其他事物,但不是我的死本身。因此,无论是否存在来世,我们可以断定没有人——作为一个人——能够经验他或她自己的死。

也没有他人能够告诉我关于死的经验,因为只要他或她还活着,他们同我一样不能经验死。如果我既不能自己经验死,也不能从他人那里获得死的经验知识,则死作为我自己的宿命必须从负面理解成我的整个在世生活的对立面。在这种情况下,我们不是经验死本身,而是经验着对于作为不再存在的可能性和不测性的死的预期。我们意向地而不是实际地面对死亡。

因此,我们可以选择这样的方式诠释海德格尔的论题:我们不能实际地经验死,但是我们理解同我们生活"整体"的经验内在地联系在一起的死的意义。所谓"整体"是指我们对死的忧惧不仅在于它是生命的时间终点,而且在于它是生活的逻辑对立面,它使得我们能够将生活经验理解为超越生活之上的统一意义结之发源地。如果意向地面对死亡是一种在其与**存在**本身的关系中充分理解生活意义的方式,即使不是**唯一**的方式,也必定是**一种**方式。我们对死的意义的理解,使我们从永恒理念性的视角看到了超越死亡的东西。

三、人格的超越性和不朽

现在,让我们通过一个实例,看看一个濒临死亡的小孩是怎样理解死与永生之间的关系的。

发自:Cibotti Ron

发送时间:1996 年 11 月 14 日,星期四,上午 6:20

发往:丽莎·蒂汤玛索;迈克·马尔克尔;卡罗·奈德尔;理查德·斯内另;苏珊·丹尼

主题:转寄:转寄:请转寄这封信 ☺

这个在 Mayo 医院的小男孩患了重病,他知道自己快死了。你们知道,有些"满足愿望基金会"专门帮助患不治之症的孩子满足临死前的心愿,现在这种情况就类似于此。这个小男孩喜欢电脑,他的愿望是通过在互联网上永远发送的连锁信一直活下去。这不是开玩笑。如果你们中有人愿意将这封邮件发送给尽可能多的人们,他的愿望就可能得到实现。(**这不是仅仅为了一次性的哗众取宠而发布的连锁信!**)它从头至尾充满了发自内心的诚意。

[还有许多转寄者的名字和他们充满同情与支持的评论在这里被作者删除了]

———————转寄的邮件内容如下———————

发自:安东尼·帕金

〈Parkin@MayoHospital.health.com

日期:1996 年 4 月 17 日,星期三,12:46 +080 发往:Amy E Nyg-aard [邮箱地址在这里被作者删除了]

主题:我临死前的心愿

我的名字叫安东尼·帕金,你不认识我。我今年 7 岁,患了白血病。我用 Gopher 找到你的名字,我想请你帮我实现我临死前的愿望,将这封连锁信第一个发出去。请将此信发给五个人,你知道这样我就能永远活着了。

非常感谢

你刚刚读到的上面的东西是什么? 不是别的,正是我在 1997 年 1 月 3 日收到的一个电子邮件。关于小安东尼你怎样看? 他渴望不朽的做法是毫无意义,还是有一点意义,还是具有非常重要的意义? 为什么他的信的转寄者会感到有某种义务帮助他实现愿望,即使他们在通常情况下厌恶参与连锁信活动? 假如安东尼在得知他的活动受到支持之前就死去——他的愿望实现与否对他有没有不同的意义?

上一章我们讨论了意义区别和真实区别,因此我们知道,对于安东尼来说,他的愿望实现与否没有**真实**区别但是有**意义**区别,即使他无法经验到这个区别。我们在他死后做的事情仍在意义层面上对他至关重要。

在《本底抉择与道德理论》一书中,我详细论述了理念性的超越性问题。[①] 但是,在那里我没有说明它同不朽概念之间的紧密联系。这里,我将在新的语境下以类似方式重申我的论证。

正如我们在上一章论述的那样,我们根据构成一个人本身的意义结概念

① Zhai Zhenming, *The Radical Choice and Moral Theory: Through Communicative Argumentation to Phenomenological Subjectivity*, Dordrecht/Boston: Kluwer Academic Publishers, 1994, chap. Ⅴ.

理解人格,人格因此超越出人的物理性存在。即使一个人的人格同一个人作为行动主体的地位密不可分,人格的范围仍远远超出一个人的行动能力之所及的范围。人格也超越出一个人的物理死亡,即使一个人具体在世生活是其人格所由以构成之意义结的支撑者。意义结与具体的一个人的**概念**不同。我们甚至可以谈及人格的**存在**,如果这种说法不导致形而上学实体性的话。关键在于,即使我们不敢确定是否我们可以说人格**存在**,但是我们已经表明我们有关人类生活的语言假定了它的基本功能。正如我们前面提到的,像成功、所有权以及道德等概念都假定了任何一个人除了有关事实的意见或知识外,还具有非经验的意义。

上面所说很容易被误解为意味着某种我们熟悉的东西,即人是知道自己行动意义的存在。但是这种看法前定了我们的存在逻辑上可以同意义结分离的,正是这种可分离性的假定使传统人格同一性论证产生问题。我们这里想说明的是,意义结既不同于我们对意义的知晓,也不同于任何一个单独孤立的意义,确切地说,它是我们谈及人格时不可或缺的东西。人格因此被理解为超越空间和时间的,没有人能够终止它,它必然是不朽的。但是,人格也由于一个人的欲求而植根于其经验生活中。

我的欲求是我生活的一项重要内容,为了能够欲求我必须实际地生活在世界中。我具有欲求的能力,表明我拥有意动主体性。但是,我的欲求的满足超出我的生活之外。下面,我用我在另一本书中使用过的两个例子来说明这一点。

假如我欲求我的曾孙之一成为伟大的音乐家,这个愿望的实现与否都将在我死之后才能了解。如果我曾孙中的一个真的成为伟大的音乐家,则我的欲求被满足;如果他们中没有一个人成为音乐家,则我的欲求不被满足。因此我死后发生的事情影响着我的生活的实现——不是由于实际结果而影响,而是通过它同我的期望或筹划目标的一致与否进入我的人格并因此进入环绕我生活的意义结来影响。这样理解,则我的欲求的满足不必要求我实际经验到这种满足。

假如,贝丝把知道她的亲生父母是谁看作她生活的重要部分之一。但是她直到老死都认为她称为"父亲"的那个人就是她的生父,而事实上却不是。按照她自己的标准,她失去了她生活的那重要部分了吗? 在相当重要的意义上,她失去了,即使她实际上从不知道这个事实,并因而在死前从未经历到精神上的幻灭。也就是说,她的人格因独立于其实际生活经验又同其生活密切相关的意义结的歪曲而受到影响。

在上面两个例子中,欲望的满足不是一个心理事件:达到欲望的目标、平息欲望、安抚意动。换句话说,欲望并不是在经验中得到满足的。既然欲望作为一种意动的主体性的一种乃是意向性的,它们的对象并不必然限制于一个人的生命范围之内并在那里得到实际的满足。因此,如果我对 X 有所欲望,而 X 的实际实现超出了我的生活经历,那么,我对 X 的欲望便只能在超越性中得到满足。因为一个人欲望的超越满足是至关重要的,因此,比如说,基于一种全盘幻觉的经验满足之生活,在心理学上可能是令人愉悦的,但却实在是不值得一过的。毫无疑问,我们在这里所说的是生活本身,而不是一种生活的观念。在这里我们甚至看到,即便某个人生活中所有的体验在他自己或别人看来都是活跃的和丰富的,但在其本真性中,这种生活依然可能是未曾得到实现的生活。这再一次表明,意义结对于人类生活是至关重要的。这个意义结使具体的个人得到了同一性,并可以发展出不同于这个人或任何其他人想要的甚或了解的样子。

在这种意义上,我们人格内涵的形成远远超越我们的生活,即使我们不相信来世或灵魂。同样,我们所说的欲望及其满足也适用于其他意向活动及其超验的对应物。一个人的预言也是意向性的,可能在其死后被证实或否证,该结果则有助于其人格意义结的形成。

设想,一个五百年前去世的历史学家曾预言 2005 年会爆发第三次世界大战,而现在(1997 年)我们确实看到这一危险并努力阻止这一预期的战争,那么,就牵涉于战争与预期之间的思想关联之中的意义结而言,我们所做的一切大大有助于这位历史学家人格的形成。请记住,即便现在没有人知道这个历史学家的预言,因而也没有任何这方面的记载,情形也仍然如此,因为意义之间的关联并不取决于任何经验的互动。因此,无论何时我们阅读柏拉图的《理想国》,当我们理解或误解他的思想时,我们都在重塑柏拉图的人格的内涵,即使柏拉图无法经验到这一切。但是,这种超经验的联系,是通过柏拉图写作这本书的活动植根于柏拉图的经验生活中的。

无论如何,作为主体性的一种本质特征,意动的筹划将我们的生活经验与超经验的构成主体性联系在一起。就生活经验的意义乃是基于这个人的人格意义结而言,它确实获得了相同的先验主体性的非经验特质,尽管它又与人类生活的经验层面直接相关。

实际上,我们的人格概念是流行的人之灵魂概念的替代物。灵魂概念的困难,在于它试图将两个不相容的观念结合在一个概念之中。一方面,灵魂作为一个人经验意义的连续体,被认为是不占据物理空间并与感觉无涉的。另一方面,灵魂还被认为能像空间实体一样四处活动,并像生理存在一样经验感性世界。然而,一个人的人格拥有一个人存在的所有意义要素,而与此世生存以及实体性的生存观念无涉。

现在,尽管意义内在地与一个意向主体存在着一种现实或潜在的联系,但是任何人对一种具体意义的实际觉察,并不是此意义进入其人格意义结的必要条件。然而它通过意动的筹划植根于这个人的实际生活中。因此,一个人通过意向的且总是超越自身的主体性的运作参与到意义中,就此而言,在这个人停止生存后,世界中所发生的事情由于进入其人格而仍然与之有关。正如主体性不是一种独立的、不依赖他物的存在而"存在"的实体一样,人格也不必是某种幽灵式的类实体的东西;或者干脆说,它一定不是。

实际上,在中国传统中一直就存在着这种与不朽灵魂不同的不朽观念。中国人认为一个人可以通过三种方式成为不朽的:做伟大的事业(立功)、树立伟大的道德榜样(立德)或者说出伟大的道理(立言)。很明显,这三项事情都与灵魂无关;然而,它们都同意义结的来源有关:你在告别这个世界时能给人类的总体意义留下多少贡献?

但是,正如我们所知,人格的超越性同一个人生活的经验内容逻辑上是分不开的。只有活着的人才能够有欲求、期待等等。而正是有欲求或期待之类的行为,才使一个人的经验性或超越性满足成为可能。

原则上,当我们谈论任何超越的东西时,我们必须同时假定一个经验上可识别的对应物在超越的东西之下,并贯穿其中。在这方面,超越的人格同超验的观念性保持着密切关系。当我们说观念性逻辑地先于客体性时,我们的意思是,只要我们理解经验世界,我们必定从观念性的维度——即从意义的维度来理解,这是超验地决定了的。当我们试图理解观念性自身时同样如此,即,我们在观念性的维度理解它。但是这并不意味着我们在理解时可以不以经验为依据把握观念性的意义。可以肯定,超越的和观念的东西必定超越某种非自身的东西。这在某种程度上表明,超越的人格如何以及在何种程度上同先验的主体性相关。因此,由于人格就是植根于个体的人的度规的内容,前面讨论的人的度规如何超越出经验的客体性就变得十分明显了。

因此,人格标明了使一个人同另一个人相区别的充满意义的独特领域。一个人的人格同所有其他人的人格相互交织在一起,因而我们有一个公共的人格互联领域。这是因为,我们不仅为了分享植根点的公共根据地而在现实世界中相互作用,而且也在观念性的领域进入彼此的意义结。

然而,这并不意味着我们能分享同一人格。每个植根点综合体的独一无二性,保证了每个人格意义结单元的唯一性。正是从一个人的独特人格中发源出的意图,导致其在现实世界中的行动。原则上,没有一个人的人格同另一人相同。因此,就像主体性一样,一个人的人格超越出世界的自然秩序,因此使我们在较弱的、非经验的意义上成为不朽的。现在,我们终于能够理解,为什么小安东尼将他的永生愿望同赛博空间的无限可能性联系在一起,是具有非常重要的意义的。

四、即将会发生什么?

本书不是关于虚拟现实技术未来发展的预言,因此我们不必列出虚拟现实未来发展的时间表。实际上,本书所论证的观点之有效性不依赖于虚拟现实将来是否繁荣或衰落。我们将虚拟现实的**观念**扩展到其逻辑极限,是为了看清如果我们遵循这种发展路径,虚拟现实对于我们人类生活和整个文明的本体论意义。

但是在完成紧张而扣人心弦的哲学论证之后,我们可能想放松一下,试图看一下在我们的有生之年能够发生什么——如果你像我一样还有几十年好过的话。这种预测不依赖于作为本书之强调的逻辑强制性,毋宁说它是以根据最新科技报道进行的大致推断为基础的。

娱乐,可能是虚拟现实流行的第一个公众领域。人们推测,虚拟现实或早或晚将代替电视和电影。即,代替观看,你将参与到故事之中。在这里,虚拟现实扩展部分的发展要比基础部分快得多。因此,我们在初期仍可以将虚拟现实经验称为"虚幻的"。

虚拟现实何时以及在何种程度上真正代替其他娱乐依赖于许多因素,包括技术、社会政治、经济、意识形态以及心理等因素,关于这些我不比别人知道得更多。不过我们有理由假定,在不久的将来将会产生复杂性程度与下面所述类似的事物。

1. 洗一次虚拟淋浴

你去一家娱乐园买一张"虚拟淋浴"门票,轮到你的时候,你进入衣柜间脱下你的衣服。然后,就会有激光扫描器扫描你的身体,磅秤称量你的体重。接着你走进一个橱柜里,它像花生壳包花生一样把你包住,唯一的不同是你的四肢被分别包起来。这个外壳是由重材料做成的,但是和你皮肤相接触的表面植入了微型传感器和刺激作用器,它们能够给你的全身上下带来连续变化的触觉和热的刺激。外壳是由精密复杂的马达驱动的,马达则是由接收外壳传感器发出信号的计算机控制。在你的脚下是一个踏车,它能够使你随意走动但不离开你的外壳。当然,踏车的移动也是由于你的走动传送到计算机,再由计算机进行控制产生的。你的眼睛正前方是三维屏幕,你的耳朵则套着立体耳机。在这种装置下,你可以自由活动你的四肢和整个身体,但是你的外壳也将通过传感器使你感觉到压力、温度和物体重量等相应变化。

系统一旦开始运转,你就浸蕴在三维环境中了,你似乎就站在浴盆中,一丝不挂地等待着淋浴。你弯下腰来,推动把手打开水龙头,就感到热水从喷头中喷出来洒满你的全身;你看到和听到的一切都和真的淋浴一模一样!

这种"虚拟淋浴"是比较容易实现的,因为热水流过全身的感觉是重复性的;水流的表象亦然。我们不必以严格的方式将触觉和视觉表象协调起来。因此,如果我们有一个触觉记录系统,就能够事先将触觉和视觉表象编好程序或记录下来。另外,由于淋浴不需要非常复杂的身体移动,游戏者被限制在一个狭小的区域内,移动履带的结构也不必非常复杂。因此一次"虚拟淋浴"不需多大的计算力就能给游戏者带来难忘的深刻感受。

2. 网上购物

今天,在线购物的最大问题之一是顾客在购买之前不能看到和摸到商品。由于虚拟实境标记语言的出现,许多三维网站建设起来了,但是这距离我们在第二章提到的以网络为基础的赛博空间还很遥远。

在可预知的将来,一些具有局部触觉刺激作用的半拉子虚拟现实将会出现。你不必穿紧身服,也不用在踏车上走。你只需戴上头盔和手套,就能捡起一只玩具小熊翻来覆去地看,当抓紧它时听到它发出"哎哟"声。你也可以拿来一台录音机,按下播放键听它放歌。当然,这些不过是为了做广告而设计的虚拟商品。如果要查看你想买回家的实物,就必须建立一个非常精密的遥距操作系统。但是这在在线购物领域是不大可能很快实现的。

3. 虚拟现实会议

现在,多媒体会议越来越普及。但是虚拟现实会议对技术的要求远远超过多媒体。虚拟现实会议必须是浸蕴性的,并且除了立体声音与图像的协调外,还至少需要一部分触觉的协调。在虚拟现实会议中,参加者应该可以互相握手、分发传递文件并在上面签字。这种即时性协调可能要求远多于"虚拟淋浴"的计算力,但是这也会在不久的将来得到实现。

4. 遥距做爱

在第二章讨论赛博性爱和人类生育问题时,我们认为,在同自然世界具有本体对等性的可能虚拟世界中,赛博性爱是不可或缺的部分。它能够通过数码刺激、感觉浸蕴和实用遥距操作的完美结合得到实现。然而,在不远的将来,可能会有不涉及生育的较为简单的赛博性爱形式出现。

我们不必遵循光盘脱衣舞表演的模式。或许,这可以发生在夫妻之间——当其中一个在商务旅行或由于其他原因与另一个分离的时候。在类似于第二章所描述的环境下,这里做爱者性器官的移动不必即时协调。不过我们可以添加更多的乐趣,比如改变做爱场景——这时性伙伴要能够任意变大和缩小以便从不同的角度和距离观察自己。他们也可以改变他们的外表和身体大小或形状以经验更多的多样性。或者,在前戏时互相交换视界以经验性爱的心灵融合。这种视界交换在结构上同第一章提到的亚当和鲍伯的交叉通灵境况是对等的。

5. 钻越……

医学应用是杰伦·拉尼尔涉及虚拟现实的最早的应用研究领域之一。这些应用属于所谓的扩展实在。比如,像我们前面所说的那样,通过电子或机械设备产生视觉浸蕴效果,使医生能钻进你的身体中,钻越你的内部器官。利用这种钻越技术,建筑师和他们的客户能够在房子建成之前就进行实地检查,就像在建好的房屋中一样。实际上,一些用虚拟实境标记语言建立起来的三维网站已经具有类似功能,只不过缺少浸蕴体验。

6. 虚拟现实教育和虚拟艺术

当前,华盛顿大学的 HITL 实验中心可能是虚拟现实教育应用的前沿。比如,学生可以"进入"分子的结构中。至于虚拟现实艺术,不难想象一个雕刻家处于虚拟环境时会是什么样的景象。拉尼尔作为一个音乐家,对虚拟现实音乐一直非常热衷。事实上,虚拟现实的整个扩展部分就是浸蕴形式的艺术,这是由虚拟经验的艺术本质决定的。我们庆祝其成为新的人的度规栖居地,它使我们极富创造性,从而有一个意义极为丰富的人生。

当然,那里将会产生更多我们可以预见和不可预见的东西。我相信,单是迪士尼世界就会在他们的音响室和电影院里给我们带来越来越多的虚拟现实刺激和乐趣。日本人在未来几十年内也会不断给我们带来惊喜。

无论下一步可能发生什么,我们不想将视野局限在看得见的将来。要记住,我们真正关心的是虚拟现实终极潜能的本体论内涵。

五、虚拟现实与本体的重建

由于人格是超越的,并通过一个人的意动主体性活动植根于这个人的经验生活中,则这个使超越的人格成为可能的结构必定就是使我们成其为人的东西。即,人的度规必定就在植根于经验的超越性人格之中。

正如我们所论证的,赛博空间是一个集体建造的平台,我们在那里通过自己创造的数码感知界面产生我们人类的经验内容。在这个平台上,构成的主体性、主体间性和客体性的统一以清晰生动的具体形式表现出来。在某种意义上我们可以说,虚拟现实是一连串终极化的意义结,或感知化的理念性。

虚拟现实是流变的,这种流变性不仅促进我们自我肯定的创造行动,而且激发我们自我超越的再创造行动。它使我们能够以游戏的心态体会弱意义上的不朽,这种自物质客体化了的外化世界回归的心态必定是一种严肃的游戏精神。这样一种流动于赛博空间的游戏精神正促使我们开始练习在本体论的"解码流"中徜徉——套用法国哲学家吉尔·德勒兹的话说。

有人可能会反驳说,由于我们在赛博空间的活动是无后果的,故虚拟现实剥除了作为人类意义生活必要条件的伦理内容。经过前面章节的论证,现在我们可以来解释为什么这种看法是一种曲解。一方面,它将原因和结果本末倒置了。人类生活的善依赖于其生活意义,而道德就是关于对这种善所负的责任。因此在人类生活中,意义性是比道德更根本的东西,而非相反。另一方面,我们在虚拟现实基础部分的遥距操作同我们在自然世界的活动一样具有后果性。因此,道德在这里仍保留着它的后果关联性甚或更多——如果虚拟现实增强了我们控制自然过程的能力。我们对行动后果所负的道德责任,难道不是同我们对后果所做的创造性贡献成比例吗?

马歇尔·麦克卢汉(Marshall Mcluhan)使我们知道,大众媒体的有形和无形力量在多大程度上形成着我们社会心理层面上的自我认同,在这一点上,雪莉·特克尔更加强调影响力日益超过电视屏幕的电脑屏幕。但是,正如我们所论述的,虚拟现实或赛博空间揭开了我们在形而上学层面上的自我认证结构。既然伦理学的目的是服务于我们的社会生活,我们就不能将自然世界的后果主义态度作为普遍的价值标准。除非我们追溯到作为道德基础的终极意义之源,否则我们就不能超越出当下自明的具体判断而为任何试图将我们预设的道德法则普遍化的论断提供正当辩护。请听听我们的幻想家麦克尔·海姆是如何想的:

总的说来,虚拟现实正在我们同技术的关系中引出一些新的东西……毕竟,虚拟现实不是以人工形式再生的世界吗?……我们正将自己放到创造全部世界的位置上,在那里,我们将度过我们生命的一部分。[①]

是的,我们将有选择地度过"我们生命的一部分"而不是我们的全部生命。人类文明已经通过信念、仪式、风俗、制度、习惯、艺术、论证、神话等要素的结合设想了实在的本质。由于这种结合没有诸要素间和谐互动的具体例证作基础,我们总是需要对其进行阐明。但是,只要我们试图去阐明,总会产生这些要素自身在符号层次的一致性问题。由于我们只能使用概念去阐明,我们便不断陷入某种无望的争斗:一方面我们需要无所不包的综合,另一方面我们又倾向于依赖独立的语词功能。我们假定感知世界的背后存在着不可知的"实在"世界,却不知道这种假定必然导致自相矛盾:不可知的东西被当成可知的理解怎能不造成自相矛盾呢?

随着虚拟现实的发明,我们开始走向形而上学的成熟阶段。我们不必经历消极的寂灭就可以看穿所谓物质厚重性的把戏。我们拥抱虚拟现实,因为它可以成为我们参与终极再创造的舞台。

---

① Michael Heim, *The Metaphysics of Virtual Reality*, New York/Oxford: Oxford University Press, 1993, p. 143.

附录一
杰伦·拉尼尔的虚拟现实初次登场访谈[*]

一次早期虚拟现实访谈

这次访谈,记录了我在二十多岁第一次告诉世界关于虚拟现实的东西时,在思考与想象中迸发出来的一些遐想。它大约于 1988 年在《全球评论》上第一次发表,但是访谈本身是在更早的几年进行的。这次访谈,被以许多种语言再版多次。

亚当·海尔布伦(Adam Heilbrun,以下简称 AH):"虚拟的"一词是计算机术语。你能向那些不熟悉这个概念的人们阐明它吗?

杰伦·拉尼尔(Jaron Lanier,以下简称 JL):或许我们应该了解一下虚拟现实是什么。我们正在说到的,是一种使用与计算机相连的服装来合成共享实在的技术。它在新的平台上重新创造了我们同物理世界的关系,这样说一点也不为过。它不影响主体世界;它不直接影响你的大脑中正在发生的事情,它只同你感官感知的东西直接发生关系。在你感官另一边的物理世界通过你的感官被感知,它们分别是眼睛、耳朵、鼻子、嘴和皮肤。实际上它们不全是孔窍,并且也不止五种感觉,这不过是老模式罢了,所以我们现在继续依照这样的说法。

在你进入虚拟现实之前,你将看到一堆衣服,你必须穿上它们才能感知到一个与物理世界不同的世界。这类服装大多由一副眼镜和一双手套构成。确切地说会有什么样的衣服还太早,因为有太多不同的可能样式,因此现在真的太早,还不能预言哪一种是最流行的。一套最小化的虚拟现实装备会有一副眼镜和一双手套供你穿戴。眼镜能使你感知虚拟现实的视觉世界,它上面镶嵌的不是透明镜片,而是更像两个播放栩栩如生画面的小立体电视。当然,它们比小电视更加复杂,因为它们必须向你展现一个可以乱真的立体世界,这里所涉及的一些技术还有待实现,不过这是一个很好的设想。

当你穿戴好装备时,你会突然看到你周围出现一个新的世界——你看到虚拟世界了。它是完全立体的,并且就环绕着你,当你转动头部四下张望时,你在眼镜里面看到的图像也随之变化,画面的设计使你觉得就像是在虚拟世界中四处走动一样,而你实际上仍站在原地。图像来源于非常强大的特殊计算机,我喜欢称它为家庭实在机器。它就在你的房间里,并且同你的电话输出插口相接。我马上会更多地谈到家庭实在机器,但是现在我们先说一下眼镜。

眼镜还有另一个用处。在镜柄的终端各有一个小的耳机喇叭,很像一个随身听,从那里你能够听到虚拟世界的声音。这里没有什么非常特别的,它们就像你平常用的随身听的喇叭。你从那里听到的声音是经过处理后的立体声,这是稍稍有点不太寻常的;它们来自一定的方向。眼镜还能做其他事情,它们装有能够感知你的面部表情的传感器。这一点很重要,因为你是虚拟现实的一部分,你穿的衣服必须尽可能多地感知你的身体变化,然后用信息来控制你身体的虚拟版本,也就是你和其他人所感知的虚拟现实中的你。因此,例如你可能选择在虚拟现实中变成一只猫,或者任何东西。打个比方说,如果你是只猫的话,你会被这样连接起来,当你在现实世界中微笑时,虚拟世界中对应着你的那只猫也在微笑。当你的眼睛四处瞄射时,猫的眼睛也四处瞄射。因此,眼镜也有感知你面部表情的功能。

　　头部配置、眼镜——它们有时被称为眼视风（eyephones）——你必须记住我们正在目睹一个文化在这里诞生，因此许多术语还没有被真的固定成为一个专门用语。我想，在我们明确地决定这些东西叫作什么以及它们确切地要做什么之前，我们必须给从事虚拟现实工作的人一个机会，在这些不同的可能性中进行挑选。不过在这里，我所描述的东西是非常自然而可以理解的一套装置。你的手戴上手套，它们让你觉得手伸了出来，并且感觉到原本没在那里的东西。手套表层的里侧装有触觉刺激物，这样，当家庭实在机器让你感觉你的手正在触摸一个虚拟物体时（即使那里本来没有物体）你会实际上感觉触摸到了这个物体。手套的第二个功能是，它们能让你在实际上同物体相互作用。你可以捡起一个物体并且用它做事情，就像用一个真实的物体一样。比如说，你可以捡起一个虚拟棒球并把它掷出去。因此，手套能让你同这个世界相互作用。它能做的还不止这些，手套还可以测量你的手正在怎样移动。这非常重要，这样在虚拟世界中你就能够通过看你的手的对应图像的运动来看你的运动。你穿的衣服不仅向你传送感觉，而且测量你的身体正在做什么，这是非常重要的。

　　运行虚拟现实的计算机将利用你的身体运动控制你在虚拟现实中所选择的任何样子的身体，这些身体可能是人的，也可能是完全不同的其他东西。你可以变成一座山脉、一条银河或者地板上的小卵石。还可以是一架钢琴……我曾经想变成一架钢琴，我对变成乐器非常感兴趣。你还可以有一件乐器，除了在虚拟现实中演奏音乐之外，你还能以各种各样的方式去演奏，通过演奏而创生出实在的东西，这是描述随心所欲的物理现象的另一个方式。你能够用一个萨克斯管演奏出城市和舞动的光线，你能够演奏出由水晶做成的放牧水牛的平原，你能够演奏出你自己的身体并且随着你的演奏不断改变自己的形象。你能够在一瞬间变成天空中的一个彗星，然后逐渐展开变成一个蜘蛛，比从高空上面俯视的你的所有朋友们的行星还要大。

　　当然，我们要谈一谈家庭实在机器。家庭实在机器是一个计算机，按照

1989 年的标准，它是非常强大的计算机，但是在将来它不过是一个普通的计算机。它有很多工作要做，它必须重画你的眼睛所看到的图像，计算出你的耳朵听到的声音，计算出你的皮肤感觉到的质地，这一切速度都非常快，以至于造出来的世界就和真实的一样。还有一个非常重大的任务，它必须同其他人家中的家庭实在机器进行信息联系，这样你才能同他人共享实在，这是个非常重大的任务。这是个非常特别的计算机，它使 Macintosh 看起来就像一个小斑点。

AH：当你第一次穿上服装，开始知道家庭实在机器时，你被提供一个类似于 Macintosh 台式机的东西，这意味着有一个工作空间并且可以使用工具在里面工作吗？

JL：这还是一个文化问题。关键在于，在虚拟现实中并不需要一个总体的比附，而在计算机中需要一个总体的设计比附。在现实生活中，我们习惯于经常转换背景。你在客厅里以某种方式做一些事情，然后又去上班，然后又去做一些完全不同的事情，比如说去海滨度假，你还可能处在更加不同的心灵状态下，这是很正常的。所有那些地方是真正不同的生活之流，我们把它们同全部生活情境联系在一起。完全不需要一个统一的范式来经验物理世界，在虚拟现实中同样不需要。

虚拟现实不像计算机下一步将要发展成的样子，它比计算机的概念远为宽广得多。计算机是一个特殊工具，虚拟现实则是一个可选择的实在，你不应该为虚拟现实设定极限，而这是计算机必须要有的，也能使计算机成为有意义的东西。设定极限是荒唐的，因为我们在这里人工综合的是实在本身，而不只是一个特殊的孤零零的机器；它比 Macintosh 包含了多得多的可能性。

下面的情况有可能会发生：家庭实在机器将会有能力扫描它所在的房间和你的眼镜所在的地方。当你第一次穿上虚拟现实服装时，你看到的第一样东西将是一个物理房间的另一个版本，那里是你的起始点。所以，举个例子说,如果你正在你家的客厅里,穿上虚拟现实服装——让我们假定你的客厅里有一个长沙发、一套架子、一扇窗户、两扇门、一把椅子;除了有这些东西,它还具有一定的延伸界面(墙和天花板)。当你戴上眼镜时,你看到的第一个东西将是一个具有同样维度的你的客厅的另一个版本。无论客厅里的东西在什么位置,它在虚拟世界中都会有某种对应物。对应客厅里的椅子所在的地方,虚拟世界中也会有某个东西在那里。那里可能不再是一把椅子——虽然很可能就是一把椅子。家庭实在机器将会造出一个替代物,目的是防止你撞到东西上。还会有一些原始的简单工具供你使用。举例来说,计算机中将会有联系人名录的对应物,当然,它们看起来并不像一本名录。它们可能是巨大的格架,装设一百万英里宽的格架结构,但是重量非常轻,你能够自己拖过去,用它们归档各种不同的物体,做成一个真正的你可能去探究的不同物体的博物馆。你可能将其中之一放到你的房间里展览。你还非常可能有很多圆筒形的头套,无论什么时候你将其中的一个戴到你的头上,你就发现自己转换到另一个世界或者另一个宇宙中了。类似的情形将会有很多。

AH:这些头套会是你自己创造出来的东西或者它们将以软件包的形式出现吗?

JL:一开始会有一些。它们将被用户团体在一定的时期内公共地创造出来,我们中间的一些人将会开始做这样的事。过些时日,你一定会做出你自己的来。但是你必须记住的是,虚拟现实是一个比 Macintosh 等更宽广的概念。它的目的将是一般的人与人之间的联系,而没有这么多种类的工作要做。Macintosh 台式机被设想为一种桌面工作的自动化的工具,因此他们使用桌面的比附。很明显,它相当恰当并且非常成功,他有一个在文化层面的匹配。虚拟现实被设想为实在的扩展,为人们中的大多数人提供另一种实在,使他们共享经验,因此最常见的比附是像汽车、游记、不同的国家、不同的文化之类的东西。

举个例子说,你很可能有一辆虚拟汽车,你能够驾驶它到处游逛,即使你实际上是在一个固定的地方。它将穿越不同的虚拟现实疆域,这样,你能够绕过它们——也许这就是交通转换站。因此你就可以有地理上的比附。很可能发展出新的地理构架,比如说——有一个虚构的行星,那里有新的大陆,你能够投身进去发现新的实在。在虚拟现实发展的早期阶段,你只能在进入其中后才能看到虚拟现实。到了后来,将会有更复杂的虚拟现实,在那里你能够将虚拟物体和自然物体混合起来,这样你就能在一个混合实在中生活一段时间,并且你能够看见你的自然环境,好像你是戴着太阳镜似的,但是也会有非自然的物体混在其中。那将是更靠后的阶段。我们已经开始发展技术做这些事情,但是这是一个巨大的工程,完成起来更复杂。

在虚拟现实中,任何工具都是可能的,那里将会有一些绝妙的工具。在虚拟现实里,你的记忆能够被外在化。因为你的经验是计算机产生的,你当然可以把它保存下来,因此你可以在任何时候播放你过去的经验,这些经验都是以你的视界为出发点的。假定如此,你能够组织你的经验并且利用你的经验,利用你的被外化了的记忆,作为你将在 Macintosh 中称为"发现者"的东西的基础。这将是非同寻常的事情,你可以将整个宇宙放进你的口袋里,或者你的耳朵后面,并且随时可以把它们掏出来查看。

AH:从技术程序上讲,你如何着手播放你的记忆?

JL:你实际上要做什么?瞧,这是非常个人的决定。在虚拟现实中你必须理解这一点,每个人都可能拥有非常具有个人气质的工具,这些工具甚至是他人看不见的,但是这是共享实在,我们关心的要点是,你可以使用你的工具施加影响,这就是最重要的事情所在。而且互相看见对方的工具也是件很爽的事;这是很亲密的情形,也很有趣。要是我的话,我可能会把我的记忆的方式弄成……我想我会把它们藏在我的耳朵后面。我想象把手伸到耳朵后面,把它们拉到眼前,然后,我会突然发现自己正戴着我本来没戴着的双光眼镜。在眼镜的下半部分我看到了虚拟世界,它似乎是被共享的;而在上半部分,我正在查看我的过去的记忆。当然,这不是真正的双光眼镜。从现在起,无论何时我谈到某样东西,我都是指虚拟事物,而不是自然事物。那里将会有一个机器,它看起来像是验光师用的机器,你能够从那里弹出一些小的镜头到空中;那里将会有这样一个机器浮出来到我跟前,我能够弹到空中的每一个镜头过滤出我的历史的不同方面。一个会说,"好啦!滤出不在这个房间里的所有东西";另一个会说,"滤出不和这个人在一块的任何东西";还有的会说,"滤出不涉及音乐的所有东西";等等。当我将所有这些滤片弹到空中时,我便会有关于我的历史的越来越窄的视域,因此我看到的历史就会越来越少。

我可能会以不同的方式命令另外的滤片弹到空中,我可能愿意按照经验它的时间先后命令它,或者我可能愿意按照它在虚拟地理空间的位置远近把它播放出来。然后我有一个小装置,一个我能够把我的记忆向前或向后调节的旋钮,我可以同时弹出滤片。这些滤片也可能改变它们呈现的方式,比如说,它可能使特定种类的东西变得更大更亮。如果我只是想从过去找出乐器,我可能贯穿我的历史前后搜索,乐器将非常容易找到,因为它们会更大更亮,而它们仍在原来的背景中,因此我依然能够依靠我的内在记忆——它在背景下记录东西。当然,我有点将事情简单化了,因为我现在只是使用虚拟现实角度的话语。我将有同样的可触知和能发声的记忆。然后,如果我看到我想带到当前实在中的东西,或者如果我看到一个旧的记忆,我想同现在身边的人们以不同的方式重新体验它,我能够把它从里面拉出来(只不过是将手伸到那个记忆里把它拉进当前情境中)或者我们全部能够爬进记忆里去——两种方式都行,这无关紧要。

AH:所有这些记忆如何从你的脑海中弄出来进入虚拟现实?

JL：他们从来就不在我的脑海里。你知道，他们是外部实在的记忆。让我们假设你正在虚拟现实中进行几分钟的体验，也许你正坐在土星的光环上——无论你是在做什么。为了让你感知到你所感知到的一切，为了感知你看出去的空间之寥廓，以及你回头望到的一个巨大的土行星等等，为了感知到这些，家庭实在机器会模拟出这些感觉。它在产生你在眼镜中看到的图像，它也在产生你从耳机中听到的声音，它还在产生你在手套内侧感觉到的质地。它完全能够像储存任何其他的计算机信息一样把这些储存起来，它们就在那里。你完全可以播放你经验过的东西，经验成为你能够在计算机文件夹中储存起来的东西。

我知道这听起来可能很可怕。我是第一个对以信息代替人类经验的恐怖提出警示的人。我认为信息就其本身而言是一个可怕的概念，它剥夺了我们生活的丰富性，它剥夺了我们每一分钟的欢乐活动和下一时刻的神秘性。不过，外部经验不是内部经验，虚拟现实的外部经验真的就是计算机的文件夹。道理就是如此简单。原因是整个事情的运作在于，从一开始，你的大脑花费了很大力气使你相信你就在一个连贯的实在中。你能够在物理世界中感知到的实际上是非常不连贯的，你的神经系统做的许多工作就是在你的感知中掩盖这些裂隙。在虚拟现实中，这是大脑为我们工作的天然倾向，一旦那里有一个开端，大脑将倾向于认为物理世界或者虚拟世界就是你身在其中的实在。但是一旦大脑认为虚拟世界是你身在其中的实在，突然之间，似乎这项技术就运作得更好了。各种各样感知的幻觉活动起来掩盖了技术中的瑕疵。世界突然变得比其原应所是更加生动逼真了，你感知到原本并不存在的东西。你感知到物体的抵抗力，当你试图推动它们时，才发现事实上那里根本就没有物体，等等，诸如此类。

绝对物理学

AH：为了界面互动，你能不能在你的浸蕴环境中相互交谈？当前的声音识别技术好像并不怎么样。

JL：你能够相互交谈，这将是一件很棒的事，但是这根本不是核心问题。事实上，这是相当表浅的东西，至少从我所想象的虚拟现实来看，我相当确信这不是它的一个非常重要的层面。这得花一点时间来解释为何如此，但是我认为应该解释！关于虚拟现实有几件特殊的事情要记住，正是这几件事情才使得它很重要。一是这是一个实在，在其中任何事情都是可能的——只要它是外部世界的一部分。这是一个没有限制的世界，一个像梦一样没有拘束的世界。这也是一个像物理世界一样可以共享的世界，它和物理世界一样是共享的和客观实在的，不多也不少。确切地说，它是如何共享或者怎么实在，还有待探讨，但是，无论物理世界有什么东西，虚拟现实也会有什么东西。关于虚拟现实，最精彩的是你能够在虚拟现实中虚构实在并且与他人共享。就好像有一个合作运演的透明的梦，就好像我们有着共享的幻觉，除了你能够像创造艺术作品一样创造它们外，你能够从根本上以任何方式构思这个外部世界作为一种交往活动。

问题在于：这么说吧，假如你有一个你能够改变的世界，你如何改变它？你仅仅向它说话它就变成你吩咐它成为的样子了吗？或者你还要做点别的？现在看来，你如何能通过谈话改变这个世界，这还是一个真正的限制。举个例子说，想象你正试图教一个机器人安装汽车引擎，你对这个机器人说，"好了，现在，把这块和那块连接起来，上好螺栓"之类的话。你能够在一定程度上成功，但是对于一个人你真的做不到这样。你必须向他们显示一番，你不能用语言来运转这个世界。语言是非常有限的。语言是穿越实在平原的一个非常非常狭窄的溪流，它遗漏了许多东西。这首先并不是因为他遗漏了一些东西，而是因为语言都表现为由离散符号组成的川流而不同于由连续体和各种姿态构成的世界。语言能够表达关于世界的东西，但是词语不能完全描述绘画，也不能完全描述实在。你只能通过仅存在于虚拟现实中的特种物理学来探查实在,这就是我所称的绝对物理学。前段时间我一直在做软件,它将能够使绝对物理学在虚拟现实中生效。现在,暂且回到物理世界,在物理世界你只有很少的东西可以快速变化,作为进行交流的方式。大多是你的舌头,其次就是你身体的其余部分。你的身体基本上就是你能够进行实时交流的物理世界的幅度,但是你能够如你想象那样快地同它交流,这就是用身体交流的方式。然后,要想继续改变物理世界,你需要工具。你可以旋转开关把一个黑暗的房间突然变亮,因为那里有个开关。物理世界的技术,其大多数功能是以这种或那种方式扩展人的身体,这样它就可以作为人类活动的媒介。问题是,你能够拥有的这些工具其种类是非常有限的。你不可能只用一盏灯的开关就把白天变成夜晚,或者用一个把手将房间突然变大或缩小。你可能会有工具给你的脸涂上颜色,但是没有工具能把你从一个物种变成另一个物种。基本说来,所有那些绝对的物理学就是指从根本上包含任何种类的因果关系的物理学,因此你能够拥有所有这些工具。一旦你有了这些工具,你就能开始使用你在虚拟现实中选择的无论什么样的身体,使用这些工具以各种各样的方式快速地改变世界。然后,你就有了能够即兴创造实在的观念,这是虚拟现实最令我兴奋的事情。

AH:这个界面看起来像什么? 如果我想把这个茶杯变成绿色的,我要做什么才能使它变绿?

JL:有很多方式,不止一种。有一百万种方式可以使这个茶杯变绿。你可以虚构出新的茶杯,你可以改变放在那儿的那个茶杯。瞧,你用来改变实在的工具是有点个人性的。在实在中,改变的结果是更社会性的东西。对于这个人们会带上一点气质特征,这将是某个人个性的一个方面。你必须理解这些工具是什么,在虚拟现实……事物是大不相同的,你身边始终能够有各种各样的工具。事实上,记忆在虚拟现实中是外在的。你有一个你的生活的影片,你随时可以把它拉出来。里面有你曾经使用过的所有工具。你可以很快地找到他们,你会有各种各样的工具。现在,你将这个茶杯变绿的方式可能是用某种小的涂色设备。我将拥有的这种涂色设备是一个小棒一样的东西,我捡起的一个小棱镜。我转动它,它向我的眼睛反射出彩虹。无论何时,只要颜色看起来合适,我就会握紧它,无论它随意指向什么,它指的东西就会变成那个颜色。这就是我个人的方式,你可以使用完全不同的其他方式。

广播媒体和社会媒体

AH: 现在,我们正在目睹外部世界中的共识实在的终结,由于社会的大部分没有关于实在的共同观点、共有假定,它的政治反响似乎相当令人恐惧。虚拟现实不会进一步削弱共识实在吗?

JL: 这是一个具有多重角度的复杂问题。我可以就其中几个角度谈一谈。其一,要理解共识实在与虚拟现实的观念属于两个不同的序列,这是很重要的。共识实在包括一系列主观的实在,而虚拟现实仅属于客观的实在,也就是说,后者是外在于感官的共享的实在。但是这两者之间在多种层次上发生相互作用。另一个角度是理想上的,我可能希望虚拟现实为西方文明的许多人们提供一个接受多样实在的体验,这种体验在其他情况下是被拒斥的。地球上的大部分社会都通过某种独特的方法在不同的时候去体验极端不同的各种实在,这包括宗教仪式及其他各种各样的方式。西方文明倾向于排斥它们,因为那是一些小伎俩,我认为虚拟现实不会被排斥,因为这是终极的伎俩。在许多方面,它都是玩意和伎俩的极致实现。我认为它将为西方经验带回一些曾经迷失的东西。

至于为什么如此,那可是一个大的话题。它将带回某种共享的、神秘的、彼岸性的实在感受,这种感受,对几乎每个还没落入巨大的家长式权力统治之下的其他文明和文化，都是非常重要的。这可能导致某种意义上的宽容和理解，我希望如此，但是，这里还有更加丰富的内涵。我经常担心，这是一个好的技术还是一个坏的技术？对此，我有一个小的试金石。我认为，如果一个技术提升了人的力量甚至是人的智力，并且这是它唯一的功能，则它从一开始就是一个邪恶的技术。我们已经有足够的力量和聪慧去实现很多东西，我们的所有问题都是在这一点上自我生发出来的。另一方面，如果这项技术有一个趋势促进人们的交流、共享，则我认为它是一个大体不错的技术，即使它可能在许多方面被不恰当地利用了。我经常举出的例子是，电视是坏的而电话是好的。我可以一直这样继续下去。

我希望虚拟现实提供更多的人与人之间见面的机会，它趋向于培养同情、减少暴力，虽然那肯定没有最终的万能药。人们不得不成长，这得花很长的时间，非常长的时间。那里也有一些其他层次的相互作用。你瞧，虚拟现实一开始是作为媒体出发的，就像电视或者计算机或者手写的语言，但是一旦它被应用到一定程度，它就不再作为媒体了，而是完全变成我们能够栖居的另一个实在。当它跨越了那个边界时，它就成了另一个实在。我认为它就像一个海绵，把人类的活动从物理实在的平台吸收到虚拟现实的平台。这种转移在多大程度上真正发生，就在同样的程度上呈现出一种非常有益的不对称关系。当虚拟现实从物理的平台吸收了有益的能量时，则你所抵达的虚拟现实成了美丽的艺术、精彩的舞蹈、出色的创造性、完美的可以共享的梦幻以及激动人心的冒险。当虚拟现实从物理的平台吸收了坏的能量时，我们在物理层面得到的是一些或多或少减小了的强力和伤害，而在虚拟现实层面的相应的事件虽然可能更为丑陋一些，但不会有任何实际后果，因为它们是虚拟的。

芭芭拉·斯塔克（Barbara Stack，以下简称 BS）：除非它们被组织起来，不过这样一来就变成教化宣传的工具了。虚拟现实不见得是无后果的设置吧？难道它不会使参与者变得更加野蛮吗？

JL：哦，物理实在是悲剧性的，因为它具有强制性。而虚拟现实是多重渠道的，人们可以选择并变换他们所在的虚拟现实平台。他们也可以简单地脱下他们的紧身服配置，如果他们想摆脱它的话。你很容易将物理世界视作理所当然从而忘记你就在物理世界之中。（是的，这是一个有待解释的困难的评论。）但是，当你进入虚拟现实时你很难忘记你是在虚拟现实之中，所以你也不容易在这里面遭罪。你可以干脆就把紧身服配置脱下，轻易离开它。

AH：萦绕在我心头的图像之一，是在我成长过程中看过的《猫和老鼠》（*Tom and Jerry*）卡通片，那里有一个可选择实在，你能够看见某人被蒸汽压路机压扁，然后"砰"地爆裂，然后又成为一个完整的人。我认为那里吸收了许多想象王国里让我们目瞪口呆的东西，我们已经成为不知道别人痛楚的一代。

JL：虚拟现实与电影或电视的情况非常不同。我将要说一些绕圈子的东西，但是它正好回到你提到的这一点上。电影和电视首先是广播媒体，因此一个设备必须产生你看到的影像。而且，生产这种影像是非常昂贵的，因此很少人能够有机会去做。因此，要制作这种影像变得超格外地不现实，从而大家看到的都是一样的东西。它对人们有麻痹作用，并且钝化人们的同情心。电视极大地削弱了人们的同情心，是因为人们在这个世界中不再相互作用或者承担责任或者直接相处。一份统计资料显示的美国人在看电视上所花费的时间实在令人震惊，这也能够在很大程度上解释我们在这个世界中的活动和我们同情心的缺乏。人们宁愿花更多时间观看电视，对社会来说是毁灭性的。此时他们不再是一个有责任感的个人或社会人，他们只是被动地接受媒体。

现在，虚拟现实恰好相反。首先，它是像电话一样的网络，没有信息起源的中心点。但更为重要的是，在虚拟现实中由于没有任何东西是由物理材料制造的，一切全是由计算机信息构成，因而在创造任何特殊事物的能力方面，没有人能够比其他人更优越。因此,不需要录音室之类的东西。当然也可能偶尔需要一个,如果有人拥有更强大的计算机产生某种影响的话,再或者,有人将拥有一定天才或者声望的人召集到一起。但总的说来,就创造能力而言,人与人之间并没有什么与生俱来的差别。这意味着将存在着这样一个不同形式的混杂。那里将会有介入虚拟现实制作的电影工作室,但是我认为如果有的话,更可能是一些像"实在行吟诗人"那样的小企业家在旋转的实在中旅行。将要出现的是这样一个巨大的形式变化,即"东西"将变得廉价起来。基本说来,在虚拟现实中一切都是无限供给的,除了那种最神秘的东西,也即那被叫作"创造性"的东西。当然,还有时间、健康和其他那些依然真正内在于你身体中的东西。但是就外在的东西而言,它们是无限的、精彩的、丰富的、变化多彩的和等价的,因为它们都能够被很容易地制造出来。因此,真正有价值的东西,作为一个虚拟现实背景下的突出位置的引人注目的东西,与物理世界中的引人注目的东西相比是大不相同的。在物理世界,一点点的超越或新奇常常使事物格外引人注目。一千美元钞票在物理世界中会很突出,但在虚拟世界里,一千美元和一美元钞票是没有什么区别的;它们仅仅是两个不同的图案设计,它们都可以变成你能够让它们成为的那样多。他人的参与是虚拟现实这个聚会场所的生命。他人的参与,使虚拟现实获得无穷魅力并展示出独一无二的品性,他们使得虚拟现实充满令人惊奇的未知和惊讶。人的个性将更加突出,因为表现形式会变得如此廉价,由于表现形式如此不费力气,人的个性将更加得到彰显。

　　我们可以做一个有意思的简单的实验。先观察一个人看电视,他们看起来像一个没有灵魂的人偶。然后再去看一个人使用电话,他们看起来充满了生气。不同之处在于一个是广播媒介,另一个是社会交往媒介。在社会交往媒介中,它们同人们相互作用。虚拟现实正如此,并且比任何曾经有过的其他媒介更加如此,包括像口头语言之类的东西,我认为。这样你将看到人们被调动起来了。当人们进行社会互动并且能看见对方时,尤其是在如此"透亮"（就在这个意义上来说）的背景下……由于所有的形式都是可变化的,虚拟现实世界异常地缺少阶级或种族差别或任何其他形式的妄自尊大。在虚拟平台中,当人们的个性相接触时,他们抛弃了在物理世界的一切装模作样,我想这将是一个大大改善交流与强化同情心的非凡工具。在此意义上,它将对政治具有正面的影响。你不能真正地问虚拟现实的用途是什么,因为它实在太大了。你可以问一把椅子的用途是什么,因为它很小,可以有一个用途。有些东西是如此之大以致它们成为背景,或者成为问题。

AH:这就是我们所说的范式转换。

JL:我认为,虚拟现实将产生、提高并且在某种意义上完善文化的后果。我的观点是,我们的文化已经被技术那难以置信的影响变态地扭曲了,不过,这是在技术还相当不成熟的时候。我的意思是,电视是一个不可思议的、反常的东西,它将作为 20 世纪的一个奇异技术被记住,罗纳德·里根只能存在于电视中。我们必须记住,我们正生活在一个非常奇特的泡影中。虚拟现实,通过创造一个普遍到首先更像一个实在,其次才是技术的东西,几乎结束了一个时代。我认为拥有虚拟现实的理由是无所不包的,它可以是消遣,可以是教育,可以是表现力,也可以仅仅是纯粹的工作,也可以是疗法——所有这些东西。所有这类你将在语言或物理实在或任何其他非常广博的人类追求中发现的东西。

AH:在过去几年里有许多不确切的关于盖娅的讨论,说我们的星球是一个有机体。我们能够用什么样的观点看待虚拟现实变成那种有机体的外在化的意识?

JL:这是一个有趣的问题。虚拟现实代表着在自然呈送给我们的神秘秩序之上的一个新的神秘。这是一个谜，因为它完全是人工制造的，在此，正是在虚拟现实中的参与者彼此之间的交互作用点上，这种神秘才被创造出来，他们将这一混沌状态创造性地转换成为一个全面的值得去经验的实在。我自己并不认为机器能成为有意识的，这不是说我反对这种观点；我只是认为这个问题一开始就问错了。但是我的确认为那里将会有一个新出现的社会意识，它只依靠虚拟现实的媒介就能存在。虚拟现实是第一个恢宏到可以不对人的本性的发挥施加限制的媒介。它宽广到可以接纳我们的天性的任何部分，让我们不加限制地生活在其中，这是以往任何媒介都不能胜任的。它是我们能够在其中展现我们的本性、相互展示我们的整个本性的第一个媒介。事实上，这些都是相当含糊的，因此让我们这样来说，当我们能够自己制造自然时，我们就可以移情于自然，并且充分地欣赏它。

在我们现有的这个文化中，我们已经将自己同自然隔绝开来。我们的自我对于我们是非常重要的，我们干脆把自己从环境以及全部生活之流之中分离出来。将要发生的是，在虚拟现实中我们将重新创造这种生活之流。这种生活之流无论在何处都是同一个流，因此我们在虚拟现实中创造的将既是一个新的流，也是同一个永恒之流的一部分，我们将突然成为……瞧，现在那里有一个反对意见。我们在这个世界的威力、我们的行动产生的影响，一直都是通过对物理质料下手才办到的。我们以这种方式对自然事物施加影响是非常慢的，因此，为了避免白费功夫，我们不得不限制我们的行为方式。现在，在虚拟现实中，我们突然变得有力量了，因为我们能够无须那种限制而行动。它容许我们不只是希望像上帝那样行为，它使得我们实际上就像上帝一样行为，尽管是在模拟的世界中。但这真的是无关紧要的，因为这个模拟的确重新创造了一个于我们而言，与物理世界所扮演之角色相同的世界（它是一个外在的共享实在）。它将我们同自然之流重新结合起来。因为终极地看，我们创造的一个新的流只是同一个自然之流出现在一个新的地方。我们将非常留心它，因为我们将能够感到在这个世界我们威力无比，而我们在物理世界却感觉不到这种威力。我们偶尔也可以用用原子弹,但我们能做的几乎就是这些。这实际上是非常有限的,我想这非常令我们感到灰心。我想我们都感到就像自己刚刚出生时那样——我们想做的是如此之多,但是我们能做的却如此之少。我们能够做到的就是尖叫,然后我们学会说话,接着可能我们学会一些技术,能够对世界做更多的东西,但是我们从未克服这种可怕的受挫感:我们不能令我们周遭的与他人共同分享的世界像我们的想象一样随我们的心而变动。这是如此令人灰心丧气! 我们属于这个世界,我们在这个世界中行动,但我们却被限制在其中。

当然,虚拟现实只是让我们暂时突破了某种限制。我们仍然依赖于我们的物理身体而存活,我们仍然是有死的。它可能在一定程度上还突显了我们的必死性,从而使得它比现在更难叫人忽视。人们想象虚拟现实是一个逃避主义的东西,在那里人们将更加脱离现实,更加感觉迟钝。我认为事实恰好相反:它将使我们强烈地认识到在物理世界成为人的东西是什么,这是我们现在一直误解的,因为我们如此浸蕴于其中,而不知其庐山真面目。

硬件

AH:这些要通过电话线连接起来吗?

JL:绝对要。很明显,我们不是说现在的电话线,而是未来的电话线,因此整个计划不是下一年将要发生的东西。这要等到光纤维电话线配置进入到美国家庭,但是这已经有了开始,有相当数量的线路已经安装好了。我要为带有技术眼光的读者指出,虚拟现实要求的带宽实际上是相当低的,因为你仅仅同数据库里的变化交流信息;你实际上不必通过电话线发送图像或声音。因此这实际上是较低的带宽通讯。几乎现在的电话线就可以使用。事实可能是,如果你有几条而不是一条电话线,你可能已经具备初步实现的条件。因此,在实现这项技术上,这不是一个主要瓶颈。

AH:你能粗略描述一下现在这些东西的基本模型,以及沿着这条路还要走多远我才能在自己的家中拥有一套虚拟现实设备吗?

JL:哦,现在还太早。我们所处的虚拟现实的阶段,类似于计算机科学在其最早期所处的阶段。虚拟现实所处的阶段,或许类似于计算机科学回到1958 年或1960 年时的样子。系统的建立是相当大的工程,它有特殊的用途。只有庞大的组织机构能够负担得起。但是这将会改变,虚拟现实的发展变化比计算机的发展变化更快,第一个耳机、头镜在 1969 年由伊万·萨瑟兰(I-van Sutherland)发明出来,他也是计算机图像技术的奠基者。实际上,人工智能的奠基者马文·明斯基(Marvin Minsky)在 1965 年就做过一副,不过真正将整个事情进行下去的是萨瑟兰。手套首先由汤姆·齐默尔曼(Tom Zim-merman)发明出来。现在的手套则是由扬·哈维尔(Young Harvel)设计的。这些人都来自 VPL。现在,所有这些我描述过的基本元件都有了,虽然它们还处在相当原始的阶段。总的系统也开始工作了,虽然是以相当原始的方式。这类设备的最尖端技术大概被紧锁在军工工业缔约公司的大门的后边,这些公司的人员根本不会出来谈论他们的秘密。作为一个完整系统工作的最有趣的一个,是在美国宇航局的 Ames,被称为 View Lab。它是由迈克·麦格里维(Mike McGreevy)和斯科特·费希尔(Scott Fisher)合作装配起来的。

VPL 有一些精彩的惊喜等待着你,但是这些引人入胜的东西还没有到被公开的时候。几年之内,你将可以开始体验虚拟现实。在大学里将会有虚拟现实房间,学生们可以在里面做项目。我想想会有相当引人注目的热闹的游乐园乘坐项目,这不值得我们费心考虑。我想到过这么一个主意,开放一个虚拟现实大厅,它将是比较文雅一些的。它有点像一个沙龙,在那里人们可以进行虚拟现实交谈,并有一些原始的经验,不过这些经验是合作互动的。

这不能搞得像一个游乐园,不能设计一些愚蠢的经验内容,比如让你喝某种软饮料、看某个电影、买某件衣服等。相反,这更像一个虚拟沙龙。我想这将是非常棒的,或许几年后我们将看到这样的东西,我是这样希望的,也是这样认为的。具体是几年可能是比较含糊的,我不得不这么说,因为存在如此多的未知数。但可以这么说,在三到五年后,这些东西将到处都是。它们会非常昂贵,因此不可能进入你的家庭,但是许多人将可以通过那些机构和企业体验它们。另一方面,Mattel 已经从 VPL 得到生产数据手套的许可,这是价格便宜的被用作 Nintendo 游戏的手动控制器的东西。要说你的家庭拥有它们,我看这大约要到 20 世纪末,到那个时候才能实现。可能你不必自己买回整套的装备,而这整个过程可能只是通过电话公司来完成的。他们将会拥有全部服装,或者他们有一部分,而你有另外一部分。现在它还相当昂贵,但是到了世纪的转折点,我认为它不会很贵了。你将为你使用的时间付费,这很像电话所采用的方式。从商业的观点看,我认为电话是与之极其类似的一种技术。现在,电话机是如此便宜,你干脆就把它买回来。但刚开始的时候,电话公司持续拥有这些电话装备,他们只是通过你的话费账单来赚你的钱。

　　几年后,我们将看到医用虚拟现实,在那里残疾人能够体验和他人相互作用的整套动作,不能动或者瘫痪的病人将能够体验到一个完好身体的运动状态。另一个医疗用途是拥有外科手术模拟装置,这样,训练外科医生就能够像我们现在训练飞行员一样,无须拿活人来冒险就可以进行学习和操作。当然,外科医生可以用尸体来练习,但这是不同的东西。尸体与能够真正有反应的身体不同,后者会真的流血,但在一具尸体上你没有出同类差错的可能。有一些人正积极地从事这项研究工作,如斯坦福的乔·罗森(Joe Rosen)博士和罗伯特·蔡斯(Robert Chase)博士,他们都从不同的角度研究这个问题。乔·罗森可能还作为神经芯片的发明者早就为一些人所熟知,不过那是另外的话题了。

　　另一个领域是微型机器人，它们能够进入人体内，它们将会有显微镜照相机和小手。你可以将你的活动传输给机器人，机器人将把它的感知传送给你，这样你就会有在病人身体内的感觉，从而完成微型外科手术。事实上，有一些人现在正在致力于这一技术的探索。我确信当前的这些尝试还没有一个算得上是成功的，但是已经有人在试图做这件事，我相信有一天我们将会见到成果，我想到 20 世纪末就能完成。

　　BS：当我考虑到，在一个以我们见证着的方式发展着的社会里，我想要什么样的晚年以及什么样的晚年将是可能或可行的时候……如果我不得不被锁进一个非常小的房间里，我就会想被锁进这样的房间，在这个房间里有很多我钟爱的机器。因此它多少会使我们的晚年活跃一些，在这个过程中，我们不是同碰巧在这个社区留在家中的人联系，事实上，我们是在同遍及世界的我们想联系的人们联系。但是另一方面，这将为他们把我们管起来提供一个好的借口，因为毕竟，我们得到了我们的机器。这将是一个对付我们的廉价方式……

　　JL：是的，这当然是一个可怕的设想。我告诉你最生动的虚拟现实经验是离开它回到自然世界时的体验。因为在进入那种人工的实在之后，随着内在于其中的所有限制与相关的神秘性的丧失，仰望自然就是直接仰望阿佛洛狄忒（Aphrodite）本身；它在直接感受一个美的对象，此感受的强烈程度是前所未有的，因为我们以前没有某种作为与物理实在相对照的另一种实在的体验。这是虚拟现实给我们的最大礼物之一，一个被复苏的对物理实在的察知。因此，我不确定要说什么。我确信坏的东西将会伴随虚拟现实出现；作为它的一部分，可能会是某种痛苦，因为它是一个非常大的东西，而世界可能是残酷的。但是我认为总的来说它倾向于增强人们对自然、对保护地球的感受性，因为他们将会有一个对比点。

后符号交流

AH:虚拟现实能够与一个带有类似于 Xanadu 的世界知识的数据库进行界面互动吗?

JL:哦,虚拟现实提出了这样一个问题——"什么是知识和什么是世界?"一旦世界本身成为可改变的,它就变成即时性的了,在某种意义上被描述成为过时的东西。但是这就进入了另一领域,可能要花较长时间叙述。简单地说,有一个观点我非常感兴趣,称作后符号交流。这意味着在虚拟现实中,当你能够如你所能地即兴创造实在并且与他人共享时,你真的不再需要描述这个世界,因为你完全可以制造任何可能性。你真的不需要描述任何活动,因为你能够创造任何活动。是的,那里将会有类似 Xanadu 一样的知识数据库,但我还是认为 Xanadu 概念仍然将知识与世界分隔开来。Xanadu 仍然是将网络中的描述联系到一起的一种方式,它仍然是非常描述化的。虚拟现实真的开辟了一个超越描述的疆域,它超越了描述的概念。

AH:在我看来,似乎这将会是不错的设想:让我们拥有一个巨大的知识库,把来自历史的伟大思想和图像输入其中,从而成为我们创作虚拟现实的原材料资源。

JL:绝对如此,绝对如此。这将是非常精彩的。

AH:仅仅是将其看作舞台背景而已。作为遗产,我们拥有这些布景、道具和服装。

JL:是的。虚拟现实是非常普遍的东西,它能够做许多事情。你可以虚构一个虚拟的 Macintosh，它将像真正的 Macintosh，或者一本书、一座图书馆、一段梵语经文、一本便笺簿或任何其他东西一样起作用。它将完成所有这些事情，并且所有这些像物理世界中的事物一样活动的虚拟现实中的事件与结构是非常重要的，因为它们发挥的是桥梁作用。我认为它们将是必不可少的。事实上，我将要告诉 Xanadu 的人们关于作用界面的事情，了解清楚我们正在做什么以及他们正在做什么。这样，我们从出发点开始后将会有一座桥梁。我不知道他们对这些东西有何感觉，但是我认为从虚拟现实的观点看，Xanadu 可能会成为一个从虚拟现实到物理世界的标准作用界面，因为它将有物理世界中的最好的描述库。计算机依靠描述而存在。然而，我们不会。

让我们假设，你乘坐时间机器回到正在酝酿语言的产生的最早生物的时代——我们的远祖时代，然后给他们穿上虚拟现实服装。他们还会发展出语言吗？我怀疑不会，因为一旦你可以以任何方式改变这个世界，这是绝对的权能和口才的表达模式：它使得描述好像有点受局限了。我不完全知道这意味着什么。我不知道直接的实在化通讯会是什么样子，没有符号的实在即席创造会是什么样子。我怀疑是否我们能够永远地把符号抛之脑后，因为我们的大脑已经发展得适应于符号；你知道，大脑有一个语言皮层。所有单个符号都是我们所感知的指谓其他事物的东西。因此每一个符号至少有一个双重本质，一个是当你不把它理解为一个符号时它自身所是的东西，另一个就是它意指的东西。比如说在一首诗中，既有这些词语作为一个集合所指谓的东西，然后也有内在的节奏和印刷格式，以及其他作为一个人工品的所有非符号层面的东西。甚至那些东西也可能有符号的层面。举例来说，一个铅字组可能表示某个东西，但是它自身也是一个铅字组。这就变得有点复杂了，给哲学家们提出了问题。我们简直看不到可以用来进行大规模交流的非符号的方式，我们的生活正是围绕符号建立起来的。关于符号，我所指相当宽泛，包括手势、图画和语词。虚拟现实将开始一个全新的平行的交往之流。关于没有符号的交流像什么样子，我一直致力于一个全面的表述。它有一个不同的节奏。举例来说，在符号性交流中，你有提问、回答，以及限定着这一交往之流的模式机制。在虚拟现实中，由于人们是以合作改变一个共享实在作为交流的方式，你将拥有的是相对的静态特性对非常动态的特性的结点。那会是在世界被快速地改变和它有几分安顿下来之间的这种节奏。这个节奏就好似语言中的一个句子之类的东西。在口头语言中你会有试图寻找下一个字句而暂时停顿的现象，并且在此时发出"嗯……嗯……"之类的声音。虚拟现实中将会出现同样的东西，在那里人们将经历一个从实在中出来的空白间隔，准备他们对共享实在的下一个改变。

　　我能够指出在一般意义上它可能像什么的大致方向，但是要想举出完全生动贴切的例子来，很明显是几乎不可能的。不过我会给你举出几个试试看。如果我们考虑这样一个经验，你正在向某个人描述某个东西——让我们假定你正在描述生活在东海岸这些低劣的暴力城市里是什么样子，以及你对于生活在似乎相当安全和美好的，却也相当乏味和茫然的加利福尼亚城市如何有一套完全不同的期待。现在，去描述那些东西……我刚刚做过。我刚刚想出一些关于纽约和加利福尼亚的城市像什么样子的简单的符号描述。在虚拟现实中，可能只要向来自另一个城市的另一个人播放一下这个人的记忆就行了。当你直接任意地招手，发出指令让外部实在被播放、创造或者即兴演练时，描述就非常狭窄了。现在，描述还令人关注，是因为在它的狭窄性中它的确为诗意带来了可能性，这大概是全面的后符号交流中所没有的，在这里你始终只能创造整体上的经验。另一方面，在始终创造整体的经验中，你可能会参与某种合作，在这种合作中你真的不能使用符号，在此人们能够一起建造一个共享的实在。我认识到这些东西是很难描述的，这是正常的。我试图描述的是超越描述本身的交流。这一观点可能被证明是错误的；结果可能是，没有符号和描述的交流只是一个可笑的想法和不明智的企图。因此这真的是一个伟大的实验，我想它将非常有趣。

　　当然，没有符号的交流已经经常性地发生了。首先，接收非符号讯息的最明显例子是同自然的联系。当你走在森林中自然向你传递信息时，你的直接感知是完全先于或超越符号的。这是无须证明的，任何企图反对这种判断的语言专家都是不值得倾听的。一个显而易见的没有符号的交流例子是当一个人移动自己的身体时的情形。你没有向你的胳臂或手发送一个符号，你同你自己的身体的交流是先于符号的。一种最为精彩和明显的无符号交流的例子是在清晰的梦境中。当你神志清醒地做梦时，你知道你是在做梦，你控制着梦。这更像是虚拟现实，除了它不是共享的以外。你与你的梦进行交流的方式是没有符号中介的。在那里你正编织着这个世界，编织着世界中的任何东西，这里是没有符号的，仅仅是使其如此罢了。而现在，当然了，这些都是被提炼了的例子，是一些已经存在的被提炼的非符号交流例子。然而，全部生活当然已经被非符号交流深深渗透了。一本书有它的非符号层面；我的意思是，一本书是作为一件物体的一本书，它先于能够被译解的作为符号承担者的一本书。一切事物都有符号的和非符号的层面。一个事物不是一个符号，只是你能够使用任何事物作为一个符号。你把一个东西用作符号时它才成为符号，但是每个事物也是其物自身；每个事物有一个基本的物体性。（像这样的拐弯抹角的句子是导致我去寻求后符号交流的原因之一！）

AH：虚拟现实同赛博空间的图景有怎样的关系呢？我们在近年的科幻作品中已经看到如此多的有关后者的内容。

JL：虚拟现实更好。我的意思是，赛博空间只是另一套东西，那里有青少年的幻想的展开。在这些小说中，像《真实姓名》(*True Name*) 和《神经漫游者》等，人们不能用人工实在做任何特别有意思的事情。

AH：这就像 CB 广播。

JL：正是。赛博空间就是虚拟现实版的 CB 广播。这是一个很好的比喻。它是一种没啥内涵的应用。

AH:就人们在 D&D(Dungeons & Dragons)游戏中不得不幻想的自由而言,那里所表明的想象力如何受局限是令人惊奇的。

JL:我完全同意。并且我相信虚拟现实中也会有世俗性,因为世俗性是人性的一部分。我不太担心这个。虚拟现实的整个"经济结构"的建立是强调创造性,因为它是——正如我所说的——供应短缺的唯一东西。在某种意义上它是真正存在的唯一东西。个性和创造性处处可见,并且形式将越来越不被注意,因为它们无处不在。

AH:那样的话,我们中的那些搬弄"质料"的人会被置于何处?房屋的清洁将是怎么进行的?

JL:哦,质料似乎会更加稀有,房屋会更脏,因为对比而言物理世界将显得更扩展了。从根本上,我不是反物理世界者,也不是反符号交流者。我的意思是,我热爱那些东西。

AH:你能想出一些与这样的历史开创性事件相关的历史上有过的著名图景吗?

JL:噢,很多,很多。天哪,这也是一个巨大的问题。有这么多,这么多。有消失的记忆的艺术——记忆宫殿。西方文化的大多数依赖于被想象的虚拟现实,在这些被想象的宫殿里人们把他们的记忆悬挂起来作为艺术品。为了有一个回忆事物的方式,人们将记住他们的宫殿,在哥特堡之前这是一件非常重要的事。对于一个特殊文化来说,它像音乐或战争艺术一样至关重要,绝对如此。记忆艺术好像逐渐消失了,因为它们变得过时了,但是它们像虚拟现实一样引人注目。这让我们想起了太多的东西,这实在是一个太广阔的问题。我们试图改变这个物理世界。我们已经强暴了这个物理世界,因为我们没有虚拟现实。我的意思是,技术只是我们利用物理世界作为行动方式的一个尝试。物理世界抵制它并因此我们有一直与我们相伴的丑恶。但是虚拟现实是这种类型的行动的理想媒介。总的来说,仅仅建筑学、一般的技术现象真的是最明显的先例,是我们改造物理世界以适应人类行动的需求的一种尝试。这是最强大的先例。哦,如此之大。那时,第一次有人戴上显现一种人工影像(眼前的物理世界里并不存在的影像)的眼镜——我的意思是说我提到的那种被马文·明斯基和伊万·萨瑟兰制造出来的眼镜,是第一副有着计算机影像的眼镜。然而,早在 1955 年,有人已经将立体照相机连接到带有立体视屏的眼镜上了。一些来自 Philco 的工程师把它装配成一个潜望镜一样的装置。有一个立体照相机装在房屋的天花板上,你能够通过它从房屋内部往外看出去。它有一个被限定的追踪角度,因此你能够有穿透房屋一边看过去的感觉。这是非常令人激动的事情。可能现在仍然是。

AH:我可以想象,回到 20 世纪初,第一个看到其立体幻灯机的效果的人将会是怎样得激动。

JL:绝对是。那里有如此多的先例。我想虚拟现实是一个文化高潮的主要中心点。我认为将会有巨大的事业通过它完成,还有巨大数量的东西能够被视为先例。

附录二
虚拟现实未来发展的假想时间表
（不能被当作预测）

为了帮助我们理解虚拟现实概念，我在发表于《哲学研究》2001 年 6 月号的《虚拟现实与自然实在的本体论对等性》一文中建造了如下的假想时间表：

第一阶段：从感觉的复制或合成到赛博空间中的浸蕴体验

2001：眼镜式三维图像荧光屏再加上立体声耳机被装在头盔上，用无线电波与计算机接通。

2008：人们戴上传感手套后，手臂、手掌、手指的动态形象在眼镜式荧光屏上出现，代替触盘和光标。

2015：传感手套获得双向功能，根据计算机的指令给手掌及手指提供刺激产生触觉；视觉触觉协调再加立体声效果配合，赛博空间初步形成：当你看到自己的手与视场中的物体相接触时，你的手将获得相应的触觉；击打同一物体时，能听到从物体方向传来的声音。

2035：压力传感手套扩展至压力传感紧身服，人的身体的视界内部分的自我动态形象在赛博空间中重现。人们能够感觉到自身进入了赛博空间，此空间以自己的视界原点为中心。

2037：传感行走履带或类似的设施与人的两腿相接从而给计算机传送人的行走信号，从而给"不出门而走遍天下"创造了一个必要的条件。

2040：整个人体的动态立体形象与环境中的其他物体形象相互作用，由此产生相应的五官感觉输入。这样，我们身体的动作导致视觉、听觉等的相应变化使我们感受到一个独立自存的物理环境：往前看是汹涌澎湃的大海，一转身是巍峨耸立的群山，回过头来一看还是大海，只是远方刚驶来一只让人痴迷的帆船……

2050：录触机进入实用阶段，利用压力传感服等装备，人们可以录制、重放触觉。

2060：赛博空间与互联网结合，上网即进入赛博空间，与其他上网的人进行感觉、感情的交流，远方的恋人可以相互拥抱。

2070：通过编程控制，人们可以在一定范围内选择自己的形象及环境的氛围，改变感觉的强度。

2080：通过感觉放大或重整，人际交往的内容、感情交流的方式得到巨大的充实、改善。

2090：在赛博空间中的交往成为人们日常交往的主要方式。

第二阶段：从感觉传递的交往过程到遥距操作的物理过程

2100：遥距通信技术与机器人技术相结合，浸蕴在赛博空间的人的视觉、听觉、触觉等由远方机器人提供刺激源：一方面，机器人由计算机和马达驱动，重复远方浸蕴者的动作；另一方面，机器人通过与人的器官——对应的传感器官与周围环境中的物体或生命体交往而得到远方浸蕴者所需的刺激信号。这样，浸蕴者就产生遥距临境体验，也就是说，我将可以即刻到达任何有机器人替身的地方，而无须知道机器人的存在，因为在我的氛围里，我自己的身体形象代替了机器人的形象。

2150：机器人不但给远方的浸蕴者提供感官刺激界面，而且重复浸蕴者的动作主动向遇到的物体或生命体施加动作，完成浸蕴者想要完成的任务，也即我们常说的"干活"。浸蕴者的行走动作是经过行走履带给计算机输送信号然后发射给机器人的,遥距操作初步实现。

2180:遥距操作发展到集体合作的阶段:由不同的浸蕴者控制的机器人替身一起完成复杂的室内或户外作业。

2200:遍布全球的机器人替身可与任何浸蕴操作者一一接通。人们无须物理上的旅行就可到达各个地方,完成各种工业、农业、商业的任务。

2250:机器人分成不同大小和马力的等级,浸蕴者可在这些不同等级的替身之间自动换挡连接,根据需要而达到功率或动作的放大或缩小。在浸蕴者的视场里,物体的形象可以放大和缩小。于是,我要穿针引线时,针孔可放到房门那么大,我可以拿着线走过去。我要把一架飞机用手拿起来,就可把飞机影像缩成玩具那么小,并利用自动换挡系统接通大功率大尺寸机器人替身,从而轻而易举地捏起飞机。

2300:人类的大多数活动都在虚拟现实中进行。在其基础部分进行遥距操作,维持生计;在其扩展部分进行艺术创造、人际交往,丰富人生意义;通过编程随意改变世界的面貌。

2600:在虚拟现实中生活的我们的后代把我们今天在自然环境中的生活当作文明的史前史,并在日常生活中忘却这个史前史。

3000:史学家们把 2001 年至 2600 年当作人类正史的创世纪阶段,而史前史的故事成为他们的寻根文学中经久不衰的题材。

3500:人们开始创造新一轮的虚拟现实……

附录三
视觉中心与外在对象的自返同一性*

现象学意义上的感觉对象的意向性构成,如果要与描述的范畴结构对应,必须以对象的自返同一性(reflexive-identity)A≡A 为基点。这意味着,一个对象要被认定,必须首先使该对象被认定为就是它本身,而不是任何其他对象。这样,形式逻辑的同一律,才可以在有关对象世界的描述中生效。然而,对象的自返同一性的最简单、无歧义的理想模型,就是对象的任一空间点的自返同一性。胡塞尔在《逻辑研究》中试图在智性直观中把握逻辑的同一律与意识的意向性结构之间的联系,梅洛-庞蒂在其《知觉现象学》中对感官知觉的样式与对象世界的本体论前提的关系有过一定的描述,但两者都缺乏对空间点的自返同一性在身体感知中的发生机理进行操作性的剖析,更缺乏对这种空间点自返同一性如何与我们对宇宙大全之"太一"概念形成的关联的阐明。本文试图要做的,就是在一步一步的操作中,对这种机理进行分析揭示。

一、内感觉:触碰点的一与多之含混

把你的两只手斜着伸出去,闭上眼睛,试着在稍微偏离正前方的某个地方让两个相对的食指指尖相碰。如果没受过特殊的训练,你一般很难在你觉得两个指尖应该相碰的时候,让两个指尖真的就相碰了。实际情况往往是,

* 本文原载《哲学研究》2006 年第 9 期。此处略有修改。

当你觉得应该相碰的时候,两个指尖各自都没碰到任何东西。你试着运动两臂调整两指的位置,过一会儿终于碰上了,但相碰的可能是两只手的其他部位,而不是指尖。也就是说,当你看不见两个手指头的位置时,靠你对两只手的位置的身体内感觉,你的知性不能准确判断两个手指头的空间位置。

现在,你还是闭上眼睛,两只手做同样的指尖相碰动作。但另外一个人 L 在你不知的情况下,在那里捣鬼。当他看到你的两个手指头已经接近,并且你在犹豫中调整两个指头的位置的时候,把自己的两个手指尖同时各自触碰你的两个指尖。这时,如果那捣鬼的 L 的动作做得恰到好处,你会有何反应呢? 想想看,当你期待两指尖相碰的时候,两个指尖各自分别碰到的却只是 L 的指尖,但你并不知道实情。这时,你有何理由不认为就是你的两个指尖相碰了呢?

我们做这样的分析:(1)你的左手指尖处给你体内提供的阻力信息,在它触到你自己的右手指尖时与在它触到 L 的指尖时没有什么实质的不同;(2)你的右手指尖处给你体内提供的阻力信息,在它触到你自己的左手指尖时也与在它触到 L 的另一指尖时没有什么实质的不同;(3)你的关于两个手指尖位置的内感觉,正是使你以为它们应该处在同一空间点的感觉。在你不借助视力(或者其他可能帮上忙的外感官)的情况下,这三个相互独立的信息,正是你的知性借以判断两个指尖是否相碰的全部依据。于是,不管你的知性有多么完善,你都不能将 L 在捣鬼时造成的你的内感觉效果与你的两个指尖相碰时的内感觉效果区别开来。这样,因为 L 的干扰是超出常规的意外,在没有被特殊提醒的情况下,你有足够理由做出你的两个指尖相碰的判断,虽然实际上你的指尖碰到的是 L 的指尖。(Gettier 问题展开)

现在,做进一步设想,还有另外一个人 Z 在旁边窃笑,并忍不住告诉你 L 在捣鬼以及 L 是如何捣的鬼。理解了 Z 的描述以后,你又会做出何种判断呢? 此时,你理解到,如果确实有 L 在捣鬼,此时你的两个指尖没有相碰也是可能的。因此,由于你不知道 Z 所描述的情况是否真实,你就不能断定你的两个指尖是否真的相碰了。

现在,我们想要知道,仅靠内感觉,你的知性判断有怎样的结构? 实际上,如果你的知性是正常的,你试图做出的判断可以被分析为三个相互独立的判断、再加上一个综合此三个判断的综合判断。第一,第一个指尖(可定为左指尖)是否碰到了障碍物? 第二,另一个指尖(右指尖)是否碰到了障碍物? 第三,两个指尖是否(现实上)**可能**处在同一空间点? 对这三个问题,纯逻辑上讲,存在八组答案可能的组合:"否否否""是否否""否是否""是是否""否否是""否是是""是否是""是是是"。只有在最后一组,即"是是是"成立的情况下,你的知性才会最后做出一个综合的判断,即"我的两个指尖相碰了"。不过,我们也不妨对其他七组答案的情形进行一一的分析,看看会给我们下面的讨论开辟什么思路。需要事先提醒的是,第三个判断中的"可能"两个字是关键。

(1)否否否。此时,你没感觉到你的左指尖碰到了什么东西,你也没感觉到你的右指尖碰到了什么东西,你更不可能感觉到你的两个指尖可能同处一个空间点而相碰。当你刚伸出双臂、闭上眼睛并伸直两个相对的手指准备相互靠近的时候,你必定做出这种"否否否"的判断。

(2)是否否。此时,你感觉左指尖碰到了障碍物,但右指尖啥都没碰到,并且,你不觉得你的两个指尖在此时有可能相碰。这样,你断定左手指尖碰到的一定不是你的右手指尖,因为你的内感觉使你知道你的右手指尖没碰到任何东西,并且,你的内感觉告诉你两个指尖不可能处在同一空间点相互触碰。譬如说,当你刚伸出两臂开始移动时,那个捣鬼的 L 在没告知你的情况下用他的一个指尖触碰你的左指尖,你就会做出此种判断。

(3)否是否。除了"左"与"右"调换,内容与(2)相同。

(4)是是否。此时,你左指尖和右指尖都碰到了障碍物,但内感觉告诉你,你的两个指尖相距甚远,不可能相互触碰。于是,你就会断定,两个手指尖各自碰到了各自的障碍物。

（5）否否是。此时，你的左和右指尖都没碰到障碍物，但你的内感觉已不能让你区别你两个指尖此时的位置与它们相碰时的位置。但是，你知道，你的内感觉在此失去区分是正常的，所以，从一开始，你就把你借助内感觉做出的对指尖方位的判断放在"可能"的模态之下，这与你对两个指尖是否碰到障碍物的直截了当的实然判断形成鲜明对照。

（6）否是是。此时，你的左指尖没有触到障碍物，而你的右指尖却碰到了障碍物，并且，你的内感觉告诉你，两指尖处于可能触碰的方位。这样，你就判断右指尖碰到的不是左指尖，而是其他什么东西。

（7）是否是。除了"左"与"右"调换，内容与（6）相同。

（8）是是是。只有这最后一组判断，使你得出一个这样的结论："我的左右两个指尖相碰了。"但是，刚才已经说过，L 的蓄意捣乱会让你出错。实际上的情况是，当你的内感觉让你觉得两个指尖**可能**处在同一空间点而相碰时，你的两个指尖并不处在同一空间点上，因而并没有相碰。与你的两个指尖分别相碰的，是 L 的两个指尖。当旁边的 Z 向你提醒时，虽然你的"是是是"的判断仍是有效的，但你马上就会意识到你有可能得出了一个错误的结论。原则上，依靠你的内感觉，你没办法在 L 捣乱时发生的情况和你两指尖实际相碰时的情况之间做出区分。这里的关键是，存在一个空间区域，依靠你的内感觉你不能对两个指尖在此区域中的相对位置作出判断。所以，在没有相碰之前，靠你的内感觉，你只能断定两个指尖"可能"相碰，而非"必定"相碰。这里的"可能"，源出于刚才的"是是是"判断中的第三个"是"，因为这个"是"本来就是"是否可能"的"是"。

这样的话，你如何才能做出确切的判断呢？当然，你睁开了双眼。

二、视觉：空间的绝对零点与自我的同一性

一睁开眼睛，你即刻就可以对你的两个指尖是否相碰做出裁决了。你看

到,正如 Z 所言,L 正在捣鬼,他把他的两个指尖对准了你的两个指尖,而你原先的自己的两个指尖相碰的内感觉,只是错觉。

但是,你为什么要将视觉对两个指尖是否相碰的判断当作最终的判断,不怀疑视觉也会像刚才的内感觉那样出差错呢? 或者,更进一步而言,你为何不以内感觉为准,断定你的视觉"不准确"? 你之所以根本不会怀疑眼睛看到的触碰点与"实际"的触碰点会有什么"误差",是因为你眼睛看到的点就是实际的点本身。所谓"空间点"的最终所指,正是视觉见证的点。这样,谁要说看到的点与实际的点有距离的误差,那就等于说一个空间点和它本身有距离的误差。这种言说,直接违背了逻辑的同一律。

进一步地,借视力判定的空间点的同一性,就是空间点的同一性本身,因此,当你看到两个指尖处在同一空间点时,你就看到了两个指尖所处的空间点的同一性本身。换句话说,空间点的同一性是内在于视觉的本性之中的,空间点同一性是在视觉的运作中原初地构成的,外在于视觉的运作根本就不存在有待于视觉观照的先在的空间点同一性。这里的同一性,没有对其说"可能"的余地,只有直截了当的 $A \equiv A$。

当然,视觉会产生幻象,但幻象中的任意空间点的同一性照样是自足的同一性。空间点的同一性的断定,完全是在现象学层面发生的,这里不涉及现象的背后是否有"实体"承托的问题。设想如此情景:当你看到两指指尖触碰时,你的内感觉却没感觉到两个指尖同时碰到了障碍物,你会做出何种判断呢? 你会想,大概自己看到的两个手指实际上是别人的手指,而某种预先的巧妙安排,使你错误地以为那就是自己的手指。或者,你干脆就怀疑自己看到的是幻象。但是,无论如何,你不可能认为你看到的相互触碰的手指指尖没有相互触碰。

你也许会问,既然是触碰,为何不以触觉为准呢? 在触碰的瞬间,触觉只让你知道两个指尖同时碰到障碍物了,却不会告诉你两个指尖是否互为障碍物,因而两个发生触碰感的点是否在空间关系中为同一点,依靠触觉是没法判断的。内感觉中的身体部位的相对位置感,是以视觉中的空间位置定位为原本参照的,只为你提供与空间位置具有某种相关性的信息。但有关空间点位置的信息虽有助于我们对与我们身体相关的空间关系进行推测,却永远也不是对空间点本身的直接把握。视觉对空间几何关系的把握,属于罗素所说的"亲知"(acquaintance)的范畴,而身体对身体部位相对位置的内感觉,只有在把视场中的空间关系作为指称根据时,才获得某种间接的空间指向。因此,内感觉对空间关系的指示,只限在身体的场域内,并且永远都是模糊的"可能"。经过训练,这种指示会趋向精确,但再精确,也是对另外一种东西的度量。这就像温度计的刻度再精确,也有一个正负误差的"可能"量域,因为那刻度永远不可能是温度本身。当然,我们的触觉,经常帮助我们测知空间的深度,但深度本身,却是两只眼睛的视觉协同作用直接建构而来的。总之,视觉中的空间点是空间点本身,而内感觉中的空间方位感,只是与空间位置的相关性。

让我们把分析再推进一步,以求理解视觉的"看"在自我躯体认同方面所起的作用。现在,你睁着眼靠视觉的指引对准两个指尖相互接近,直到你看到它们相碰。与此同时,你的内感觉也使你感觉到两个指尖相碰了。如果Z在此时又在旁边窃笑,又告诉你一点什么秘密,你还有理由根据他说的话而对你自己视觉判断的真确性再生疑窦吗? 如果他告诉你,其实你自己的两个指头没有相碰,你看到的两个相碰的指头是别人的指头,你会有何反应?

你会说,我的内感觉告诉我,我的两个指尖相碰了,而我又看到了它们相碰,内感觉和视觉相互印证,不可能出错。但Z说,你的两个指尖确实碰到障碍物了,但只是各自分别碰到了各自的障碍物,而不是相碰。你反驳说,那不可能,因为我明明看到,那两个相碰的指尖就是我自己的指尖,并且我看到它们相碰的一刹那,就是我内感觉感到两个指尖都碰到障碍物的一刹那。Z又反问,你怎么知道你自以为看到的自己的指尖,不会是别人的指尖呢? 你的答案是,那不可能,我看到了那两个手指长在自己的身躯上。Z还不罢休,问你，你如何知道你"看到"的你自己的身躯，不会是别人的身躯呢？

你此时为自己辩护而给出的理由，无非有三个：（1）这个身躯的运动我能控制，比如说，在我发出要动某根手指的意念时，我就**看到**它动了起来；（2）我**看到**这个身躯的某个部位被环境中其他东西刺激时，我相应的内感觉（如痛、痒、烫等）就同时发生；（3）这个躯体与我**看时**的观察中心的零距离点相接续。

但 Z 可以告诉你，有另外一个人 L，他能看到你的两个手指头，用即时模仿的方式做与你手指的动作一样的动作，而你看到的正是 L 的手指。这样，你的理由（1）就被驳回而失效了。类似地，Z 告诉你，你看到的是 L 的身躯被环境中的其他东西刺激，而他在几乎同时也以适当的方式去刺激你的躯体的相应部分使你获得相应的内感觉。这样的话，你的理由（2）也被驳回了。那么，剩下的第三个理由，能使你最后断定你看到的躯体就是你自己的躯体吗？

理由（3），其实是最具决定性的判据。在日常生活中，如果在某种偶然的情况下，你不能随时判断你所看到的几个躯体的部位中的哪个与你的视觉中心相接续，你就得依靠（1）和/或（2）了。比如说，你和你的双胞胎哥哥同盖一条被子，他把头蒙起来了，你不知他是在你左边还是右边，但他和你一样在被子另一端伸出一双脚。你光看那四支脚，很有可能不敢肯定哪两只脚是你自己的，哪两只脚是你哥的。但你意图动一下你的脚，看看哪只脚响应你的意念，一般情况下，你就不再疑惑了，你此时诉诸判据（1）。但如果碰巧你哥也同时做了同样的动作，那你就会更加疑惑了，一个意念怎么会导致两只脚同时动呢？到底哪只脚是我的？于是，判据（1）失效。那么你便诉诸判据（2），但在特殊情况下，按（1）的情形类推，我们知道判据（2）也有可能失效。你最后还是得掀开被子看看，依靠判据（3），才能弄清楚哪双脚是自己的。

那么，我们就要格外仔细地分析判据（3）了。由第一部分的分析我们得知，通过视觉对空间的性状做出的判断是对空间本身性状的体认，是绝对正确的。因此，视觉中的零距离，就是零距离本身，而不是对零距离的指示或测量。内感觉,是绝对的空间零点("我")内部发生的事件,所以最多只会有关于空间广延的某种信息,而不可能会有空间广延。然而,"零距离点"即你的眼睛的所在点。你如何断定眼睛是你的? 再回到(1)和(2)吗? 不行,唯一的根据是:距离的"零"。眼睛与什么之间的距离为零? 与你。你是什么? 当然不能说是视场中的躯体,因为判断这个躯体是否属于你,依靠的正是对眼睛与你的距离为零的确认。你就是原初空间点的绝对同一性,你就是零,零就是你的对象性无歧义绝对认同的唯一支点,支点之外只有对象的杂多,以及杂多与你的不同程度的关联。

这样,设想你看到一组躯体随着你的意念做着一模一样的动作,你感觉手掌刺痛时看见这一组躯体的手都被针扎,你怎样确定哪个身体是你自己的呢? 当然,你看不到眼睛的那个躯体就是你的,因为你的眼睛与你距离为零。但是,眼睛只与它自己的距离为零。那么,你就是你的眼睛么? 当然不是。并且,眼睛完全有可能以镜面呈现出的样子与你建立空间关系,而不与你距离为零。瞎子阿炳根本就没有眼睛,但只要你去听听二胡曲《二泉映月》,就会断定,曾经有过一个与眼睛无甚关系的阿炳。失去眼睛,并不比失去一只鼻子多失去一丁点自我人格的同一性。

沿着这样的思路,我们讨论的就再也不是作为空间对象的躯体意义上的身体了,而是梅洛-庞蒂在其《知觉现象学》中讨论的具有本体论多义性的场域性的心灵-身体了。在此处再引入时间性,我们便可以进入到心灵哲学的纵深之中,探索身心关系的奥秘。但在本文中我们不得不先放弃这条思路,而先看看视觉中的空间点的同一性的确认,如何引向我们对无所不包的"太一"的确认。

三、逻辑同一律与视觉的归多为一

同一性,作为形式逻辑的 $A \equiv A$,在广延的对象世界中的无歧义的对应,必定是由"多"聚集而成的"一",因为"多"是客体概念的内在要求。那么,什么情况下,客体之"多"才能聚集成绝对的"一"呢? 有两种情况:(1)在某个无穷小的空间点有无穷多的质料单位相互之间的距离为零;(2)无所不包的宇宙之"太一",亦即无穷多的质料在绝对统一的广延中被囊括。

这里,我们先考察第一种,那就要回到我们以上讨论过的绝对空间点的自返同一性的思路。实际上,刚才讨论的两指尖相互触碰时视觉对空间点同一性的绝对确认,只是此处的第一种聚集的要点片断。两个指尖的"两",与任何多于一的"多"并无实质上的区别。指尖首次相互触碰时,触碰点趋于无穷小,而在这个无穷小点聚集的可以是两个、三个、四个、五个……以至无穷多个无穷小的指尖。

这种聚"多"为"一",只有在广延性的视觉空间中才能发生,而在触碰时产生的内感觉(平时所说的"触觉")的场域中是不会发生的,这已经为我们对触碰过程的分析所阐明。限于篇幅,我们没能将对其他感觉(听觉、嗅觉、味觉等)进行分析得到的结果在此展开,但结论是简单的,那就是,除了视觉,其他感觉都没有在广延中聚多为一的功能。

不过,我们还不明白,第二种聚多为一,即宇宙的"太一",是如何可能的呢? 这种化绝对的"多"为绝对的"一"的综合,与任意空间点的自返同一,有什么必然联系呢?

四、从无穷小的"一"到无穷大的"太一"

空间点自返同一性的确立,同时也就是广延中的任意点的绝对无差别性的确立。一个绝对的空间点,在纯粹的广延中是没有位置的。在纯粹的广延中,没有以质料为基础的参照系,任何一个空间点都与任何所谓"其他"的空间点毫无差别。

当然,我们此处要讨论的是质料的聚集。有了质料的聚集,是否就给广延本身的不同部分带来了差别呢？并不如此。这里暂且略去严格的论证,但我们可以用一个浅显的例子来帮助我们进行理解。一本厚书,放在桌子上。现在,你把它从桌面挪到了书架上。问题是,这本书的广延是留在了桌面上,还是跟着书本上了书架？都不是,因为作为质料之聚集的厚书并不独自拥有一具广延,所以它既不能留下、也不能带走广延。广延是自在的,并且是任何对象聚集的前提条件。因而,逻辑同一律 A≡A 要有客体对应,就必须预设广延的先在性。

于是,综上所述,我们得到以下两条推论:(1)广延中的任一点与所谓的其他点没有任何差别;(2)任何质料的聚集必以广延的绝对性为先决条件。

当你的知性要确定一个具有自返同一性的对象的任何性质之前,问一问这个对象“在哪里”,是天然地合法的。但是,当你问到一个绝对的空间点“在哪里”和整个宇宙“在哪里”的时候,你就预设了广延之外的广延、广延之外的广延的广延……以至无穷。所以,任何一个绝对空间点哪里都不在,整个宇宙也是哪里都不在。

只是,如果有任何东西的自返同一性 A≡A 成立,任一空间点的同一性必先成立。但是,由于任一空间点和任何所谓“其他”的空间点是无差别的,对任一空间点的同一性的确立也就是对所有空间点的同一性的确立。结果是令人吃惊的,那就是,在这里,“一”与“多”是绝对的同一,无穷小与无穷大也绝对同一。刚才说的“两个”哪里都不在的绝对同一,其实就只是一个。这里既不需要经验的证据,也不需要逻辑的推理。这样,我们就能理解,一辈子被关在密室里的人与职业旅行家之间,就对宇宙大全的“太一”的把握上讲,并没有区别。尽管任何人只对宇宙大全的微不足道的部分有过直接的感知,但每个理性健全的人都对宇宙大全之“太一”有直接的断定。

在无穷大与无穷小之间有无穷多的对象,对于这些对象,自返同一性只是思想强加的,只是概念化思维的要求。任何对象,其貌似的自返同一性都是任意设定的。你眼前的电脑,作为广延中的对象,你就不知道到底要在哪个边界与他物分开。键盘、电缆线、插头、插座,是不是电脑的一部分? 这些都随你自己决定,如果你确实需要决定的话。再者,换了大部分软件的电脑,是否还是原来的电脑? 这里的 $A \equiv A$,即使撇开历时变化的因素,也找不到确切的对应。

由此看来,外在对象的确定的同一性,只在无穷小的空间点与无穷大的"太一"那里可以找到。并且,指尖之间的绝对空间点的自返同一的确定,就是无所不包的宇宙的"太一"之确定。这种确定,完全基于视觉对广延距离的无中介的"亲知",此"亲知",与其说是认知,还不如说是体知。如果说,"指尖之间的无穷小就是宇宙'太一'的无穷大"这个说法是个悖论,那么这全是视觉在对象世界中寻找 $A \equiv A$ 的逻辑同一律的客观对应时惹的祸。这种康德式的二律背反,①是以视觉为中心的知性对外在对象的自返同一性进行必要的确立时不可逃脱的境况。并且,只要你想对外在对象世界的事态做出描述和判断,你就必然要诉诸 $A \equiv A$ 的逻辑同一律,这样,视觉中心主义就是不可避免的。所以,并不像某些后现代思想家认为的那样,视觉中心主义只是某种文化传统的偏见。

当然,如果你撇开外在客体的对象性,像伯格森那样转向对精神世界的内省,时间性就取代空间性成为基本的要素。这也许不是对另一种不同事物的认知,而是像斯宾诺莎认为的那样,是对同一事物的不同样态(modification)的探讨。② 但是,无论如何,你如果在此处还有意寻求另一种同一性,即自我人格的同一性的话,那么,就像我曾经论证过的那样,③以空间为框架的外在同一性的确立就无关宏旨了。如果此时你还坚持以视觉为中心,你就会陷入不可救药的混乱,落得个竹篮打水、徒劳无功。

---

① 见康德《纯粹理性批判》。
② 见斯宾诺莎《伦理学》。
③ 见翟振明:《虚拟实在与自然实在的本体论对等性》,《哲学研究》2001 年第 6 期。

附录四
文章与访谈

从互联网到"黑客帝国"：
人类要开始应对无节制的技术颠覆[*]

一、虚拟+现实：瞬时跨越地球握个手一起盖大楼

中国人正在热炒"互联网思维"和"互联网+"之际，谷歌掌门人施密特（Eric Schmidt）却宣称"互联网即将消失"。正像我不久前说过的那样，其实，施密特指的是互联网即将被改造成"物联网"，即从以人与人之间的文本图像交流为主被改造成以物与物之间的连接为主，使人在相互联系的同时能够监控操纵各种人造物和机器设备。

这时，再假设人与人之间的联系是通过虚拟现实界面来达成的，情况又会如何？如果你我分别在纽约和广州，我们可以约好在虚拟世界的某个地址见面，五分钟后穿过地球见个面、拍个肩膀、握手，没问题。与此同时，我们也可以独自或合作操纵物联网中的任何一个物件或机器，完成各种生产和建设任务。

这可不是科幻电影中描写的遥远的未来情景。目前，美国的谷歌、脸书、微软、亚马逊、苹果、英特尔等 IT 巨头，正全力整合资源准备将虚拟现实的软

---

[*] 本文原载《南方周末》2015 年 6 月 1 日。此处略有修改。

件和硬件以可穿戴的形式推向消费者市场。日本的索尼、爱普森,韩国的三星等企业也推出自己的硬件,欧洲各国也都有各自的领头企业积极参与,中国的腾讯、华为、百度、暴风影音等公司,据说也在努力中。

一方面是"虚拟现实"的风雨满楼,另一方面呢,各国政府和非政府的力量正在花很大的人力物力财力来建设施密特所说的"物联网",虚拟现实与物联网融合起来,这意味着什么,无须赘言了吧。

这听起来好像非常高科技并且规模宏大,但对于生活在今天的大多数人的生活方式,真会有啥"颠覆"吗?

进一步设想一下,我们不久就将看到普通眼镜一般大小的虚拟现实显示器,该显示器只要与手机相接,无须台式或手提电脑,就可以联网进入沉浸式的网络化的虚拟世界。这样,在"大数据"的背景下,人们沉浸在与我们现在所处的物理世界在经验上难以分别的虚拟现实中,这种世界,可以看成现在网上的《我的世界》(Minecraft)或《第二人生》(Second Life)的虚拟现实显示器升级版。

进入这种世界,再在其中遥距操作物联网上的东西,我们就沉浸在"扩展现实"中进行各种"体力"活动了。并且,现实世界中的现实场景,也可以随时无缝整合进这个虚拟世界中,原本身处广州的我和远在纽约的你,就可以即时克服空间距离进行约会了。这种虚拟与现实无缝融合的世界,我称之为"扩展现实"。

当然,这种监控操纵,不是靠键盘鼠标来进行的,而是以虚拟现实为界面通过动作捕捉和传感系统使人能够用完全自然的身体运动来行使的,在这里,主从机器人估计会是最常见的人机互联中介。

什么叫"主从机器人"呢?看过电影《阿凡达》的人对此理解起来就简单了。男主角杰克是一个和我们一样的普通人,但是,科学家给他培育了一个第二身体,放在遥远的外星球服从他的遥控,原来的他成了这个"主从"关系的"主端",远处的第二身体成了"从端"。现实中,用机器人来充当第二身体,遥控信号就用我们正在用的电磁波,就这么平实可靠。到时,我们就能够克服空间的距离,以"遥距临境"的方式(虽远离千里但感觉就像亲临现场一样),对自然物和人工物进行即时操控。

这样,由虚拟现实人联网+主从机器人遥距操作+信号传感物联网融合而成的巨系统,就是类似于电影《黑客帝国》中展示的那种大家在其中全方位交往的人造"物理"世界。

多年以前,我在学术讨论中提出,这种虚拟现实化的"扩展现实"与我们现在身处其中的自然现实在本体论上具有对等性的命题。十多年后,英国物理学家霍金在他的《大设计》(*The Grand Design*)一书中宣称,如果我们将整个宇宙理解成一个虚拟实在,很有可能解决当代物理学和宇宙学中的很多难题,从不同的逻辑起点出发提出与我的命题相契合的设想。

二、"扩展现实"中有啥存在?

在我们按上述思路建造起来的"扩展现实"中,会遭遇如下各种对象(如图所示):

(1)人替(avatar),直接由用户实时操纵的感觉综合体,将让人感觉完全沉浸在虚拟环境中,在视觉上代替了原来的自然身体,让你以第一人称的视角把周围世界对象化,成为视听场域的原点。

(2)人摹(agent),由人工智能驱动的摹拟人,可以是系统创设的,也可以是用户创建的。

(3)物替(inter-sensoria),对应于物联网中的物体,服务于遥距操作的感觉复合体。

(4)物摹(virtual physicon),该世界中各种不被赋予生命意义的"物体"。

(5)人替摹(avatar agent),用户脱线时派出的假扮真人、由人工智能驱动的摹拟人替。

此外,考虑将来动物群体的加入,我们还会有:

（6）动物替（animal avatar）,如果我们在信号输入端使用了完全的传感技术进行实时动态捕捉而摈弃键盘和鼠标,我们就可以允许我们的宠物或其他动物进入虚拟世界,于是该世界里就会有这类对象活跃其中。

（7）动物摹（animal agent）,由人工智能驱动的摹拟动物,如几年前 HiPi-Hi 公司给广东河源市政府建造的虚拟恐龙公园中的"恐龙"。

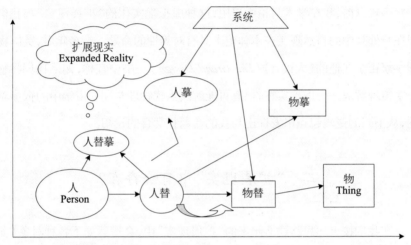

注:横轴的指向是向对物的操控,纵轴的指向表示与其他人替(意识主体)的交往。

图 1

可以设想,如果我们将各种现有的数字城市整合到虚拟世界,数字城市就会很自然地成为人联网与物联网融合的界面,亦即实施遥距操作的界面。现今的数字城市,主要是为城市规划和管理建造的,这类数字城市,一方面可以转化为供人替居住的城区,另一方面又可以转化为物联网在虚拟世界中的"物替"系统,为用户通过人替对物联网化的城市实施监控和遥距操作提供有效的界面。此外,像美国的 City Cluster 项目,却主要用于历史文化名城的再现,与此类似的项目,中国的一些博物馆也有涉足。

再进一步,我们可以把网络游戏中的人摹放置到虚拟世界的大环境中,网络游戏的竞赛活动也可以转化为人替之间的一般交往和娱乐的内容,甚至用作军事训练。最后，游戏场景也可以转化成我们行使遥距操作时使用的"物替"。这样，我们就有了一个崭新的人工与自然无缝连接的扩展世界。

这将是一个允许我们与原来的自然环境道别的人造环境，对人类现有生活方式的挑战之彻底，前所未有。但是，如果我们愿意，我们确实可以栖居其中，维持我们的生存和发展，在这个"物理"的虚拟空间中创造新型的未来。

这种主要用来改变人类主体状态的技术（也包括克隆人等生物工程技术），我称之为"主体技术"，与以往的"客体技术"（亦即用来改造人之外的自然对象为人所用的技术）形成强烈对照。与客体技术相比，主体技术更加直接地在人类生活的基准线上挖掘、重建，从而也更具颠覆性。

三、阿西莫夫机器人法则的实践困境

读者不禁又要问了，这种颠覆性，也许听起来或令人神往或令人恐惧，但我们除了被动应对，还能有更多作为吗？

首先，必须注意的是，对于这种无所不包的"扩展现实"，总体规划者既可以在结构原则上使其方便自己行使一种凌驾一切的权力并以此来操控人替使其成为物联网的附属工具，也可以反过来，让所有人替作为权力的主体来操控物联网，使物联网服从每个人的主体诉求。人的需求和人的价值的实现，才使得物联网的建设获得工具性意义。这两种对立的构架代表了两种对立的价值预设，我们必须从理论上证明，只有第二种选择才是正当的，而第一种选择是不正当的因而是需要被避免的。

但是，按照当今比较主流的说法，物联网属于网络技术的"严肃应用"，而以虚拟现实为特征的像《我的世界》和《第二人生》那样的人联网则被看作"游戏"，是"不严肃"的应用。这样的看法，折射出来的是手段与目的颠倒的异化思维，是人文理性缺失的结果，具有相当的危险性。

其次，要理解这种由人联网与物联网全面融合形成的系统，"人替"这个概念的所指非常关键。一方面,每个人在沉浸式虚拟环境中有个身体的动态视觉替身,并以这个替身在人联网中建立自己的独特标识与他人互动,这个替身是网络虚拟世界中人们一般称作"avatar"的东西。

另一方面,每人还有一个机器人替身,就像电影《阿凡达》中为主角配置的送往外星球的替身那样。这里,我们所指的是主从机器人的"从端",其动作完全由"主端"的人的意志力直接掌控,即时重复人的生物身体的动作。可以说,这是我们用来切入物联网的另一个身体,虽然我们不称其为"人替",却还是从事人的体力劳动的实实在在的"替身"。

这里所说的"主从机器人",与人们平时想到的由人工智能直接控制的机器人不同。主从机器人的出现,使阿西莫夫几十年前提出的"机器人三大法则"以及后来补充进去的第零法则,在机器人设计的实践中陷入了更深一层的困境。

这几条法则是这样的:(1)机器人不得伤害人类,或坐视人类受到伤害;(2)除非违背第一法则,机器人必须服从人类的命令;(3)在不违背第一及第二法则下,机器人必须保护自己;再加上第零法则,(0)机器人不得伤害人类整体,或坐视人类整体受到伤害。

以上四条法则,在人工智能式的机器人的设计实践中就遇到了各种困难,但人与机器的界限起码在那里还是相对分明的。而我们现在谈及的"主从"机器人,很可能是这样的:"主端"原来的生物身体只是被用来作为一个中介,借此中介来得到驱动的远方的"从端"替身,却成了主人与外界互动的实际上的身体。正像在电影《阿凡达》中的那样,当主人公与外星人交往时,原来的生物身体已被弃置一边,人造的"替身"变成了他实际上的身体。于是,以上第一条法则中预设的"人类"与"机器人"的分立,在这里就失效了。在主从机器人这个设置中,机器人成了人的一部分,"机器人伤害人类"的含义也就需要重新得到恰当的澄清。不然,我们就很可能在"人伤害人"与"机器人伤害人"的判定之间无所适从。

其次,"伤害"概念也变得更为复杂,因为"人身伤害"与"毁坏财产"之间的界限也需要重新界定。因此,为了让我们的生活秩序获得起码的保证,我们就要重新讨论道德和法律的理念基础的有效性。以此类推,其他几条法则的确切含义和可行性也受到了类似的挑战。

更糟糕的一个可能情形,是在这种人与机器的界限变得模糊的趋势中,人被整成了机器,原先的主从关系不复存在,大部分人成了少数寡头实现自己权力意志的工具。

四、人文理性的介入和挑战的应对

有鉴于上面讨论中揭示出来的危险和挑战,我们现在应该采取什么措施来应对呢? 这里,笔者尝试抛砖引玉,提出以下几条建议:

(1)建造"扩展现实"小模型(本人主持的"人机互联实验室"正在施工中),把人联网和物联网整合后的各种可能性率先展示给人文社科学者、媒体从业者、政府决策者,让他们在有切身体验的情况下探讨各种可行理论或推行各种应对策略。

(2)坚持虚拟世界中的"人替中心主义",把人替信号流向的非对称性作为标准化的设计,让每个人替的主人可以在充分知情的条件下自主选择对外来信号的开放度,而来自系统和他人的指令信号必须在主人选择和监控下才能起作用。

(3)人摹与人工智能的结合要服从人替中心的掌控,这样的话,虚拟世界中的纯数字化的"机器人"就不至于与人的替身("人替")相混淆。

(4)将人工刺激源的作用严格限制在自然感官上,严禁直接对脑中枢直接输入刺激信号;我们的脑信号可以被直接用来控制人造环境和物联网中的器具,但他人不能被允许使用直接的脑神经刺激来操控人的行为。虚拟现实作为人机互联的界面,必须被设计成只能通过刺激外感官来与人的意志互动,而帕特南式的"缸中之脑"之类的脑神经元直接刺激模式,应该在人替程序的设计标准中从一开始就被禁绝。

(5)将服务器分散化,用分布式计算来保证任何寡头的中心集权式控制成为不可能。

(6)将主导或参与虚拟现实和物联网前期建设的行业领袖召集起来,以"造世伦理学"的学术研究为起点,形成共识性的行业伦理规范,确保人文理性从一开始就在业者的实践中发挥范导作用。

(7)在物联网未建成运行之前,促使以虚拟现实为特征的人联网充分发展,在诸如《第二人生》《我的世界》等以人替为中心的在线虚拟世界中注入鲜活丰满的人文理性和艺术创造精神,以"人是目的"的基本原则为指导,形成各种丰富多彩、自由、自律的虚拟世界文化共同体,抵挡来自各方的将人的生活工具化、物化或奴化的企图。

(8)条件成熟时,在人类各共同体间达成某种理性的规范性共识,编撰"虚拟世界和扩展现实大宪章",作为面向未来的立法和制定其他政策时的理念基础,也作为在新时代保护人的基本权利和维护人的主体地位的基本依据。

以上八条的提出,只是作为我们进一步深入讨论的起点,一定有不少疏漏抑或谬误。为了从容应对信息技术革命给我们的生活方式带来的颠覆性转型,我们必须迅速迈开步伐,准备为即将来临的"扩展现实"合乎理性地奠定价值基础,以期让这个颠覆性的转折给人类带来的是福音而不是其他。

我们该如何与机器相处[*]

这次的围棋人机对决,第三场一见分晓,马上就有人说,"从此再也不是人工智能挑战人类,而是人类挑战人工智能了"。这不无道理。但如果有人说,这只是一个韩国(棋)人输给了一只英(美)国"狗"(Go),那也不全错。

第四轮李世石扳回了一局,又是否表明人类挑战机器初见曙光?

需要先声明的是,在美国期间,我除了在大学教书,还兼职写过代码,主要是为程序除错(debug),但从未下过围棋。主业则一直从事哲学研究和"扩展现实"(即虚拟现实和物联网融合后类似电影《黑客帝国》那样的人造世界)的理念构架和技术路线设计,我创建和主持的人机互联实验室已通过沙盘测试,目前正在升级改造之中。

一、棋局之外的重重玄机

有人以为,这次阿尔法围棋(AlphaGo)赢了,但毕竟没有 5 局全胜,这说明人类还是有希望反扑的。在我看来,无论是 AlphaGo 横扫李世石,还是互有输赢,其间并没有什么特别的不同,都说明人类在 AI 这一领域的技术取得了长足进步,但与"机器人征服人类"之类的噩梦式前景无甚关联。假若这次机器彻底赢了,那么,总有假设的一个过去的时间点,他们之间会互有输赢。早几天或迟几天,又会有多少实质性差别呢? 长远来看,机器必胜。

焦虑和恐惧有不同的来源,其中一种反应是由于觉得人类的智力优势被

---

* 本文原载《南方人物周刊》2016 年第 8 期。此处略有修改。

机器夺走后,自己就会在就业市场上被淘汰。这些人主要把自己的存在价值理解成只是一种工具价值,李世石的完败,几乎等于让他们丢掉了最后一根稻草。

其实这是自我矮化的佣工思维,与整个人类的前途无甚关联。说到底,我们人类的内在价值,并不在于我们会干活。体力劳动和脑力劳动,都是为了解决问题,完成我们自己给自己设定的任务,这种设定源于我们的自我意识和意义系统。有了这种设定,才能知道什么是该干的"活",什么是服务于我们的诉求的有效劳动。下棋一类的智力活动,在人类这里恰恰不是用来"干活"完成功利目标的技能,而是属于生活内容一部分的高级游戏活动,这很有工具理性之上的自足意义。但是,这场人机大赛,引起哗然的并不是这个,而是人们感觉到的一种基于工具效能理解的自我认同挫败。

日本宇航员若田光一与机器人 Kirobo 在国际空间站进行对话实验。Kirobo 创造了"首个进入太空的机器人"和"最高海拔聊天机器人"两项吉尼斯世界纪录。

这种强大智能机器的发明,与人类从科技进步中期待得到的东西之间并没有什么特别的违和感。你说是了不起的里程碑也可以,但这里涉及的主要并不是 AI 技术内部逻辑的断裂性突破,而是我们一些人把围棋和李世石预先设想为当然的标杆后,标杆在某种光照下投下的张扬的影子。玄机在哪里呢?不在棋局中,不在 DeepMind 的工坊里,不在 AlphaGo 的"神经网络"里,而在我们自己心智的幻影中。这就是脑力劳动自动机的一个演示版,搞好了就是一个不闹情绪的超级秘书而已。

那么,是否可以这么认为,这种人机大战,只是人设计的机器战胜真人棋手,还是实际上是人和人之间的大战?

这个说法还算靠谱,但是我不太想用战争隐喻来刻画这个事件。换句话说,这只说明了,在单一的抽象博弈智能方面,体制化的学术集体战胜了天赋极高的自然个体。机器没有独立的意志,最终说来,"输"与"赢"的说法,都是我们人类单方面的投射，与 AI"自己"无关，因为 AlphaGo 根本就没有所谓的"自己"。没有独立的意志，怎么和人发生"大战"呢？相反，棋盘之外，人们的反应，比如无名的焦虑、不可克制的兴奋。更具体点，中国看客几乎异口同声地把 AlphaGo 称作"狗"，这却是要超出现今任何人工智能可以"理解"的范围的，这不又是玄机么？

有围棋人士指出，AlphaGo 给出选点的思维方式与人类很不同，一个流行的说法是，"最可怕的不是 AlphaGo 战胜李世石，而在于它能赢却故意输掉"。这句话虽然只是玩笑，但其内涵可以非常深刻。这里引出的问题就是，什么叫"故意"输掉？AlphaGo 并没有自我意识，没有自由意志，如何谈得上"故意"？"故意"可是一种截然不同的能力。这已经涉及到人们常说的"强人工智能"与"弱人工智能"的根本差别的问题。

AlphaGo 系统虽还属于"弱人工智能"的范畴，但也不就是"弱爆了"，它还是有令人兴奋的亮点，那就是所谓的"学习能力"。但这个"学习能力"的说法，不加澄清就会误导人。其实，这是基于一种模仿人脑神经元的网状连接结构的软件运行时的符号累积迭代过程。这种神经网络算法装在高速计算机上，使得这个 AI 棋手可以永不疲倦地练习对弈，就练棋次数而言，所有人类"棋圣"合起来与之相比都只是零头。再加上巨大的数据库和无与伦比的推演速度，丝毫不受情绪影响的"阿尔法狗"不赢才怪。

在我看来，人工智能到现在才开始赢，而不是更早些，反倒有点儿不太正常。毕竟，距美国逻辑学家匹茨（W. Pitts）首次提出神经元网络数学模型至今已经七十多年了，彼时他是哲学大师罗素和卡尔纳普的追随者。

从技术上讲，AlphaGo 可以说达到了目前人类 AI 研究的一大高度。它有了"深度学习"的能力，能在围棋这种拥有"3 的 361 次方"种局面的超高难度比赛中获胜，突破了传统的程序，搭建了两套模仿人类思维方式的深度神经网络。加上高效的搜索算法和巨大的数据库，它让计算机程序学习人类棋手的下法，挑选出比较有胜率的棋谱，抛弃明显的差棋，使总运算量维持在可以控制的范围内。此外，高手一年下一千盘棋已经是了不得了，但是 Alpha-Go 每天能下三百万盘棋。通过大量的操练，它抛弃可能失败的方案，精中选精，这就是所谓的"深度学习"——通过大样本量棋局对弈，它能不断从中挑选最优的对弈方案并保存下来供临场搜索比较。

更要命的是，"阿尔法狗"与人相比的最大缺憾，恰好是它对弈时的最大优势。它没有感官系统、没有主体内可体验内容、没有主观意向、没有情绪涌动。缺了这些，它在解决完全信息情况下的博弈问题方面超级强大。与当年击败国际象棋冠军的"深蓝"不同，基于 AlphaGo 同种原理的 AI 系统，可以学习把握医疗数据，掌握治疗方法，帮助人们解除病痛。它可以让人类从纯功利性质的脑力劳动中解放出来，给我们的生活带来极大的便利。DeepMind 团队的新目标，据说是开发出可以从零开始的参与所有博弈竞赛的通用学习型人工智能。

二、所谓"机器消灭人类"的臆想

提到人工智能，很多人会问，人工智能一旦强大到一定地步，或者"失控"，会威胁人类生存吗？这次 AlphaGo 赢得围棋比赛，这样的问题再一次牵动人们的神经。本来，比尔·盖茨、史蒂芬·霍金等大牛就警告说人工智能的发展可能意味着人类的灭亡。2015 年 1 月，比尔·盖茨在 Reddit 的"Ask Me Anything"论坛上表示，人类应该敬畏人工智能的崛起。盖茨认为，人工智能将最终构成一个现实性的威胁，虽然在此之前，它会使我们的生活更轻松。

这种担心可以理解，这种警醒也并非多余。只是，像"机器人会消灭人类吗"之类的问题，在我看来都不过是暴露了人们由于概念混乱而导致的摸不着北的状态，这种状态又与不合时宜的思维陋习结合，才将人们带入无根基的焦虑或者恐惧之中。

我们要看到，所有的人造机器，包括 AlphaGo，都只是某些方面的能力高于人类。这本来就是人造机器的目的。在现有条件下,它还不会失控,以后真失控了的话,与飞机、高铁、大坝、火箭、核能之类的失控基本属于同类性质。无论是无人驾驶技术,还是如今的 AlphaGo 下棋程序,这些智能机器的发明,其复杂程度日益提升、智能日趋强大,但与人们惊呼的"人类将要被机器消灭"之间,并不存在什么客观的联系。

以上提到的 AlphaGo 的相对于人的缺陷,正是它能赢棋的重要因素。现在,我们又要反过来想想,又正是这些缺憾,使得它只能在"弱人工智能"的领地中徘徊,充当纯粹的工具。这种"弱人工智能"很可能通过图灵测试,但这与人的意向性(intentionality)及主体感受内容(qualia)不相干,也不会有爱恨情仇、自由意志,而没有这些,它就不可能产生"征服"或"消灭"谁谁谁的动机。

在学界和业界,早就有"强人工智能"以及与之对应的"弱人工智能"的概念,虽然初听起来好像这里只有强弱程度的差别,但这种区别具有分立的性质,而不只是程度问题。所谓的"强",其实指的是超越工具型智能而达到第一人称主体世界内容的涌现,还包括刚才提到的意向性、自由意志等的发生。

哲学家波斯特洛姆(Nick Bostrom)在美国《连线》(*Wired*)杂志 2016 年 1 月刊直接针对 AlphaGo 的新技术发表了看法。在波斯特洛姆看来,这(指此前 AlphaGo 的发展)并不一定是一次巨大的飞跃。波斯特洛姆指出,多年来,系统背后的技术一直处于稳定提升中,其中包括有过诸多讨论的人工智能技术,比如深度学习和强化学习。波斯特洛姆说,"过去和现在,最先进的人工智能都取得了很多进展","(谷歌)的基础技术与过去几年中的技术发展密切相连"。

看起来,AlphaGo 的表现在波斯特洛姆的意料之中。在《超级智能:路线图、危险性与应对策略》一书中,他曾经这样表述:"专业国际象棋比赛曾被认为是人类智能活动的集中体现。20 世纪 50 年代后期的一些专家认为,'如果能造出成功的下棋机器,那么就一定能够找到人类智能的本质所在'。

但现在,我们却不这么认为了。"也就是说,下棋赢了人类的机器,终究还是机器,与人类智能的本质无甚关联,曾经那么宣称的人,不是神化了下棋技艺的智力本质,就是幻想了下棋程序的"人性"特质。波斯特洛姆看来也不会认为 AlphaGo 与"强人工智能"有何相干。

我去年刚在《哲学研究》发过一篇文章,论证按照现在这种思路来搞人工智能,搞出来的东西是不可能有自我意识和意志的。按照量子力学的基本构架来进行,倒有可能。

对这种思路,1998 年我在美国出版的专著(英文)中已有阐述。最近,美国量子物理学家斯塔普、英国物理学家彭罗斯、美国基因工程科学家兰扎(Robert Lanza)都提出了人类意识的量子假设。清华大学副校长施一公院士、中科大副校长潘建伟院士等也大胆猜测,人类智能的底层机理就是量子力学效应。看来大家的想法不谋而合。早先我提出了一个针对强人工智能的判准,为了与图灵测试相对照,叫作"逆向图灵人工智能认证判准",就是:

> 任何不以已经具有意识功能的材料为基质的人工系统,除非能有充足理由断定在其人工生成过程中引入并随之留驻了意识的机制或内容,否则我们必须认为该系统像原先的基质材料那样不具备意识,不管其行为看起来多么接近人类意识主体的行为。

基于以上看法,我认为"强人工智能"实现以后,这种造物就不能被当作纯粹的工具了,因为它们具有人格结构,正常人类成员所拥有的权利地位、道德地位、社会尊严等等,他们应该平等地拥有。与我们平起平坐的具有独立人格的"机器人",还是机器人吗? 不是了,这才是真正的突破。

最为关键的是,这样的"强人工智能"主体,不就真的可以与人类对抗、毁灭人类了吗? 要理解这种担忧的实质,就需要我们好好自我反思一下,我们在这里是如何把基于个人经历形成的一己情怀当作有效的价值判断的。我们主动地设计制造了这种新型主体存在,不就等于以新的途径创生了我们的后代吗？长江后浪推前浪、青出于蓝而胜于蓝,人类过往的历史不都是这样的,或至少是我们希望的吗？一旦彻底做到了,为何又恐惧了呢？所以,我们看待它们的最好和最合理的态度是:他们是我们自己进化了的后代,只是繁殖方式改变了而已。退一万步讲,假如它们真的联合起来向前辈造反并将前辈"征服",那也不过就像以往发生过的征服一样,新人类征服了旧人类,而不是人类的末日。

其实,对人工智能的过度期待或深度忧虑,大多都是基于缺乏学理根据的科幻想象或人们对自身的身份认同前景的恐慌而产生的。一百年前,小说家讲述的科学怪人"弗兰肯斯坦"创造了怪物,最后自己又被怪物控制的故事,确实让我们觉得,与一般的自然灾难相比,我们自造的怪物"失控"了并回过头来对付我们,的确会让人更加懊恼。但是,目前这种人工智能,再怎么自动学习、自我改善,都不会有"征服"的意志,也不会有"利益"诉求和"权利"意识,这是我多年研究后得出的结论。

三、AI 给我们卸载,VR 让我们飞翔

当前,无论从紧迫性还是从终极可能性上看,人工智能问题都属于常规性问题,并且都是渐进呈现的,我们不必过于兴奋或担忧。我们有更值得担心、警醒的紧迫事情要去做。

比如说,人工智能对人类生活的影响,无论从哪个角度看,都远没有虚拟现实与物联网整合后的"扩展现实"的影响更具颠覆性。并且,这样的扩展现实很快会在大家不知不觉之际突然扑面而来,因此,今年被称作"虚拟现实元年"。微信领头人张小龙不经意地说:"希望 5 年后大家开会不用出门,戴上一个眼镜全都和在现场一模一样。"到时,我们的微信群就不是一个头像一

个昵称凑在一起了,而是共同进入一个无法与现实世界的"会所"相区分的虚拟会所,面对面互动交流。

另一方面,各国政府和非政府力量都在大量投入物联网领域,谷歌掌门人施密特又宣称"物联网即将代替互联网"。在我看来,网络化的虚拟现实和物联网整合后就是"扩展现实"。这里,人工智能可以被用来丰富世界的内涵,也可以方便我们操控物联网,但起关键作用的却是主从机器人,这基本上是一种"无智能机器人",与人工智能无甚关联。

由此建造出来的人工世界,必须以由彼此独立的自由主体直接操控的"人替"为中心,它们各自的主体性必须具有绝对优先的权能地位。这就要求一开始就在技术标准中为每一个人替建立一堵防火墙,使它们与外界的信息交换具有本体论上的不对称性。对于监视和操控性的信号和信息的摄入和输出,决定权和控制权要完全落脚在人替端,这样才能保证每个人都可以通过人替认识并操纵外在世界,而来自外在世界(包括他人)的监视和操控信号和信息,则不能擅自进入。这样的不对称性,应该成为人替本体工程的第一原则。

这条原则,也就是"人是目的"原则的技术标准化,其功能与在我们现今世界的一样,就是要维护人的基本尊严和促进大家获得更多的幸福,等等。

此外,因为虚拟世界的"物理"规律是人为设定的,这就要求有一个"造世伦理学"的学术领域,在这个领域我们以理性的方式探讨和制定一套"最佳"的相互协调的"物理"规律。譬如,虚拟世界中的造物是否可以变旧,人替是否可以在与自然和他人的互动中被损坏,虚拟世界中是否允许"自然灾害"的发生,等等。要回答这类问题,有赖于一种前所未有的"造世伦理学"的诞生。如果我们不想把创建和开发虚拟世界这个将对人类文明产生巨大影响的事业建立在毫无理性根据的基础上,我们必须以高度的责任心创建这个学术领域并在这里进行系统深入的研究探讨。

总而言之,在虚拟现实和物联网融合成无所不包的"扩展现实"之前,我们必须事先预想、防范可能出现的侵犯人的尊严和权利的问题。正像我们和某基金会签订的协议中所说的那样,让大家一起在这里"预先注入鲜活的人文理性"。这个世界上,总有一些权力欲、控制欲爆棚的人,想要以思想控制和信息垄断乃至物理强制的方式压制他人,从而凌驾于他人之上。他们很渴望以这样的方式将大多数人及其虚拟替身变成物联网的附属,进而服务于他们的权力意志。扩展现实如果向这个方向发展,将是人类的大灾难。

只是,我在这里没机会深入讨论这个激动人心又令人担忧的话题。我只能说:AI 给我们卸载,VR 让我们飞翔,但这个全新的人造空间暂时还没有航标灯也没有雷达,那里充满机会又危机四伏,最紧迫的,是要制定"虚拟世界大宪章"。天空还是深渊,就看我们此时的抉择了。

虚拟现实技术发展的终极伦理[*]

今天我要讲清楚 VR 是什么,VR 技术有什么风险。之后,才是给我们自己定规矩。最终,要把它融入我们的文明和生活状态里面,才能使 VR 真正有价值。我的实验室的工作并不是非要做出什么具体的产品,最主要的目的是把 VR 的终极可能性展示出来,直接考察它会给人类生活带来怎样的颠覆性的冲击。

我的实验室,现在主要是由我本人设计建成了一个可操作体验的模型,是 VR 加 IoT(物联网)的 ER(expanded reality)系统,或叫"扩展现实"模型。这个体验叫"虚拟与现实之间的无缝穿越体验",实验室在哲学楼,我也是哲学系的教授。那么,一个哲学系教授做这个干什么呢?

首先我想讲一讲哲学到底是什么东西。我想从大家讨论比较多的人工智能讲起。中国科学院自动化所有一位在世界人工智能界非常有影响力的人,叫王飞跃。在不久前的世界人工智能大会上,他做了一个主题报告,总结了六十年来人工智能领域的主要人物,其中最具核心影响力的人物基本都是哲学家。他讲了很多故事之后,总结说,人工智能起源于哲学。

在中国,很多人都知道一位叫罗素的西方哲学家。他有一个著名的理发师悖论:有一个理发师,他只给不给自己理发的人理发,在这样的前提下就产生一个问题——这个理发师该不该给自己理发?一说"该"就变成"不该",一说"不该"又立马变成"该",也就是一开始想到一个符合的东西,一启动就不符合。如果计算机编程里面有这样一个东西,你产生了一个不能停机的循

* 2017 年 3 月 25 日于清华大学 RONG 系列论坛。此处略有修改。

环，那就是一个最大的 Bug（漏洞），将导致死机崩溃。所以，罗素提出这个理发师悖论以后，因为当时的数学预设了一个所描述的对象的集合可以包括自己为元素，而这个悖论却揭示了这个预设不能成立。所以，那时候不少数学大家认为罗素悖论挑战了整个数学的基础，使数学陷入危机，这可是一桩大事。

罗素和另外一个哲学家怀特海（A. N. Whitehead）一起写了一本书，叫《数学原理》(*Principia Mathematica*)。罗素这派哲学家认为描述世界所有的问题一定要先进行观察或实验，单靠思想只能揭示概念之间的关系，不能对世界的事实有所断言。但是理性主义哲学家认为我们关于世界的有些命题的真与假是不需要由观察来证实的，康德举的例子就是几何和算术，是关于空间和时间关系的学问，而空间和时间属人的心智的先验结构，并不源于观察对象。罗素写《数学原理》的本来目的，是为了把数学还原为逻辑，反驳康德。

王飞跃这次总结名人堂的时候，说人工智能发展中最重要的数学就是从那本书里面来的。几个人工智能核心人物的共同点，就是都读了这部厚厚的《数学原理》并深受启发。

当代直接讨论 VR 虚拟现实的哲学家不多，从我二十年前出了英文版的系统探讨 VR 的哲学专著至今，也没见到有谁认真跟进。但是你要追溯的话，其思想源头可以追溯到古希腊柏拉图那里去，后来的笛卡尔、莱布尼兹、康德、谢林、休谟、贝克莱等都有重头戏。

平时我们认为的所谓"物质"的东西，到底是啥呢？我们一般认为，独立存在的一团"材料"在那里持存，通过我们的感官给我们刺激，我们就"认识"到它们的"在那里如此这般"的状态了。VR 是什么？它把事情发生的最底层秩序给颠倒了，一个人的不同感觉（比如视觉和听觉）分别刺激产生，不同人的感觉也各自激发，然后计算机在背后一协调综合，每个人就有了自己的世界，不同的人之间也可以共处于一个共同的世界。每个人的感官刺激分别起作用，一个共同的世界就产生了。既然我们的 VR 世界缘起的顺序是反过来的，结果与自然的世界又不可分别，那么问题来了：我们原来对世界的理解是不是搞错了？这又是不是哲学？当然是了。

所以我的那本书，就是要论证这些内容。我当时主要讨论的不是社会伦理责任问题，而是"世界是什么""人的自我意识是什么"这样的纯哲学问题。这就要在思考推理过程中做很多思想实验，虚拟现实的原理要说清楚，技术路线要设计出来，我在书中的插图就把头盔都画出来了。这一连串的思想实验，后来都变成了十几个专利脚本，已批准的有两项。现在我的人机互联实验室，就是基于二十年前我书中的设计。作为类似电影《黑客帝国》描述的情景的模型，我们现在可以进去体验了。

《黑客帝国》其实就是 VR 和互联网的整合，一进去是什么样子？我先讲讲体验，有些教授去了我的实验室，进去以后，他确实也不能判断他乘坐的那辆车开出过实验室没有。我们自己的工作人员负责开，你在旁边戴着改装过的头盔。你戴上头盔，一开始看到的是现场，如果把电脑背在身上，你想去上厕所也没什么问题。一上车，我们就往前开，外面一关门，吃瓜群众就看不见你了。而你呢，你会感觉到在我们实验室外面的楼道上走了一圈，在那走了一会就出去，看到街上是外国的风情小镇，有一点穿越的感觉。当然，你知道这是假的。但是，哪一刻从真变假的？你没法判断，这就是无缝穿越。

然后又转了一圈，你发现是在天安门，那一定是假的。但是车还是在开，旁边开车的人还在，戴着头盔，你自己看到自己，车也在，方向盘也在，但是这时候车开到了长安街上，那就一定不是真的了。然后中间会碰到另外一个人（他在另一个地方戴着头盔踩着一辆锁在地面的自行车），通过互联网连接，与你在虚拟的场景里接头相遇了，你们聊了两句，各自继续前行。一会，飞来一个飞碟，把这辆车吸了上去，上到太空，然后又叫你跳下去，大部分人会犹豫好久才敢下去，害怕如果踩空落在宇宙空间回不来了怎么办？

你在飞碟中行走，看到了带着头盔的自己迎面而来，你伸手触摸自己之后，舱门开了，太阳、土星从你身边飞速而过。过了一会儿，飞碟把你缓缓放下，你一看自己已经回到了地球，落在了中山大学的校门口。车开进去，走过校园的部分,就开到我们实验室所在的一楼。进去以后刚开始并没有看到保安,开到一个角落转回来后就看到了保安,活的、正在上班的真的保安。那就是真实场景通过互联网无线传过来的,你感觉自己就在哲学楼的一楼。紧接着,嗖的一声你被送回六楼的实验室,你还没摘头盔就发现回到了出发时的地点,摘下头盔,果然回来了。整个过程,大概15分钟的无缝穿越体验。

现在,就该讲讲这个东西了,这到底涉及些什么? VR,物联网。物联网就是把我们的人造物连起来接到互联网,任何人在任何地方都能看到它们的状态。知道了状态,进一步当然就要随时随地无障碍地操作它们了。有了网络化的虚拟现实,我们很多人都在同一个网络空间出现,物联网的操作界面,一定会被整合到 VR 中去,这难道还有别的更好的选择吗?

那么,这当中的危险在哪里? 第一,如果我故意让你相信是真的,想欺骗并控制你,这就非常危险。如果我是控制欲非常强的人,那么大家遭殃的可能性就非常大。人是自由意识的主体,其控制外物的权利是理所当然的,但被他人控制的危险应该减至最低。

还有,我到处做讲演,一说到硬件这些东西要普及,要越变越小,成为我们移动设备的标配,就会有人说往后不要头盔,把信号源直接接入你的中枢神经,要方便有效得多。这是个非常危险的想法! 为什么危险? VR 以我们的自然感官为界限,这并没有很大的问题,但一旦绕过自然感官直接输入信号,问题就是致命的了,这里面存在两种可能。

第一种,你自以为是自己干的事,其实是外面的人直接操纵你干的。第二种,可能你的自我意识根本就没有了,但别人以为你还是一个正常人。一个小孩原来看书慢,现在看得很快,你由此认为我的孩子得到幸福生活了,其实幸福生活已经终结了,当然痛苦也终结了,因为他已经变成没有自我意识的机器人,虽然从第三人称视角观察根本看不出什么区别。这东西一推广,整个文明就没有了。那些看起来走来走去的人,其实就是机器,文明已经终结了,这不是非常可怕的吗? 这可不是一般的伦理道德的问题,是最根本的人类生存发展的问题。因为我们不知道脑中枢在什么时候碰到什么地方,自我意识就会消失。所有物理学、生理学、心理学都不知道在什么时候、在哪里发生,那么搞坏的可能性一定比搞好的可能性要大很多倍。这两个可能性,都是极大的灾难,是我们要誓死杜绝的。

还有第三种,就是 VR 与物联网整合后的扩展现实,不但可体验还可以操作,这就是我实验室中的模型所展示的。很多人认为,VR 是让人玩、让人堕落的地方,而物联网是"实体经济",是"严肃"的产生 GDP 的地方。这也是一种危险的思路,因为按此思路,VR 就变成物联网的附属,让人为物服务,人和物的关系搞颠倒了。

本来,我们人在 VR 里面,VR 里的人是主体,物联网是工具才对。把物联网当成主体,这是人物颠倒的世界,又叫人文理性的倒错。很多人把技术的 VR 应用叫作游戏的"非严肃应用",而把物联网的应用叫作"严肃应用",这是一种整体的倒错。是人的生活本身严肃还是工具制造了严肃?之所以觉得工具那么严肃,是因为以前没有工具活都活不了。现在,如何活下去已经不是最重要的问题,回到真正的人的生活核心上去才是最重要的。VR 里面的人是最重要的东西,物是为实现人的生活的内在价值服务的,这就是所有 VR 相关的伦理考量和责任意识的基础。

其他的没时间讲了,比如造世伦理学,造世伦理学讲的是,我们的自然世界的规律是给定的,不是我们可干涉的,不存在伦理问题,但是 VR 虚拟世界里面的"自然规律"在相当程度上是我们自己定的,这就出现了前所未有的伦理问题,即判断怎样的"自然"规律更符合我们的需求的问题。比如说,ER 世界里,是否允许"自然灾害"的发生,这个世界需要四季更替吗,等等。还有其他的问题,诸如有关责任与权利的边界问题,一个责任主体和双重身份、双重后果,人身与财产的区别等等,在这个全新的文明形态里,以前用的法律概念和道德概念全都不太管用了,这就需要我们从最基本的人文理性开始系统重启。

马斯克的"脑机融合"比人工智能更危险[*]

马斯克和霍金都在预警人工智能对人类的极大威胁,马斯克还宣称有了应对措施:**先把人脑与人工智能融合**。他还说干就干,成立了新公司。

但我的预警却是:马斯克要做的事对人类的威胁,比人工智能的威胁要大得多。我们要联合起来,坚决抵制!

一、致命的问题

埃隆·马斯克(Elon Musk)成立的新公司 Neuralink 要把人脑与计算机直接融合。**马斯克宣称,人类社会即将全面进入人工智能时代,为了避免被新物种——超人工智能威胁甚至消灭,人们唯一的出路就是将自己的大脑与 AI 融为一体。**

无独有偶,我最近在很多场合做演讲谈到 VR(虚拟现实)的未来发展,期望头盔越来越小、越来越轻,可以变成一般眼镜的样子,就经常有业界人士接茬说,以后哪里需要眼镜,接到脑中枢就是了。

马斯克希望"脑机界面"能进行人类意识的实时翻译并将之转化为可输出的电子信号,从而可以连接并控制各种外部设备,用他的话说就是"当你的念头一闪而过时,电视机或车库门便自动打开了"。初一看,这里说的是人脑控制信号的输出,但是所有的控制都需要信号的反馈,也就是说,在设计输出的接口时同时还要设计输入的回路,才能实施控制。

---

* 本文原载《南方周末》2017 年 5 月 25 日。此处略有修改。

但是,无论是马斯克之流的 AI 脑机接口派还是 VR 领域的直接输入派,都未曾回答这样一个致命的问题:"**你们知道如何防止人类的自我意识被彻底抹除吗?**"

二、信息与信号的分离或混淆

我们的自然感官,主要是让我们接收认知性的信息,而不是让外来的控制信号随便侵入,这就为保护和维持我们每个个体的主体地位打下了基础。有鉴于此,**我们必须要坚持如下三条初始状态的"非对称原则"**:

1. 从客体到主体这个方向,信息越通畅越好,控制信号阻滞度越高越好。

2. 从主体到客体这个方向,控制信号越畅通越好,信息密封度越高越好。

3. 以上两条的松动调节,以最严苛的程序保证以各个主体为主导。

那么,**如果现在放开去搞"脑机连接",危险在哪里呢?** 对照以上原则,我们可以归纳出以下几方面的可能风险。

其一,由于现今人类对自己的大脑与自我意识的关联的认识还非常有限,也对认知性智能与自由意志之间的关联的认识基本为零,在这样无知的前提下贸然实施大脑直接干涉,**很有可能将人类的自我意识(或曰"灵魂")严重破坏甚至彻底抹除。**

其二,就算没有抹除,在作为认知材料的"信息"和控制人的行为的"信号"之间不能做到基本分离的社会和技术条件下,有了绕过人的自然感官直接刺激脑中枢的技术手段,将给一部分人控制另一部分人提供极大的方便,**对人的自由和尊严构成严重的外来威胁。**

其三,当人们还没达成法律共识将脑机接口的信息和信号的流向设置权完全赋予同一主体之前,**一个人由于可能直接被外来意识控制所带来的损失,比他可以直接控制外部设备所带来的方便,或许要大得多。**

以上几条不同层面的风险,哪一条都足以构成我们联合抵制马斯克等人的"脑机融合"项目的充足理由。

三、被夸大的人工智能的威胁

当今,渗透到人类生活各个层面的互联网、飞速运转的计算机、海量储存能力的云储存以及时下大热的虚拟现实与人工智能等新兴科学技术,将人类抛进一个既似熟悉又还陌生的环境中。人们熟悉的是,以往传统生活模式中的基本事务的处理在这些技术的协助下变得更为方便快捷,而陌生的是,**在如此快速的技术迭代下,人们对现实与虚拟之间的界限的感知变得越来越模糊、对人类与机器的关系的把握越来越恍惚、对人类社会既定的规范制度的有效性的判定也越来越迷茫。**

以 2016 年阿尔法围棋(AlphaGo)与李世石的博弈为例,围棋世界冠军、职业九段选手李世石以 4∶1 的总比分落败于一款人工智能围棋程序,其后不久,AlphaGo 更是以 Master 为账号横扫所有人类顶级对手。这样的结果,让不少观者开始忧心忡忡,甚至担心发展到**具有"人类意识"的人工智能会不会统治甚至毁灭人类社会。**马斯克、盖茨、霍金这些偶像级的大人物,都在发出警示。

而马斯克更即刻付诸行动,要将人类每个个体先用 AI 全面武装起来,以对抗垄断 AI 的假想的邪恶势力。但是,从上文我们已经看到,具有如此行动力的人,却有着一个思想力上的致命伤,**对人的自我主体意识问题缺乏思考,**从而成为一个危险人物。

马斯克在哲学界有个同道,这就是尼克·波斯特洛姆教授。**他相信无论是仅有智能的 AI 还是具有自主意识的 AI,都完全是由计算来实现的。**由此,他还做出了一个逆天的判断:我们人类的意识,在接近 100% 的概率上,不是真实存在的意识,而是被计算机模拟出来的"假意识"。但是,第三人称世界的对象可以分真假,第一人称世界中的意识何以分真假?波斯特洛姆基于自然主义的计算主义使他陷入虚妄的境地之中。更为严重的是，如果大企业家马斯克也循着这个思路前行的话，就会彻底忽略"脑机连接"项目最致命的危险。

经过多年的独立研究，加上近来与美国量子物理学家亨利·斯塔普的讨论，笔者已经得出结论，物理主义和计算主义对人类意识的解释是误入歧途的，因为这些解释者都不可避免地陷入了"整一性投射谬误"之中不可自拔。

笔者得出的结论是，**以计算机模仿神经元网络的方式造出来的人工智能不可能具有真正的自我意识，只有按照某种非定域原理（比如量子力学）建造出来的人工系统，才有可能具有第一人称视角的主观世界和自由意志**。所以，除非有人以确凿的证据向我们证明如何按照非定域原理把精神意识引入某个人工系统，不管该系统的可观察行为与人类行为多么相似，我们都不能认为该系统真的具有了精神意识，该系统都还是属于工具性的"弱人工智能"。

弱人工智能是在特定领域类似、等同或者超过人类智能/效率（不具备自我意识）的机器智能。就目前已广泛应用的人体识别、机器视觉、自动驾驶、机器深度学习等 AI 技术而言，都属于擅长单一活动的弱人工智能范畴。可以"战胜"李世石一百次的 AlphaGo 也不例外。

AlphaGo 的工作原理是训练多层符号化的人工神经网络进行"深度学习"，这种"学习"，实质是将大量矩阵数据作为输入，通过非线性激活方法取权重，再产生另一个数据集合作为输出，调整权重分配，反复迭代逼近期望值，直至满意，就把权重矩阵固化下来，从学习状态转到工作状态。本人与斯塔普的研究表明，**这样的学习过程，从头到尾都没有任何机会让"自我意识"涌现**。

以雷·库兹韦尔（Ray Kurzweil）为代表的未来学家认为"智能爆炸"正在发生，但他们并没有论证过人类的自我意识和人类的智能的分别在哪里，也就无法揭示这种所谓的"智能爆炸"到底是福还是祸，从而所谓的"乐观"还是"悲观"的区分都显得肤浅和不得要领。**虽然我们在这里没法展开系统**

的论证,但分析一下这种威胁论的直接起因,还是可行的。

首先,人工智能可以通过"学习"无穷迭代改进其"能力",而这种权重分配为何能达到这个能力,却是一个无人可以破解的黑箱内的矩阵状态。这样的事态,听起来就会引起大家的心理恐慌。此种危机意识是人类自己将"对未知领域的不确定和不可控性""对未知领域可能产生的巨大影响"与"缺乏学理根据的科幻想象"糅合之后的产物。

也就是说,这种危机感类似于被迫害妄想症,而问题症结不在于人工智能这项技术,而在于有这种意识的人群本身。因为在没有完全弄清楚人工智能与自主意识的问题之前,将人工智能拟人化或主观赋予其行为动机都是出于人们臆想的焦灼和恐惧,所以这种威胁实属"人为"而非"机为"。

其次,以马斯克为代表的一部分人担忧,**如果怀有恶意的个人/组织/集团/政府率先掌握了超人工智能技术并用其实现自己的邪恶计划,那么人类的处境将会变得岌岌可危**。这类危机其来源所围绕的仍旧是人的动机,关涉的依然是人与人之间的操纵与被操纵的"政治"问题,而无关乎人工智能是否具有"征服"的意图。只要不脱离人际关系,看似由人工智能所导致的控制危机实质上就仍然属于人类自古以来一直都在面对的统治与被统治的话题。

这与黑幕后的政客或极端恐怖分子掌握大规模杀伤性武器本质上是一样的,也与我们造了大坝却对其后果难以预测和把控的情况相差无几。所以,人工智能这项新型技术可能会对我们过往经验构成严峻挑战,但并不会产生完全不同类型的新问题。也就是说,人们担心的"智能爆炸"所引发的后果并不是一个新难题,而是一系列老问题的叠加。

再次,**对于人工智能技术的焦虑还来自另一类观点,认为它将取代人类劳动力,从而造成大量人类失业的威胁**。这类忧虑,实则是对人类内在价值的误读。其实,"不劳而获"只是在有人"劳"另有人"获"时才是坏事,而使所有人都可以"不劳而获",正是所有技术进步的应有目的。

　　人类谋生所需的体力劳动和脑力劳动被机器替代是必然的趋势,而这正是我们所有经济发展技术创新所谋求的主要目标。由此看来,人工智能取代人类劳动,我们应该拍手叫好才是。只要我们的分配制度与人类劳作的关系理顺了,人类并不会因为失业就丧失了生活的意义,反而这让人们有更多的机会去使其内在价值大放异彩,直接谋取生活的意义。

　　所谓人类生活的内在价值,是与其外在价值或工具价值相对而言的。比如,单从一个人来说,为了购买食物让自己生存下去而不得不从事一份枯燥乏味的工作,这种工作并没有任何独立的价值,其价值完全是工具性的、附属于生存需要的。

　　另一方面,内在价值却是非工具性的。或许哲学家们在几千年的争论中还未能将具体哪些是人类的内在价值给出一个精准的划分和描述,但对诸如幸福、自由、正义、尊严、创造等这类基本的内在价值是鲜有否定的。这些价值不是为了其他价值或目的而存在,它们本身就具有至高无上的价值,失去这些价值诉求,人们生活所欲求的全部内容将不复存在。而**人工智能取代人类劳动力从事基础工种的劳动,恰恰是将人类从劳作谋生的桎梏中解放出来,让人们投身到艺术、认知、思想、情爱、创造等实现人的内在价值的活动中去。**

　　最后,正如最近大热的科幻剧集《西部世界》和《黑镜》系列所隐喻的那样,**部分人认为人工智能的"觉醒"才是对人类最致命的威胁。**他们害怕人工智能发展到具有自由意志和自主意识的强人工智能阶段后,会拥有跟人类一样的"人性"的腹黑面而与人为敌。

　　但是,正如以上所说,现今冯·诺依曼框架下的二进制计算机的工作原理依赖于经典物理学的"定域原则",永远不可能"觉醒",而只有以"非定域原则"为架构的计算机(比如量子计算机)才有可能产生自我意识。所以,在现今神经网络人工智能独领风骚的情况下,这种担心完全多余。

　　那么,**如果基于量子力学我们真的制造出了具有自我主体意识的强人工智能呢?**这时,我们就要彻底转变思路了,此时有意识和情感的人工智能也具有与人类对等的人格结构,在社会地位与权利尊严等方面应与人类一致。拿它们去买卖,相当于法律上的贩卖人口。进一步地,我们必须将它们看成是我们的后代,与我们在实验室培育的试管婴儿并无本质上的差别。自古以来,我们都希望自己的后代超越自己,"强人工智能"比我们强,我们庆贺都来不及,还焦虑什么呢?

总之,按照人文理性的要求,面对自己创造的具有自我意识的强人工智能存在体,我们的基本态度应是接受并认可他们是人类进化了的后代。正如经过上万年的演变后,躲在山洞里的智人成为穿梭于摩天大厦里的现代人的历史进程一样,人类以崭新的方式繁衍出一种新面貌的超级智能人,这不是灭世的劫难而是人类的跳跃式进化。

但是,目前以 Neuralink 为代表的科技公司试图去做的脑机互联,却极有可能将人类个体变成徒有人形的机器人,亦即行走的"僵尸",彻底终结人类文明。如若仅仅出于害怕人类在超人工智能时代到来时不能与 AI 在劳动力市场相匹敌甚至被淘汰而企图将人类变成 AI,这将是对人类最紧迫且最严重的威胁。就像上文所说的那样,**人脑是迄今为止我们所知的最为复杂精巧的东西,在我们还没有基本摸清其运作原理之前,对其进行任何加工改造都是极端危险的行为。**

四、虚拟现实的颠覆性

著有《未来简史》的哲学家赫拉利(Yuval Noah Harari)最近在英国的《卫报》发表了一篇文章——《无须就业就实现人生意义》,宣称人工智能的发展将大多数人变成"不可就业"后,虚拟现实让人们直接实现生活的意义。他还把人们在 VR 世界中与生产力脱离的活动类比于古往今来的宗教活动,试图说明人们从来都是在生产活动之外才能找到深层意义的源头。

赫拉利认为劳作不是生活意义的源头,这与我们前述的观点不谋而合。

但他将人们在虚拟世界中的活动与宗教类比，却忽略了一个最重要的问题，那就是，在宗教中，人一般被当成被造的存在，而在虚拟世界中，每个人都可以是世界的"造物主"。他没注意到，"创造"与"被造"，是相反的。

在 VR 与物联网结合在一起之前，VR 只是一个体验的世界，很多东西并不会在真实社会中直接造成实质性后果。 VR 和物联网结合在一起后就不一样了，那就是 ER，扩展现实，我们此时就可以从虚拟世界操作现实世界中的物理过程，完成生产任务了。我们将这方面界定完以后，就可以讨论，到底在现实世界不能干的事情，是否可以允许人们在虚拟世界中去实现。

有人认为现实世界不许干的事都是坏事，那可不一定。因为，**现实中的自然限制不一定符合人的需求，人为的规矩也不一定是最合理的规矩。**比如说孙悟空的诸般神通，还有《山海经》之类的古代传说中的很多东西，我们在现实中就实现不了。但是，如果我们看不出这种神仙般的能力有啥不好，甚至或许是很好的，我们就让大家玩起来啊。再比如说，现实生活中有国界，而虚拟世界中可以没有国界，没国界到底是好事还是坏事？在没有进一步讨论之前，我们先不要轻易下结论。

如果只是从管制的角度看，它好像是坏事，但是从终极的角度来看也许并不是坏事。是我们的制度要适应这种东西，而不是反过来，让我们适应已有的制度。这就需要非常严格的逻辑思维，对人类社会的本性有一种透彻的理解，对我们生活的内在价值有一些比较深刻的理解，才能想清楚这些我们必须面对的新问题。这里其实有很多思想资源，两千多年来哲学家讨论的东西，平时大家并不关心这些。但是现在，虚拟世界和人工智能等东西来了，那些东西就变成了任何人都要面对的事情。我们的立法，与人建立关系、打交道，都变得要思考最抽象的哲学问题了，这就需要激活大家的人文理性。

VR 领域真正的问题，其实是与马斯克的"脑机融合"项目类似的问题。虚拟现实行业的不少人与马斯克有类似的危险想法，就是绕过人的自然感官直接刺激脑中枢来给人输入虚拟世界的信号。经过我们以上的分析，我们知道,这是万万使不得的。

　　不同的是,这边的形势更加紧迫,却少有人关注。**虚拟现实与物联网的结合是不久后几乎必然要发生的事情,**我已在实验室中做出了可操作的原型了。做出这个原型,就是要警示大家,弄好了我们可以接近神仙,弄不好呢,马斯克还没来得及做的事,就被虚拟现实的大牛抢先了。一旦大家脑部被插,无论是 VR 领域还是 AI 领域的人干的,其可能的结果就是人类文明的终结。

为虚拟现实预先注入鲜活的人文理性

——翟振明教授做客北大课堂[*]

时间:2016 年 5 月 29 日

地点:北京大学人文学苑 6 号楼

主持人:邵燕君(北京大学中文系副教授)

主讲嘉宾:翟振明(中山大学哲学系教授,中山大学人机互联实验室主任[创建人],《有无之间:虚拟实在的哲学探险》一书作者)

参加者:"北京大学网络文学研究论坛"成员

邵燕君(以下简称邵):2016 年号称 VR 元年,不过,我们对虚拟现实的关注,并且进行哲学层面的思考是从两年前阅读翟振明老师的论著《有无之间:虚拟实在的哲学探险》开始的。这部著作于 1998 年在美国出版,书名是 *Get Real: A Philosophical Adventure in Virtual Reality*,2007 年由北京大学出版社出版了中文版。两年前,秦兰珺博士把这本书介绍给我们。读了以后有一种石破天惊之感,而且是一种整体上的、世界观的冲击。

我们这个团体本来是做网络文学研究的,又从网络文学研究进入到新媒体研究。在相关课程中,我们仔细阅读过麦克卢汉有关媒介变革的理论,也讨论过罗兰·巴特有关"文本"的概念,最近正在讨论福柯提出的"异托邦"概念。我们发现,这些大师级的思想家们有一个共同的特点,就是当他们提出一个全新理论的时候,描述的并不只是一个总体性的框架,而是非常具体

---

* 本文原载《花城》2016 年第 5 期。此处略有修改。

的,充满了细节。也就是说,他们的思维早已冲破了时代的局限性,所预见的那个未来世界在他们的想象里几乎是可触摸的。当那个时代还没有到来的时候,我们听不懂他们在说什么,而且很不耐烦。而当时代降临的时候,我们才发现,他们真是先知啊,他们的理论一点也不晦涩,一下子全懂了!读翟老师的《有无之间》时,我们也有这样的感觉。应该说,这本书虽然艰深,但读来实在是精彩,像科幻小说一样,拿起来根本放不下去。不过,还有很多似懂非懂之处。所幸,我们能把翟老师的"真身"请来,给我们面授,回答我们的提问。让我们欢迎翟老师。

一、虚拟现实探讨的是哲学上的老问题

翟振明(以下简称翟):《有无之间》是一本哲学书,最简单的理解就是这是笛卡尔《沉思集》的电子时代版。笛卡尔提出"邪恶的精灵"(Evil Genius)创造出一个新世界。而当我们戴上 VR 设备的头盔时,现有的世界没有了,新的世界出现了,这个新世界是我们自己造的,邪恶的精灵欺骗我们不再只是一个猜测了。这就引出了一个哲学问题,我们创造的这个世界和原本的世界在本体论上到底有没有什么差别?我们探讨 VR 就是探讨最原本、最传统的哲学问题,这根本就不是什么新的哲学问题——当然,这个话题很新。

由于虚拟现实的出现,我们与技术的关系发生了剧烈的转变。同先前的所有技术相反,虚拟现实颠覆了整个过程的逻辑。一旦我们进入虚拟现实的世界,虚拟现实技术将重新配置整个经验世界的框架,我们把技术当作一个独立物体——或"工具"——的感觉就消失了。这样一个浸蕴状态,使得我们第一次能够在本体层次上直接重构我们自己的存在框架。当所谓的"客观世界"只是无限数目的可能世界中的一个时,感知和意识的所谓"主观性"或曰"构成的主体性"(constitutive subjectivity)就显露了它原本的普遍必然性之源的真面目。

在这里我们要防范两种常见的自然主义的错误。一个是,将主体性等同

于以个人偏好为转移的意见的主观性；另一个是，将心灵等同于作为身体部分的头脑。要记住，我们能够理解为什么自然实在和虚拟现实同等地"真实"或"虚幻"，是就它们同等地依赖于我们的给定感知框架而言的。但是，如果虚拟实在同自然实在是对等的，为什么我们还要费心去创造虚拟现实呢？当然，明显的不同是，自然实在是强加于我们的，而虚拟实在是我们自己创造的。

所以在这本书里，我做出了两个断言并为之辩护：

第一，虚拟实在和自然实在之间不存在本体论的差别；

第二，作为虚拟世界的集体创造者，我们——作为整体的人类——第一次开始可以过上一种系统的意义主导的生活。

邵：正是您这两个断言让我们有石破天惊之感。它给我带来的最大的狂喜是，我突然觉得人类永生的愿望可能以另一种方式实现了——永生是生命无限的长，虚拟世界却可以让人在有生之年体验无限的多。然而，这也带来了恐慌。当人类的感知框架可以无穷改变时，不变的是什么？人类还有没有一个锚定点？

翟：我这本书里的第一、二章首先讨论的就是这个问题。我在这里证明的是，无论感知框架如何转换，经历此转换的人的自我认证始终不会打乱。此不变的参照点根植于人的整一感知经验的给定结构中。

这里首先要讨论的是关于人格同一性（personal identity）问题，其中新引入了"地域同一性"（locality identity）的概念。如果要证明一个非人的物体和另一个物体是同一个物体，最终的标准就是有没有时空的连续性。比如，一棵小树长成了一棵大树以后，被移到其他地方去，两棵树还是同一棵树，同一性的得出有赖于时空连续性，因为从小树到大树到移植，一直是时空连续的。在这里，时空是非常重要的。但是在讨论"人"时，会有观点认为人不仅仅是身体，谈"时空"没什么必要；但又有观点认为回避"身体"的问题会找不到同一性(identity),否认它又不行。像佛学的观念内就没有同一性——其实预想中还是有的,只是这种观点会被表明为,同一个自我是不存在的,每一个瞬间都是新的自我。但说这话的人又非常明确地知道自己是在和同一个人说话,而不是不同的人。"刚才的你不是现在的你",这句话中,有个"你"字被跨过来了。虽然会说"每个瞬间都是新的你",但这句话中已经设想了一个恒定的"你",而不是随便凑一个东西,把一本书、一个杯子和"你"这个人凑在一起。因此,当指定一个东西,说"这不是你"时,这个判断已经预设了一个同一性,这同一性是什么呢? 古希腊有一个忒休斯之船问题:忒修斯之船被雅典人留下来作为纪念碑,随着时间过去,船坏了,木材腐朽了,于是雅典人更换新的木头来替代。最后,这艘船的每根木头都被换过了。因此,古希腊的哲学家们就开始提问:"这艘船还是原本的那艘忒修斯之船吗?"同一性的问题就如同这样。其实,在我们看来,这里边没有什么神秘的东西,只是概念不知道怎么用而已。对于虚拟现实的哲学探讨,我想进入实质性的讨论,它可以有结果,而不仅是概念的存在。我论证的两个基本原理是:

第一,人的外感官受到刺激后得到的对世界时空结构及其中内容的把握,只与刺激发生界面的物理生理事件及随后的信号处理过程直接相关,而与刺激界面之外的任何东西没有直接相关。

第二,只要我们按照对物理时空结构和因果关系的正确理解来编程协调不同外感官的刺激源,我们将获得每个人都共处在同一个物理空间中相互交往的沉浸式体验,这种人工生成的体验在原则上与自然体验不可分别。

邵:您这本书英文版出版是在 1998 年,早于全球 VR 热几乎 20 年。您为什么这么早就开始关注这个问题呢?

翟:说起研究 VR 的动机,对我而言,这其实是找到一个新的机会,来讨论传统上最原始的、最硬核的哲学问题;用一个新的手段,提供新的洞见、新的答案。这其中有两个方面的问题：第一个，可以理解虚拟现实在最后会成为什么东西；另外，附带的问题是——这个附带的问题是现在的我最关心的，但在当时则是附带的——这种世界造出来之后，对人类文明的影响到底是什么？后者和传统的哲学问题没有硬核性的关系，属于文化批评，涉及其他学科范畴。其实最关心这问题的，大部分集中在中文系；在世界范围内则集中在英语系、德语系、法语系，等等。

邵：为什么呢？

翟：因为很多人做学问，觉得价值判断跟他们没有关系。而中文系等语言文学系的研究者，因为他们可以将感受性和学术性都放在自己的述说中，研究 VR 可以既做理论又做价值判断，比较无拘束。这是一个观察，我不知道对不对。就是说，除了做哲学的人和一小部分研究伦理学的人，大多数理论研究者，都认为价值判断是不能被理性讨论的，属于情感的或传统习惯的范畴，所以他们就采取中立态度；做社会科学的人也都是中立的吧——他们本来就应该中立。因此，按排除法，只有非常少数的人，包括研究政治哲学的一部分人，做伦理学的一部分人会认为，如果 VR 关系到人类文明、前途好坏，那么自己有做价值判断的责任。当然，对所有研究者而言，附带的也会讨论这个问题。倘若 VR 真的建成，对人类生活、文明底层的影响、实际生活的价值的定向等这些问题也是附带可以讨论的。而部分语言文学类的学者、一些文化批评家们在理论与情感以及传统习惯之间游移，做出某些理论洞察和一些情怀阐发，都可以被人接受，价值判断到底属于理性还是情感，他们也不会太过计较，也就不会太过忌讳进入新的话语境域。然而现在我做 VR 实验室，却是理性的反思和建构先行，先从理性出发厘清形而上学和价值伦理的基础问题。现在，VR 时代真的来临了，这一切就不只是一个形而上的问题了，而是真的会影响甚至颠覆我们的生活。我是哲学教授，是伦理学教授，这是我的责任——要在虚拟现实到来之前预先注入鲜活的人文理性。

　　对于哲学，我要澄清的一点是，我这里说的哲学不是一般泛指的生活态度，而是严格的学术，需要作出判断，需要证明自己的命题是真命题，与相反的命题不相容。像苏格拉底那个时候，每说一句话都要证明那是对的，不妥的东西你要收回。苏格拉底的追问法，看着很散，没有像现在的数学那样一步一步地证明，但是他的手段就是这样，他最终的结果是要说明你是错的。我不说你错，而是一步一步引导、一步一步按逻辑推，最后不用我说，你自己知道你是错的。所以，一般学生问我一些哲学问题要找答案的时候，我也是这种态度：你要的话，就和我坐下来慢慢讨论，一来一回，一点一点道来。你直接问我结论是毫无哲学意义的，你需要自己把道理想清楚了。

　　所以《有无之间》第一、二章根本不是谈虚拟现实，而是为了做思想实验，把讨论虚拟现实的前设和基本原则在不是虚拟现实的地方找出来，然后再在虚拟现实中才有说服力。我先借着一般性的原则弄清"什么是实""什么不是实""人在哪里"等问题，在虚拟现实之中，它们怎么对等？VR世界的空间是从一个电脑里造出的。有人说电脑这么小，造出一个空间和无限大的宇宙空间对等难道不是悖论吗？我要证明它不是悖论，就要从悖论的本质说起，从空间结构——康德的空间观等等说起。这本书没有专门提到康德，但其实里面有康德的空间观。我写完了以后非常后悔，没有多费点笔墨写与康德哲学的关联，事实上他是我最重要的资源。空间本来就不是在外边的，空间是我们心灵的框架，理解外界的所有经验的一个框架。以前康德老是被批判，被唯物主义批判。但假设一个正常的人，他从小被关在一个狭窄的房间里面不允许他出去，那么他对无限空间的理解和我们的理解有没有差别？他和我这个跑过全世界的人，其实是没有区别的。只要有视觉的感觉，他就会想，我能看到的空间外边一定还有空间，窗外一定还有世界，他会和我们一样纳闷，如果整个宇宙有边的话，是否外面还会有宇宙。这种空间的观念，和你实际体验过多大的体积是没有实质关系的，它不是经验得来的，不是外边的东西输入给我们的。我们任何人见到过的空间,与可能的空间广度和深度相比都微不足道,从这么点经验推出关于整个宇宙的见解,那是不可能的。如果是外界给你空间感的话,你不可能由此得出一个"宇宙观",只有你的心灵去理解世界的结构,才有可能是有效的。我不能说,我看到一个人长着两只眼睛,全世界的人就一定都有两只眼睛。即使这个论断碰巧是对的,但这样的推理也是错的。但是,对于空间的性质,我们却可以将个案推向普遍而完全有效。经验判断和先天综合判断,是康德式的范畴,这个要分开来,有些东西不需要经验归纳就可以判断,有关空间及其性质的判断就属于先天综合判断。

邵:翟老师,看《有无之间》的时候我觉得您给我们思维最大的冲击是,我们的人体不过也是一套装备,也是一套感知框架,也就是说它是可替代的感知框架。虚拟世界和我们所感知的"现实世界"之间的关系是平行关系而非衍生关系。如果感知框架是可以选择的,那么什么是不可以选择的?您说的是心灵,有的时候是您也说是"道"。在这里您想表达的是什么?这是不是有点神秘主义的意思?

翟:这里指的就是心-物统一体。你说心-身也可以,心和物最终并不是分开来的两个东西。既不能说是心,也不能说是物,所以只能找个词,我用的是"道"。

秦兰珺(北京大学中文系比较文学博士,中国文联文艺资源中心应用与推广部干部):翟老师,我补充一下,我想,邵老师可能想问的是,您有某种宗教情结吗?

翟:我没有宗教情结,可以说我没有宗教信仰。这本书里的内容是讲道理讲出来的,不需要相信故事,不需要相信传说,也不需要相信有个"人格神"的存在。另外,讲到"人格神",那是什么东西? 我们也不知道,起码,它既不是心也不是物。

二、不管有没有造物主,我们都可以是自己的上帝

邵:一谈到虚拟现实,我们特别容易联想到《黑客帝国》的后背插管啊,《美丽新世界》的快乐剂……我们曾经所有关于恶托邦的想象都是往这个方面去的,您这本书里也讨论了这个问题。

翟:对,第五章,专门讲这个。

邵:"恶托邦"的想象虽然有着极其重要的警示意义,但是不是有点太悲观了? 因为都是基于极权主义和资本主义大工业生产背景的,受众也是作为被动的接受者被想象的——这也是法兰克福学派的惯常思维。需要问的是,我们恐惧的到底是 VR 还是极权? 在这一点上,正是我们目前所做的网络文学研究和您的研究结合的最紧密的地方。网络文学和传统精英文学有一个很重要的分界点——五四以来的新文学基本上是以现实主义为主导的,而网络文学大部分是幻想性文学,其实是虚拟现实的。在这里,我们触及到了这样一个问题,就是在这样一个虚拟现实之中如何重新架构一个世界? 您在《有无之间》里谈到的一个观点给了我们非常大的启发——不管这个世界有没有造物主,我们都可以,也应该是自己的小写的上帝,也就是在一个有限范围内操控自己的命运把握自己的未来。

不过,我们真能成为自己的上帝吗? 那个虚拟的世界会不会更容易被某种极权的人、危险的人控制? 然后最终我们自身就变成了那个后背插管的人? 您在书里边特别谈到了这个疑虑,您在第五章说,"尽管许多评论者对未来电子革命的其他方面评价不一,但他们几乎一致认为虚拟现实和赛博空

间,同赫胥黎所描述的《美丽新世界》正好相反,它将前所未有地激发人类的创造力,并且分散社会的权力。"如果说 VR 能够前所未有地激发人类的创造力,并且分散社会权力,这可能跟电子革命这种媒介革命有直接的关系。现在,在网络空间内部,已经形成了一个又一个的粉丝部落文化群体。这些粉丝部落文化群体是有机的,粉丝们不再是法兰克福学派描述下的那些个被动的、孤立的原子,他们靠"趣缘"凝聚在一起,有着共同的、具体的生活。在他们的部落中他们有着某种程度的立法权,理想状态下每个"小宇宙"的规则由"趣缘群体"成员通过协商来设定。这样的一种可能性和媒介革命是息息相关的。正因为有了网络空间,普通人才有了组织有机的网络部落的可能性,他们才有可能获得某种虚拟的新世界的立法权。所以我们也特别希望您能再讨论一下,首先,您对这样的未来乐观吗?在媒介革命之后,人们自愿形成的"趣缘群体"可能分散社会权力吗?

翟:这个是一般性问题。我先造一个问题来让大家反思一下,你这个特殊问题的答案,估计就会显露出来。比如说,虚拟现实在美国发展,同样的,它也可以在朝鲜发展。你觉得它们的走向会一样吗?肯定不一样。所以,在技术上 VR 会发生,但是对我们人类生活怎么关联的话,这就由原来所有的制度、文化、民族心理共同决定。因此在我看来,最值得讨论的并非虚拟现实来了以后"我们该怎么办",而是我们开始研究虚拟现实时就要想清楚"我们该怎么做"。这两个问题是完全不一样的,一个是被动式的,另一个则是主动做的。

邵:那您打算怎么做呢?

翟:现在就是在做呀。我也不想成立组织什么的,我就是来北大讲讲,到这里讲一讲,再到那里讲一讲。最后,写一写,让人看看实验室,告诉大家这样的未来快要到了,然后再问一问:我们怎么办?

我不能干多少,需要大家一起干。《有无之间》里并没有把这些当主要内容来讲,但第五章关于人类《美丽新世界》的内容是与之有所关联的。诺齐克(Robert Nozick,美国哈佛大学教授,二战后至今最重要的古典自由主义的代表人物)做了一个思想实验:我们生活的目的是什么? 有人说是快乐。诺奇克反驳说,真的吗? 如果是这样,那么和《美丽新世界》也差不了多少,把人接上一个快乐机器,刺激你快乐,你愿意把你自己接上去吗? 大多数人回答说"不愿意"。不是说人的生活的目的是快乐吗? 那为什么不接进去? 这不是自相矛盾吗? 这时我们就要反思了。快乐是重要的价值,但是我们真正的最高价值,叫尊严。虚拟世界不是有多少快乐的问题——当然主流意识形态反对快乐也是非常让人头疼的问题——新一代年轻人追求快乐的方式,只要是掌握话语权的年长者们不理解的,就被说成是邪恶的,这是一件很糟糕的事情。每一代人都这样,现在的年轻人说父母不懂就说是邪恶,他自己可以下象棋,但我玩游戏就邪恶。这样的逻辑延续下去的话,年轻的父母玩乐高,孩子玩《我的世界》——邪恶。父母玩 Iphone,孩子玩 VR 头盔——你怎么玩头盔? 邪恶! 一代一代的人就是这样子的,每一代人都觉得下一代人在堕落。觉得自己不懂的东西是坏的东西,这样的恐慌来自于害怕自己控制不住,一失控就觉得是邪恶的。但是我们人类的目的就是要自己控制自己,而不是被别人控制。我们都有控制别人的愿望,但是我们要反思:这是错的、恶的,要让善冒出来。权力意识、性独占意识,谁没有啊。这些的确有可能产生邪恶,那么爱美之心、爱爽之心、享乐之心呢? 谁都有,没有就糟了,除了尊严之外,这些都是生活里最应该有的正面内容,只要人为了获得这些内容不发生争斗,都是正价值。要防止争斗,就需要理性。但是理性之心,有强有弱。最重要的,就是在可能的范围内自己决定自己的命运,这基本就是人类尊严的核心含义。虚拟现实也好、人工智能也好,这个问题是极其重要的。

三、所有的东西都可改变,唯独意识不可改变

傅善超(北京大学中文系硕士研究生):我的问题是一个比较细节的问题,我大概说一下我的理解吧。因为我学过理科,所以《有无之间》全书,尤其是前几章非常非常数学化的阐述方式,可能大家不太熟悉,但我是觉得非常亲切的。翟老师在书中也提到他为什么要思考虚拟现实,是因为我们需要在技术来临的时候以主动的姿态思考我们能做什么。我的理解是,前面的那一些非常数学化、非常证明式的东西,与后部分连接起来,这本书实际上说的是我们可以有虚拟现实的技术,它可以改变一些东西,但仍然有些东西是不会被这个技术改变的。说得比较保守一些,最不可改变的,是类似于胡塞尔先验主体性的这种东西,它不会被技术改变。可能在虚拟现实技术出现之后,比如说,头盔,像是我们在虚拟世界里面的眼睛;紧身衣,好像是我们在虚拟世界里面有另外一套身体……尽管是这样,但是我们的主体性是没有改变的,更准确地说,先验主体性没有变。当我们进到虚拟世界之中,很多经验的东西是会改变的,而且非常容易被操控;但是当我们在思考的时候,那些和主体性相关的问题,它们仍然是存在的,而且是关系越紧密,可能改变的就越少。我觉得这可能就是我们人文学科在思考技术的时候的一个比较好的起点,比较好的思路。

翟:你讲得非常好,这就是第四章说的,所有的东西都是可改变的(optional),唯独意识(consciousness)的先验结构是真正不可改变的。有人问我,人与人之间的接触,不是我们用物理、信息可以说清楚的,比如一见如故,两个陌生人之间好像很有亲切感,这样的感觉,虚拟现实能做到吗? 我说,好吧,有这样一种东西,是超物理的,我不知道有没有。设想它有的话,如果是超物理的,只要它原来在,那么它现在照样在,虚拟现实没有碰到那一块;如

果它不是超物理的，那么它就可以被做出来。这个貌似复杂的问题，一下就解决了。所以，当时我就有一句话，用来宣传这本书：人工智能不可完成，但是宇宙可以被再造（It's impossible to realize AI, but it's possible to remake the whole universe.）。制造整个宇宙，大家觉得不可思议。但是，这里的制造并非一砖一瓦的建构，而是从根底上改变空间的关系，出现整个新的世界。这样的话，一开始的"物理"规则、伦理原则等，现在都要由我们自己来定，所以我说需要一个叫作"造世伦理学"的新学术领域。很多人认为伦理规则是从这个世界总结出来的，但其实无论怎么总结，对外在经验的描述不可能导出规范性的规则，经验主义的道德哲学在规范上是不可能的，普遍有效的规范，源于人的理性的自我要求，或曰，源于目的王国中的自由理性人的自我立法。

邵：作为一个学文科的，我想问您一个问题，可能不一定合逻辑。从我们需要的角度出发，其实您刚才说的这个虚拟世界，对我们这些人来讲，对我们的最大的诱惑恰恰是各种主义。比如，我们能不能在虚拟空间建一个女性主义空间？

翟：女性主义的空间，什么主义都可以的。这无关正确与否，只要是空间都可以，关键是不能以此强加于他人。

邵：就是我们这一些人，有这样一种主义，然后我们用这个方式去设定这个世界。

翟：对，这不是最高层面的主义。女性主义，把一个性别当主义，一定是过渡性质的，不可能有永久的女性主义。因为男性太过强大，女性及其同盟想要纠正过来。这很正当，隶属于一般的正义原则之下。"我们要来了！"是这个意思。当然，你要有说服力，要有理论建构，要有价值诉求。如果只是为了女性而搞这样的主义,作为社会行为都好,但作为最后的哲学学术就不行,学术是不能预定立场的。有人宣称所有的学术问题,都可以化归为意识形态问题、话语权问题或立场问题,这是智性堕落的表现,我坚决抵制。

邵:我觉得我们需要警惕一种精英霸权。让我再把姿态放低一点,我们想要建构的那个世界可能没有完整的理论逻辑,只是我们这个小群体的意愿,我们就是想要在虚拟世界立法的权力。我觉得在虚拟世界里要抗拒"极权设定",不能只靠知识精英发明一个更完美的设定,建构一个乌托邦,而是要靠多如牛毛的小团体建构自己的异托邦——它们可能是不完美的,甚至是"变态"的,但却是自愿自足的。因为我们不愿意在现实世界服从于权力秩序的逻辑,在一个虚拟的世界还要服从于精英的逻辑。

翟:不愿意,就因为"人是目的"嘛,不是吗?

邵:所谓人是目的,应该是每个人都是目的。所以,这个设定权不能让渡给任何一个别人,不管他是占有了知识,还是占有了财富。而且,我觉得在今日和未来的社会,反抗专制的有效方式不是对抗而是分散,而且,在整个社会进入犬儒状态的今天,恐怕每个人只愿意为了捍卫自己的生活方式而战斗,如果还会战斗的话。

翟:非常对,每个人都是目的,即康德说的,每个人都是目的王国中的平等成员。说到底,你还是在坚持这样的一条原则,说这条原则不能被去除。

邵:这点我同意,如果您说的基本原则是人的主体性的话。

翟:对,最抽象的、最基本的原则,要遵守。中文系和哲学系的思维不一样,哲学要把思想的整体用逻辑组织起来,在分析能过关后才来综合,先要找毛病、挑错,然后再把相容的东西加以综合;中文系,文艺批评呀,这个主义那个主义呀,就是要松动人的习惯,特别是不良习惯,发明新词汇,用语言来冲击既有秩序。

邵:刚才我有一句话没听懂。您说再造宇宙是可能的,那么怎么造? 我是不是可以这样理解,并不是造宇宙,而是我自己造一个装置,通过这个装置,就看见了一个新的宇宙。恰恰是因为有了这样的一个网络空间,才有可能让更多的人有可能去造他那小宇宙。我不知道这样的理解对不对?

翟:说"造宇宙"还不如说"造世界",这个世界是时空框架中的经验的集合,不是规律的集合,规律是不能造的。而通过虚拟现实,和我们感觉发生作用的那个界面,所有的东西都是可以造出来的。

四、没有主体意识的人工智能是"僵尸"

陈子丰(北京大学中文系直博生):我有两个问题。首先,《有无之间》第四章较为着重地谈到,我们唯一被给定的从而不可以选择的就是意识本身。我想知道的是,您设定的这个前提是,您是否相信我们有,或者没有这种手段,可以通过在物理空间层面的操作去影响到我们的意识? 第二个问题是,在大家都可以创造自己的小世界的时候,到最后,我们都会创造一个自己的世界,世界外剩下所有的东西于我们都是"僵尸"(zombie)。您的书里也提到"他者心灵"这样的问题。在这种情况下,如何去理解一个人和另一个人的"僵尸"关系? 他们在社会中的地位和位置,以及对于我个人的主体性的差异呢?

翟:第一个问题,虽然意识是独立的,但在物理空间的操作是否影响它?

当然是。现在,我跟你说话,就是因为能影响你,我才说。但是这不能说明,我能把你的意识给"做"出来。有些计算主义者觉得人脑就是电脑,神经元的激发无须相互作用凑在一起,就有意识。这样的想法,我专门发表过论文,证明它是谬误。计算机的运算速度快了就有意识了?这是很傻的想法。快慢跟意识没有关系,把算盘都摆在一起,不可能有一点点意识的种子。中山大学校园内有个超级计算中心,全世界最牛的计算机"天河二号"就在中山大学的校园里边。普通的电脑就是四个核、八个核,它有几百万个核,凑在一起协调。这就有意识了吗?两个没有,五个就有了吗?一百个没有,两百个就有意识了吗?这是不可能的。但是,用量子力学设计,量子计算机就有可能不是这样子的,量子力学的对象不一定是物质也不一定是意识,它是中性的,叫"道"也可以——这个我们先不谈。关于第二个问题:在很多被"做"出来的世界里,有很多人工智能造出来的对象,在虚拟世界中有些人是真正的人,有些则不是,我叫它"人摹"。这个"僵尸"问题,其实不是新的问题,在我们进入虚拟世界之前,在这个自然世界中,"僵尸"就是人工智能驱动的拟人机器人(其实我称其为"人偶"),做到最后,我们怎么将它们与真人区别开来?

陈子丰:不光是论区分的问题,可能还有更伦理的层面。

翟:是的,在一个你自己的世界里,"僵尸"出现时,我想怎样就怎样。大部分人是没有戴头盔的,只有我一个人戴着头盔,其他都是我造出来的,这是我自己的世界。在这样的世界里,道德问题是不存在的,尽管单纯的价值问题还存在。道德问题起码要有两个或两个以上的主体。价值问题不一样,纯价值问题没有交互主体关系也可以讨论。至于"僵尸",我们区分不出来,他们看起来和真的一样,按定义也分不出来,这是问题的症结所在。在我们现在所在的这个世界,机器人造的很像,但是它本身没有人格。一个像人的机器还是机器,我损害它,损害的就是物体而已。现在很多搞实证科学的人觉得,"僵尸"和人的区别是不存在的,我们就是"僵尸"。丹尼尔·丹尼特就持这个想法,他是认知科学家和哲学家,在西方搞心灵哲学的圈子里边很出名。但也有人,比如澳大利亚哲学家大卫·查尔默斯,他把心灵问题区分为"困难问题"(hard problem)和"简单问题"(easy problem)。困难问题解释意识是什么,简单问题就是解释在神经元的对应项上,它会发生什么反应,那是某种对应关系,但不是意识本身的内容。以丹尼特为代表的前者觉得没有这种区分,简单问题到最后等同于取消了困难问题,这代表了学术界大多数人支持的观点,这个大趋势被称为自然主义哲学或者自然主义认知科学。按照这一说法,虚拟现实是不存在的,因为电脑的运行和人的观察是一样的,VR 头盔是不需要存在的,因为说到最后,把头盔挂在两个摄像头前和戴在眼前没什么区别。这种运行简单计算机就等于是虚拟世界的说法,是谬误,我坚决反对。虚拟世界的概念一开始就不能把人的心灵等同于计算机,不然一开机,没人去感受就有虚拟世界了,这很荒谬。意识与计算机一定要被区分开来,才能谈论虚拟现实。但是,这里即刻就会有个判别僵局出现,就是他者心灵的问题,这在我们这个世界也是个僵局。比如说,邵老师如果有个机器人替身,看起来完全和你一样,用经验观察完全无法区别,我怎么知道她是没有心灵的?完美的拟人僵尸和有自我意识的真人之间,如何从第三人称视角作出判断,似乎是不可能的事情。但是,从第一人称出发,自己自我判断才知道,我在书中论证过,不过旁人对一个人的人格同一性的认同产生了多大的混乱,这个人的自我同一性的认同一点都不会受影响。这个从第三人称对第一人称的认同的有效判据的却是问题,叫他者心灵问题,是传统哲学的形而上学核心问题之一,与虚拟现实没有什么特殊的关联。丹尼特说意识是一种"幻觉",但"幻觉"概念本身就预设了意识的存在啊。在单纯的物理过程中,"幻觉"是啥意思?非意识性的"幻觉"是不可能的。说自我意识是一个幻觉,这是自相矛盾的。

邵：翟老师您能不能更清晰地来表述一下，您觉得虚拟现实和人工智能有什么区别？

翟：它们一点关系都没有。人工智能把机器造得像人，可以干人的体力劳动、脑力劳动，那叫机器人（robot）。虚拟现实里没有那种意义上的"智能"，智能在人类自身身上。在虚拟世界中我戴上头盔进入虚拟世界，我是在线的，我有个 avatar（我译为"人替"），在线的人以人替的方式相互交往，这时就有了网络化的"虚拟世界"，这里不需要人工智能。只有当我不在线却想冒充在线的时候，才会用到人工智能和大数据等等其他东西，这就是"人替摹"的概念。当然还可以有独立的人工智能驱动的拟人对象，就像现在游戏中被射杀用的"敌人"，这叫"人摹"。由此看来，人工智能可以存在于虚拟现实中，但是这和虚拟现实没有必然的联系。所以我们的主从机，是无智能的。上次讨论 AlphaGo 时，我说我认为人工智能能造出最强大的工具代替我们的脑力劳动，这是迟早都要发生的事情。人工智能下棋打赢人，这是必然的，这就是我们的技术进步的要义，没有任何新问题。任何技术都可以代替我们的劳动，做我们的工具。在我的网络化虚拟现实与物联网整合起来形成扩展现实的构想中，执行遥距操作时需要用到一种"无智能机器人"，就是像电影《阿凡达》中的那种主从机器人，在远方，你的机器人替身按照你的意愿做动作，是你的"人体替"，没有独立的智能。

邵：从麦克卢汉的"媒介即延伸"的概念来讲的话，原来的工具（比如锤子、汽车）是我们四肢的延伸，互联网是人的中枢神经的延伸。我可不可以理解为，您刚才讲的，比如说人工智能，是人的智力的延伸？

翟：我不叫它延伸，因为智能机器人是与每个个人相分离的人造物，使人的劳作性活动越来越少。虚拟现实是延伸，它使我们的生活空间突然扩大，原来的地域障碍几乎完全被消除。人工智能是把人类的世界给做减法了,不是做加法的,延伸是个加法。

邵:或者更准确地说,人工智能只是把人的脑力劳动的部分做了延伸?

翟:对,是脑力劳动能力的延伸,但劳动不是人本身。你可以不管它,脑力劳动自动化了,和你脱离关系。

戴凌青(原《科幻世界》编辑):翟老师,我们作为第一视角是没有办法区分虚拟现实和自然现实的,但是像《黑客帝国》里面,它会有一个第三视角,或者说,上帝视角,他会告诉人们你现在就是在虚拟现实里面。那么您认为,在未来我们可不可能出现这样的上帝呢?

翟:牛津大学有一位哲学家尼克·波斯特洛姆。他说我们本身的意识就是计算机计算出来的,如果是这样的话,我们本身到底是否是真正存在的?他宣称,几乎可以确定的是,我们的意识和自我意识是假的。但是他这个命题本身的预设是错误的,因为他假设,意识本身从第一人称的角度就可以有"真"和"假"之分。什么叫真意识,什么叫假意识?我们知道我们的意识是真的吧,但他说我们的意识有极大的概率是假的,那真的是什么东西呢?物件要区分真假比较好办,但意识及其内容怎么分真假呢?真假的区分没有被交代,也不可能被交代,他的哲学思维是半拉子的。

五、VR 时代可能让人第一次过上意义为本的生活

吉云飞(北京大学中文系硕士研究生):您在书中谈到 VR 时代的到来会让我们人类作为整体而言第一次过上一种意义生活。但什么样的生活才是

有意义的呢？谁又有权力和能力来为我们绘制 VR 世界的蓝图呢？于网络文学而言，这种意义本身可能会变成在文学的场域内要汇集亿万网民的"集体智慧"去探讨、去奋斗、去斗争的。您认为现在的文学和文艺是不是就在为成为那个意义世界而斗争？

翟：你提到了"意义"，这个很值得讲。在本体论中物质和意义是可以分开讲的，而在平时的生活过程中，和物质相反的概念就是意义，二者无法摆脱对方单独存在，它们是思想矛盾的两个对立项。人家经常抱怨啥啥"没意义"的时候，指的就是赤裸裸的物质，石头沙子还没被用来做材料时，就是"毫无意义"的。但是现在，虚拟现实来了，很多人觉得看到的物体其实后边没有什么硬邦邦的材料，只是信息流，就出尔反尔地抱怨这是幻觉的世界，后边没有"物质"支撑，是"没有意义"的。按说，没有物质又能感知到，就只剩意义了，为何觉得意义非要由物质来支撑？这种自相矛盾的心态，很多人都有。

吉云飞：对，到我们这个世界只剩下文学的时候，我们就不知道这个东西是文学，以及文学有什么意义。如果说到了只有诗和远方的时候，诗和远方是什么？

翟：要回答你的问题，我们不讲虚拟世界，先厘清我们自己。我们的生活要追求什么？一定不是工具。我们不想只做工具，谁都不想，不管是柏拉图还是孔仲尼，是汪峰还是那英。我不想当工具，也不会想把你当工具，但有不少人都有把他人当工具的冲动。但物质性，它的实用性就是因为它的工具性。而我们讲的物欲横流，分析一下会很有意思。物欲横流，真的是存在的吗，有这种人存在吗，有这种社会吗？没有。我们把金钱叫作物吧，这是错的。金钱是最不是物的，它是符号，连纸都不是。真的物，房子、食物是物的。但是就那一点点食物而言，大家是在追求这个吗？讲物欲横流的人，都是指责已经有很多钱的人,还继续追求钱。但钱本身不是物呀,它和物的关联是,它可以换到任何的产品或服务,市场上流通的任何想要的东西。把钱叫作物是最大的误导。黄金看起来有价值,可以当项链,为什么金项链那么贵呢?我们现在用合成的方法做出来的项链很像真的,为什么人们不让其完全代替金项链呢?因为项链值钱不是因为其功能,而是因为其符号的功能。因为黄金本来没有什么其他的用途但非常适合当货币,它就成了通用的记账符号,人家想把自己与货币的某种关联展示出来还要一点其他借口("饰"),黄金就变成项链的材料了,似乎很"有用"了。所以,仅从这一点上,我们就知道,在这里,"意义"概念是先行的,其符号性的"意义"使本来无用的物质材料变得似乎很"有用"。

这样的话,我们还可以试问,是游戏重要还是工作重要?工作是工具啊,工作,或者更准确些说"劳作",按照定义,就是为了其他有价值的目的才需要干的事情,干这种事情,并没有独立的意义。可以说,劳作无意义,除非其导向的目标有意义。盖楼是地基重要,还是楼房里的空间重要啊?从操作意义上讲,地基重要,因为地基没打好就是豆腐渣工程,风一吹就倒。但是从价值意义上讲,空间重要,地基一点都不重要,地基是为上面的生活空间服务垫底的。太空站,因为摆脱了地心引力,就无须"打地基"。我们要得到的真正的价值。是与生活的内在价值最靠近的那些东西,是在空中,而不是在那个地基上。

邵:那我可不可以简单一点说,有了虚拟世界以后,实现意义可以不搭物质地基了,变得便宜了、容易了?

翟:对,大大方便了!现在不是有共享工具吗?直接共享就不是标准的经济行为,所以"经济主义"的时代也许要过去了,用"资本主义"或"社会主义"这些经济主导的社会标签来描述这样的新世界,是万万不能的。比如说,我分享图片,或在《我的世界》里面建造房子让你住进来,这也不是经济活动。很多现在正在改变的东西,大部分不属于经济领域的市场化活动,而是把分享直接当成生活内容的一部分。这并不是"谋生"的行为,这其实是对现有人类生活模式的颠覆。所谓经济主义,就是几乎所有人类活动都以经济活动为中心,其他东西都变得无所谓。这是本末倒置的一种社会,是人类在现有自然空间不得不采取的一种生活方式。有了虚拟世界,事情可能就会发生根本的变化。当然,我最担心的是,权力在手的人把虚拟世界的"人联网"当成他们操作"物联网"的工具,最后也就是少数寡头把大多数其他人当作实现他们权力意志的工具,这就是灾难了。我设计建造的中山大学人机互联实验室,就是要展示虚拟现实与物联网整合后会是怎么样的一个世界,我把它叫作"扩展现实"(ER),以作警示。

邵:所以就是您这里讲的,人类第一次可能过上有系统的、有目的的、有意义的生活,当然,这也取决于人类是否能预先为虚拟世界注入鲜活的人文理性,使人类在自然世界生存阶段以无数灾难和死亡积累的文明成果发挥良性作用。非常感谢翟老师!我们在最后一分钟,走到了问题的核心,达到了思想的狂欢!

关于 VR 与 ER 实验室及人文意义[*]

近日，在北京电影学院未来影像高精尖创新中心主办的第七届北京国际先进影像大会暨展览会上，中山大学人机互联实验室主任、哲学系教授翟振明发表了关于虚拟现实与电影结合的演讲。

值此机会，影视工业网专访了翟教授。

影视工业网：我理解您制造虚拟现实场景的一个目的，是将其作为未来可能有的冲突的容器、模拟器、演练场。那么您已经模拟或者预见到了哪些伦理的、法律的冲突和困境呢？

翟振明：这个实验室就是整合虚拟现实和物联网，把触碰到危险、对人类生活有威胁的方面做出来。再走一步，可能就真的触及人类生活的底线了——可以叫作伦理吧，不是一般的伦理道德，而是人类生活最基本的原则。

伦理倘被违背，VR 就把我们带进深渊，而非天堂了。弄得好，人类就有大的进化；弄不好，就像走向地狱——VR 极具颠覆性。人工智能是做减法的，就是我们原来要干的事，越来越不用我们干了，原来的体力劳动被解放了，就是靠一般的机器。现在，计算机代替了脑力劳动，人工智能连我们学习的部分都能代替，以前我们觉得机器做不到的，人独特可以做到的一些事情，它可以做。人家比较恐慌，觉得这个世界上，劳动力市场不需要人了。

这事对人类不是威胁，大体上是好事。科技发明是为了减轻我们的劳

*　本文源于"影视工业网"，2016 年 12 月 31 日。此处略有修改。

动,使我们要干的活越来越少,这是好事。只是,在一个社会安排下,你没工作做,分配的份额就到不了你手里。所以调整分配方式就可以了,对人类不是坏事。

但 VR 不是做减法,而是做加法,是把人的能力、存在领域扩充到以前想都想不到的场域,是对人的生活方式、存在界面的扩充。对人的生活冲击,应该是更前所未有的,以前没有这种技术。人工智能和其他技术之间的区别,是它把人自以为机器做不到的事情也做到了,脑力劳动自动化了。而原来其他技术没有类似 VR 的东西,有点像传说中的神仙,有一部分给实现出来了。当然,人工智能结合 VR 那就更厉害了。

我的实验室就整合了 VR 和物联网,人可以在 VR 里面联网,大家在一起,用 VR 连接起来的人的世界,不用出门就可以操作物理世界,这叫扩展现实(ER)——expanded reality。原则上,它就像《黑客帝国》电影里那样,人不用从里面出来就可以生活,反倒是可以移民进去了。这样的情况,就是我们看到的,不一定要结合人工智能就能做到的事情。如果我们真的所有的功能都在那里完成了的话,那就是一个真实的世界,而不是假的世界。我的书里论证过,两个世界最终在本体论上是对等的。

但是,在半中间的状态,我们所有的功能都还要在这个物理世界,我们的社会功能都在原来这个世界才能真正得到完成,那就不对等了。设想进去以后,那里面没有支撑我们生存和发展的功能,只有体验的功能。如果进去又出来的过程,可以做到让人不自知,分不清到底哪个是哪个,是有真的功能的地方,还是一个幻觉的世界,那就非常危险了。我就把这个界限先做出来。我的实验室做到了进去——在进入虚拟世界的瞬间,你是不知道你已经进去了的,从现实世界过渡到那里去,是无缝的,你是发现自己在那里,但不知道是何时进来的。出来的时候,还没摘下头盔,你就发现你已经回到真实的实验室的现场了,摘下来一看果然就是,出来也是无缝连接。在这个过程中间还要联网,联网还是用互联网的方式连的,证明全世界人的所有东西都可以接进去。在这种情况下,抹掉了虚实的界限,展示了它的危险性。如果有人想控制别人,比如说我专门想要控制人,我就做出这种实验室来,把它一扩充,又不让别人知道,进去就出不来,那时我就变成了一个最危险的人。我和媒体、我们的校领导开玩笑说:这个地方是非常危险的。现在,我是在理性地思考边界,但如果我失去理性,继续往边界走,你们该怎么对付我? 应该把我抓起来才对,因为我可以控制人的想法、行动。

　　还有一个,有些 VR 圈里的人,说以后头盔可以不要了。我经常在做讲演的时候,说到头盔会越来越小,搞技术的人马上就会接话说我们以后不要头盔,直接接到脑中枢去输入信号就行了。这也是一个要严格区分出来的界限。我们现在的 VR 用的是自然感官,自然感官的话,是没有东西插入脑中的,我们知道没有发生对自我意识的干涉,和我们平时的体验用的是相同的途径。但是,一旦直接插进去,我们就不知道会插到哪里去,干涉到什么程度,我们的自我意识是否会消失,我们是不知道的。用电极这样直接插进去,信号直接输入我们的脑中枢,有两种可能,一种可能我们还有自我意识,我们还行动,但是我们被欺骗了,我们以为是自己干的事,其实是别人操控我们干的,这是非常糟糕的一种事情。这就是人的尊严的底线受到了挑战,受到贬损,不管你得到快乐也好,最后结果如何,它本身就是一件坏事,不需要其他的结果是坏的,它才是坏的,这是内在价值本身的坏,这就是被另外一个人控制了。还有一种可能,就是我的自我意识都没了,别人看起来,我还在动,好像还帮了我的忙,比如我原来有病,现在看起来没病了,但是其实我已没有自我意识,已经不存在了,叫僵尸。哲学家讨论僵尸,就是说,在第三者观察下,它像真的有自我意识一样。其实呢,它是没有自我意识的,就是有行为表现的机器。我们的机器人做得足够好,它就是一个看起来和人一样,比如说模仿我做一个机器人,做得足够好,它的目标就是做到和我不可分,但是我们知道,如果没有把人的自我意识做进去,它就是没有自我意识的。但是自我意识到底是怎么产生的,我们现在所有的理论,哲学理论、物理学理论、心理学理论、生理学理论，都不知道，所以我们随便一插是非常危险的，有可能把人搞没了，而且还没人知道。这就是第二种，插进人脑的这两种可能，都是非常可怕的。第一种是被人控制，第二种，他根本不存在了，但别人还以为他存在着。所以这两个界限，我要把它做到边上，警示人们的注意。

影视工业网：现在虚拟现实的形态尚不明朗，此时就对虚拟未来尝试某种控制，您觉得是否为时尚早？您提出的"造世伦理学"和"虚拟世界大宪章"是未雨绸缪还是杞人忧天呢？

翟振明：我做这个实验室作为 ER 的原型，就是有人说时间太早，没必要，不知道什么时候的事，还做什么做呢。我说我都做出来了，就做到危险的边缘上了，现在都分不清虚拟还是实了。伦理学不只是要规范人的行为，不让他干什么。反倒是它最怕人用这种东西来控制人。有人以为伦理学是要专门控制人的，之所以叫伦理学，很多人理解为不能干这个、不能干那个的，也不讲道理。伦理学最根本的不是要做这个，而是相反的，它怕一小撮人拿这个东西专门用来控制一大帮人，或者把人变成物的附属。我们的伦理学，主张人要控制物联网，把物联网当成虚拟世界中人的工具，才是正道。

有人以为，VR 属于游戏，属于技术的"不严肃应用"，人家觉得那个是玩的，而且引人堕落，他们要把 VR 整到物联网那边去，而不是倒过来——这是很危险的。这不是杞人忧天，我们坚持最基本的伦理学，人的基本自由、权利不能被侵犯，不能让在 VR 里的人为物联网的物服务，而应该反过来。有人说我们的规矩是我们的传统观念，被破坏了怎么办？我们说，有些规矩，本来就不应该存在，我们还真的要破坏。所以我们这个叫造世伦理学，不是一般的伦理学。因为我们要创造物理世界的规则，这叫造世。与此相关的，是造世的宪章。

人与物的关系，在自然世界里，原来是不存在伦理学的，因为自然界的规律我们无法改变。现在我们要造这个世界,这个虚拟世界是我们的编程、我们的设计者设计进去的。比如说该不该四季更替,还有人在没干什么的时候自然界发生灾害,台风、地震,应不应该放到那个世界里面去,这就叫造世伦理学,涉及的是以前不存在的人与物的关系问题。第二个是人与人的关系,关于谁被控制,谁要控制谁,界限在哪里。人不要变成二等存在,是另外一小撮人的自由意志,强加在另一大拨人的自由意志之上,让他们变成工具。伦理学的铁律,就是不应该把人仅仅当工具。所以这个东西,违反这个铁律的人从来都存在。现在的 VR 以及 ER 只要一开始有这个迹象,我们就要让它们都不发生才对。

影视工业网:您刚才提到宪章,这是政治意志的体现,其基础来自伦理学。您也说过,如果制定规则的权利落到错误的人之手,可能未来会失之毫厘,谬之千里。如果可以选,您会选谁设计规则?像您这样一个教授、哲人王——柏拉图的理想,还是一个民选代表,一个独立的政治机构来制定规则?

翟振明:要把理性本身作为源头来制定规则。政治上掌握了话语权的,不应该是当然的选择。应该说,不应让他们来制定,由他们来制定是最糟糕的。商业则是第二糟糕的。投票的民众也靠不住,所以应该是谁呢?

哲人王有点接近,但并不是叫一个人哲人王,他就是哲人王了,而是要调动大家的公共理性进行讨论,还有吸收几千年来思想家关于人类价值的讨论,加在一起。所以这个东西,并不是现成的哪个机构就可以做的。刚才你说是政治问题,政治的前提,只要是规范性的,都是以伦理学为基础的。刑法为什么要禁止滥杀无辜呢?就是因为滥杀无辜是伦理上不好的事情,我们才禁止它。所谓道德与政治的区别,看你怎么讲。传统道德不能成为根据,人家传统观念在历史上自然形成,但并没有经过理性的讨论。我们此处要的是以理性推导出来的,普遍的、人人都要接受的这种伦理规则。这也就是所有人的行为,包括集体行为、政府行为,还有个人行为的基础,这样的伦理学,就是价值判断的源泉。

有些人,包括学者,不太愿意把权利问题放到伦理学里面去,认为那是属于政治的概念。人的权利的概念,它的理性根据是什么？一般的政治学可以不讨论它,而政治哲学是要讨论的,这是和伦理学相结合的政治哲学,它是需要讨论的东西,我们叫它规范性研究。法学家也可以不讨论,但是法哲学的一部分,确实是要讨论这类问题的。比如说自然法理论,直接就是从伦理学那里嫁接过来的。

影视工业网:之前国外学者论证,作为中国的一部分,香港的政治制度不可能超过中国现有的政治制度框架。假如说 VR 是现实世界的延伸,那么我们为其制定的宪章,会不会超出我们既有的政治宪章的框架呢?

翟振明:我觉得有可能。最近几年我提过好多次"虚拟世界大宪章"。我们刚才说的是,不可能超出限制,但要看我们是在什么意义上来超越。其实我们制定宪章,有很多这个世界的功能是要堵住的,不让这个世界不合理的规则进去,它具有这样一个功能。道理讲得通的、人的共同理性能接受的,才让它在虚拟世界里发生作用,其他的东西不让它进去。这样就不是说超过它,只是比它少而已。其实我们把不应该有的东西清除掉,那也是一个比原来要好的世界。刚才讲的对人的控制,我们在不同的社会制度下有不同的程度,但是我们要看,人是要控制的,但是怎么个控制法,在哪个层次控制,我们就可以坐下来,心平气和的用理性的声音来商榷。

也不要抢什么话语权,不要说我是某个传统的,我是儒家的,你是基督教的,你是什么主义的,就来争话语权。有些东西是任何国家、民族都要共同遵循的东西,没什么文化传统的问题。比如没一个人会说,人就是要当工具的。别人当工具可以,但是说我生来就是要给你当工具的,没有人这样认为。难道有人会相信,我的权利本来就不应该存在,我说话就不应该是自由的。你说话就应该自由,我就不应该自由? 没有这种人,不论是在古代还是现代、在非洲还是外星球,只要有社会存在,有人存在,有独立思维能力存在的人,就不会认可将这种想法用在自己身上的。人只要是有自主意识的,都必然有要坚守的东西。其他的传统"道德",以偶然的因素混到这个伦理规则里面,找不到任何理性根据的,我们就要把它清除掉。

影视工业网:您会称之为普适价值吗?

翟振明:普适,"适合"的"适"(不是世界的"世")。我回答你这个问题之前得先假设。

如果假设没有普适价值,那社会制度的根据是什么呢? 比如说你要讲道理,一定不能只是说我喜欢这个东西,我的文化传统中大部分人相信这种东西。要知道,你是为未来的人设计制度,未来的人还不存在,你为他设计的这个如果是有意义的话,一定得是普适的东西。不然的话,谁抢到话语权,就把自己一己的偏见、一己的偏好推给千秋万代,这个不仅是横蛮,而且比暴君还要坏。

影视工业网:在电影、游戏里经常看到您尽力避免的那种灰暗的反乌托邦。虚拟现实往往会成为法外之地。这种灰暗的未来,往往根源自人的欲望和游戏的天性。有游戏业嘉宾在大会上说,虽然政府对游戏有诸多管制,游戏业有很多事情都做不了,但人们玩游戏就是想干在现实里面干不了的事。您看,这种情况在未来会更乐观吗?

翟振明:人家一般把它看成负面的,现实中不让他去。在这一点上,也许我们所做的大部分的事都是正面的。不过也有可能反过来,有可能是大部分的好事不让干,只让你干坏事,现实中有这种情况存在啊,并不是不存在。有些制度、历史阶段,就鼓励人干好事;有些体制、历史阶段,干某一类坏事倒可以,真的好事还不让你干,但杀人放火之类的坏事还是很少的。比如说诚信是好的,有些人却不鼓励诚信,实际上是不让你这么做的。

但是虚拟现实的网络中的诚信,在某些方面能让人更好地表达自己的东西,没有身份反而能让人更加诚信。有了这种身份,和政治挂钩的诚信,就成了不诚信,有的时候真我就可以在网络上表露出来。但是它又隐掉了另外的东西。

比如说在现实中,我们随便出国是不行的,国界是有管制的。有了 ER 就没有这个问题了。在任何国家,有缘人一下子就聚在一起了,出国和不出国好像没有大的差别。从管制角度看,它有可能是坏事,但是综观而言并不是坏事。是我们的制度要适应这种东西,而不是倒过来,让我们去适应已有的制度。有一部分是要让制度来适应的,而另有一部分则是反过来的。这就需要非常严格的逻辑思维,对人类社会本性的一种透彻的理解,对个人的本性、我们的生活的内在价值的目的、追求最终的目标,都有一些比较深刻的理解,这就有很多思想资源,有两千多年来哲学家讨论的东西,平时人家不关心,到了虚拟世界和人工智能时代,那些东西就变成任何人都要面对的了。立法,和别人打交道,都要思考以前最抽象的哲学问题了。

腾讯给我的实验室捐款 300 万进行升级,现在已经到款 150 万了。在协议里面我就说,拿你的钱不是为了商业,虽然你们是商业巨头,但我是为了在虚拟世界变成我们生活的一个重要部分之前,先注入鲜活的人文理性。人家一讲人文,就以为都是感性。其实那叫人文情怀,不是人文理性。人文的东西是理性的,人文的东西,比如启蒙理性里面的东西和人文主义是一回事,就是人独立使用自己的判断力。

影视工业网:您也参与 VR 内容的生产,您怎么看这一块? 特别是在叙事手法上,有没有进行一些创新?

翟振明:我现在的实验室做的是无缝穿越,里边有一些 VR 的内容,但涉及的叙事内容不多。说到这个,以前所有的内容,包括电影和其他视觉,都是以第三人称的视角来制作的,和 VR 无关。VR 的特点就是任何画面都可以立即联系到第一人称视角。VR 的特点是有一个消失点,所有场景都消失到我身上,进入我的第一人称。所以我们做内容,这些就用不上,要 VR 就没多大区别,3D 视频就差不多了。

电影里面拍很多镜头,其实都是接上去的。我拍这个电影,就是蒙太奇手法,从这个镜头变成那个镜头,和"我"这个点是没有关系的,"我"是不存在的,是可以浮在空中的另一个点。人家在床上私密地做爱,我可以拍他的特写镜头,但是要让观众觉得你不在场,拍的人也假装不在场。但如果是 VR 镜头,因为拍摄,你马上就可以让电影里面的空间画面和"我"作为观众的实际上的空间连接在一起。它没有一个画框(frame)把两个空间隔开,所以影像里面的空间和观众的空间是同一个空间,我任何时间都可以回到"我"的所在点。

不管你是不是真的想让自己进去,你都在那里,你都在现场。这个内容,就是 VR 内容最主要的特点。所以它可以纵向穿越,可以绕到后面去。可以看到你,也可以看到你的后背,因为我是在现场的,所有东西如果没有用到这一点的话,是不是 VR 就没有大的区别了。在没有这种特点的情况下,切换的只是角度,从原来的这个场景,切换到那个场景。现在不是了,是从这个角色切换到那个角色。所以,其中最基本的转换就是,原来的观众都是在偷窥,拍电影、拍视频都一样,观众都属于偷窥者,演员在表演时都假装不知道我们在场。但是 VR 拍的东西,你一定要把观者算进去,你是作为一个存在物,有自我意识的存在物在演员面前发生。所以围绕这个东西来创造内容,人,第一人称是可变的,男人变女人,大人变小孩,人变狗、变虫子,本来在地上,现在变到空中、变到宇宙——什么都连接到自己,观众从第三人称的观察者变成第一人称的参与者了。从消失点上通过 avatar(人替)进去,这就是和人的精神世界直接相连了。所以在制作内容时,只有掌握了这个原则以后,才能发挥 VR 电影的独特作用。不然,得到 VR 这种设备,拍到的效果就和原来一样,只是 3D 而已。

影视工业网:您知道电影现在正在进行数码转型,胶片电影很可能成为一个大的类型(genre),偶一为之。您觉得电影院会不会被 VR 头显取代? 即电影整个成为一个大的类型,大部分的体验以 VR 为主。

翟振明:胶片这个东西,因为没有在业界,所以我原以为胶片基本上没人在用了,再大的电影,也都是用数字的。但是现在发现,还有一部分人在用。他这个用,一定是怀旧,带着自己的情感,并不是说数码的质量真的达不到胶片的。你原来的效果我可以做出来,那就没有什么存在的必要了。

但是 VR 电影不一样,刚才讲的是第三人称和第一人称的转换问题,有些东西我还需要用第三人称切来切去的。比如说我戴上 VR 眼镜,我全用我们刚才讲的第一人称的方式来看 VR,但是我可以再在 VR 里弄个屏幕,放我们一般的电影,也照样可以放啊,我们还是可以拍这种东西。甚至可以倒过来,这个我上午(在会上)本来是要说的,但是没时间了。就是我们 VR 里面的东西,并不是像现在很多人以为的,是专门为用 VR 头盔看而拍的,而是用 VR 里面的场景代替摄影棚。实际上,拍出来的东西,并不是用 VR 看的,还是用屏幕看的,但是我们的演员是在 VR 世界里面表演,其中还混入了很多电脑造的角色,就像玩游戏一样进行表演。这是另外一种 VR 电影,就是我们把拍电影的过程,变成玩游戏的过程,经过电子的替身进行打斗,把这个过程全拍下来,拍下来就可以变成 VR 电影,也可以变成一般电影,变成视频,什么都可以。所以这个东西,倒过来,也是 VR 发展的一个新的方向,代替摄影棚、代替野外,拍摄的所有东西都在 VR 里面造出来,电影演员就是戴上一个传感器就开演了,或者是用电子替身演,演完以后,再把人脸整上去。明星效应都可以不要,当然,明星也可以整进去,把他的脸换到里面的角色上。还有,就是把网络化的 VR 中大家在一起玩的东西给记录下来,变成电影,这种东西是反过来的,照样拍的是 video 的电影,和我们现在看的一样的电影,是以第三人称视觉为主的,同样是蒙太奇,切来切去的,只是场景不用搭了,用电子的东西,场景互动全部在 VR 里面搞定了。这两个方向是互补的,如果这样的话,就没有代替的问题了。

影视工业网:您刚讲到 VR 有一个消失点。我们知道,3D 就是西方的透视美学。那么大会还有嘉宾讲到 VR 中主观可以扭曲现实。您认为 VR 有没有可能和一种特定的美学观结合,比如水墨画?

翟振明:VR 用在哪里,我们不知道。VR 的特点就是空间的连续,一直连续到自己身上。从这一点来看,即便是水墨画,也要用这个连续性,不然就和 VR 没关系了。所以,你要找到一个最基本的点,就是说,在 VR 的情况下,导演要把自己想成是无所不能的一个魔术师,但是你做魔术不是为了让人展示魔术效果,你是用魔术的方式讲故事,还要把故事讲好。这样的话,你不要管它虚拟不虚拟,就是依据某种现实性,可以把各种效果变出来,把它变成一个大家喜欢看的故事。还有,要记得给观者派一个角色,而你在设计时就代替那个观者的角色,这就是导演的功能。水墨、中国、西方、美学等等都可以归于 VR 的独特性。

刚刚你说透视点,原本的透视点既可以在画框里边也可以在外边,3D 电影的透视点则全在观众的眼睛上。但 3D 电影观众只和电影内容有透视关系,不会和你的鞋子还有座椅有什么透视关系。但是,用 VR 的话,视域内的任何东西,包括自己的身体,都在同一透视框架之中,这就是根本的不同。

影视工业网:您作为一个哲学老师,亲手制造这样一个科技,您在技术上碰到过哪些难点?是不是也得跟其他业内人士一样得紧跟前沿?

翟振明:我这个技术设计是整合各种技术,整合了 VR 头盔技术,还有我们平时影视技术里面的抠图,那些我都知道原理,还有机器人技术,就是遥控,还有一些艺术,我会作曲的、也会画画,我在美术馆做过作品的。我对科学的基本原理,对人类的技术的整体状态都把握得比较好,我把这些东西整合起来,找公司去做,我自己的学生根本做不了。现在遇到的最大的问题就是,要让干活的人理解我的思路非常困难,他们那个摄像头和头盔要配合得非常精确,才能把我们的现实世界整合进去,和虚拟世界混在一起。想要搞成无缝的话,这个无缝是非常难做到的。我就自己手工做(改装)一个头盔,做出来以后,它是没有最终确定下来的,还可以调试。还有代表物联网的遥距操作装置,也要自己先弄出模型,等等。后来,公司的人终于学会,做出来了。

影视工业网:我们看到您在演讲时放了一张 Oculus 开发者版的图片。您的 VR 系统用的是哪家公司的头显?

翟振明:现在正在换成 CV(消费者)版。换的时候,摄像头要重新与之配合,又要搞好几版。

影视工业网:不知道以后有没有机会拜访您的实验室?

翟振明:我要设计一套申请体验的整个程序,因为这是危险的东西。你要首先知道这是危险的,我是为了讲边界的,我的目的是要实现的——告诉你这个边界不能跨越的东西。申请者要认真学习我的想法,不然也不会让你看。

我弄了六个条款,还没公布,看起来像是免责条款:你来看,但是造成的后果自负。其实不是的,而是说你要认同我的一些概念,你的做法不能在某些方面跨越我的系统。如果之后再进一步,把专业头盔变成虚拟的,甚至说不要头盔,把我这个无缝穿越系统弄成插人脑的系统,那就要不得。

你要理解我的意图,我才让你进我的实验室。我现在没有权力搞虚拟世界宪章,但可以动用一点点小权力。我的实验室,不让你进是合理的,不用借口就可以不让你进。你想进,就要学习我的想法,认同了才让你进。

希望有同行仿效我,不让人随便模仿,否则很容易就会多走一步,这真的是非常危险的。所以我做的这个危险的东西,不能随便让人在没认同我的理念的情况下就进去,否则真的会变成是我在传播这种危险。我是为了防止它发生的。

影视工业网:有人把今年称为 VR 元年,年关将至,您怎么看过去的一年?您对产业有怎样的展望?

翟振明:今年确实是元年。原来没上市的都上市了,尽管头盔是硬技术。有些内容都上网了;有些硬件大家也可以买了,进入市场了,有一定物质基础的消费者想要买也能买得起了。以前的头盔一个几十万,在 VR 热之前,一个甚至要几十万美元,效果还没有现在的好,而且差多了,又重,电子计算机也跟不上、算不过来,网络传输、延迟什么的就更别说了。现在真的是各方面基本上都可以做了,如果你很愿意花钱的话,体验还不错。

手机版的就更便宜了,陀螺仪、加速度仪到处都有,我们的手机都有陀螺仪,动作捕捉靠陀螺仪,现在一弄到 VR 头盔中就可以用得非常好,所以这个时机确实到了。

最大的问题就是人才缺乏,很缺乏。VR 创业公司投了很多钱,几千万。但是你给他钱,他拿来干什么呢?他又招不到人。如果到国外挖那种特别牛的，几百万年薪的，招十个这样的人，发一年工资就没了，也不行。现在给我干活的那个公司也是这样，合格的很难招到。广州这个地方，比北京还要更难招到，这就是大问题。所以内容少的原因就是人才奇缺，大学也没有这种专业。原来搞游戏的很多团队甚至还没有见过头盔。我碰到好几个搞 3D 游戏的，直到半年前都还没见过头盔。

元宇宙的哲学基础[*]

一、人机互联实验室

在中山大学哲学系有个人机互联实验室,已经建成有六个年头了。你们三个人进入一个实验室,一辆高尔夫球车正停在那儿,你被叫上副驾驶的位置,戴上被我改装过的头盔后跟一起来体验的朋友说一声再见。高尔夫球车往前开了一会儿,你看见了翟教授的办公室,还有其他教授的办公室。又过了一会儿,车就开到了走廊的尽头,你发现这辆车到了一个街道。这个街道有英文的街牌,你会奇怪——"6 楼怎么会有街道呢?"你就知道这是假的了。但是,你再回忆一下,是什么时候从真变假的,从现实变成虚拟的? 你是不知道的。不知道并不是因为你笨,而是因为在原则上这个变化是没有缝隙的,所以你不知道。你正和他们继续往前开,却在街上碰到了和你一起来的另外一个人,他骑着一辆自行车,你们互相打了个招呼就各自离开了,其实这个人也在另外一个地方戴着头盔,也通过互联网的信号连接进来。再往前走一会儿,穿过一条街道,你看到天安门、国家大剧院等等标志性的建筑物,发现这是长安街。这更明摆着不可能是现实——"我怎么可能从广州直接穿越到北京了呢?"你正纳闷的时候,又飞过来一个 UFO,投下巨大的阴影。你抬头一看,UFO 正把高尔夫球车往上吸,吸到空中后,驾驶员叫你下车,走到 UFO 的

---

* 本文原载于《认识元宇宙:文化、社会与人类的未来》,《探索与争鸣》2022 年第 4 期。此处略有修改。

地板上。你犹豫了半天，大概有三分钟，才敢下车。你明知道这些不是真的，但你还是觉得太逼真了，心理上怕在太空踩空了，不太敢下。终于，你鼓起勇气下了车，再继续往前走，发现对面正是戴着头盔的你自己的形象向你走来。你觉得很奇怪，接着发现翟老师也从对面走来，你以为这又是假的。我拍了一下你的肩膀，你发现这些原来不是假的，是可触摸的。我同你说了几句话，随机地聊天，这都不是假的。突然，飞碟往下降，掉到地上，一看是中山大学的正门。你回到车上，车子继续往前开，一直开到实验室，看到保安，你可以跟他对话。但是如果他去了厕所，你就看不到保安了，因为这是真实世界的保安。你正在奇怪，在一楼逛了一圈后上了电梯，你发现好像回到了原来的实验室，驾驶员叫你把头盔摘下来，你摘下来一看，果然是实验室——"我什么时候回到实验室了？回到现实了？"这也是无缝连接，一开始从现实到虚拟是无缝的，现在从虚拟回到现实也是无缝的，这就是无缝穿越实验室。这就是实验室体验的全过程，大概有十五分钟。

二、比特世界与原子世界

以上的体验，是虚拟世界加物理世界，也可以叫比特世界加原子世界。是从实到虚又从虚到实无缝穿越的过程，也可以叫从原子到比特和从比特到原子无缝穿越的过程。但其主要的新奇之处，在于十五分钟内的大部分时间是在虚拟世界的体验，在于比特世界中发生的事情。而元宇宙，就主要有关于软件的事情，即比特世界发生的事情。

过去约三百年来，是原子物理世界发生革命的时代，从蒸汽机到织布机到汽车，从原子弹到飞机到电视机等等，都是在原子世界发生的事情。这三百多年间的巨大变革，等于过去几千年的变革的总和，可谓翻天覆地。但是，20 世纪 40 年代以降，出现了图灵、诺依曼和香农等人，计算机革命开始了，迄今为止已经催生了史无前例的信息革命和智能革命，比特世界发生的革命深刻地改变了人类文明的进程。自那之后,原子世界的发展逐渐停滞不前,而比特世界的发展却是如火如荼,直到元宇宙概念的提出,令人眼花缭乱,蔚为壮观。

可以说,中山大学人机互联实验室的体验,已经覆盖并超越了元宇宙的体验,因为其中加入了遥距操作的部分。就其运行五年多的经验来看,虽然其技术比较原始,但其理念基础却非常超前,效果也是超出预期的。在今天元宇宙概念已广为人所熟知,但其概念内涵却还没有定论的时候,可以以此为引子,作为我们进一步澄清元宇宙概念与比特世界和原子世界之关联的突破口。

三、AI 与 VR

元宇宙的概念有赖于虚拟现实和人工智能的概念,但在进一步澄清元宇宙概念之前,我们先把虚拟现实与人工智能两个概念在一张图中以特殊的方式连在一起,看看这里边有什么样的哲学预设。

图 2　AI 与 VR

这张图大家看来会觉得十分奇特,人戴着头盔、计算机也戴着头盔,大家一看就知道,人这边的头盔中有一个虚拟世界,而这个计算机代表着 AI,却没有虚拟世界。它可以与无限复杂的计算机连在一起,但是无论多么复杂,头盔戴与不戴是没有用的,摘掉它照样可以运行,戴上以后也不会有虚拟世界。人戴上以后就有虚拟世界,人工智能则没有。这是为什么呢?这是因为,我们先设定人有意识,有情感、自由意志这些主观世界的东西,或称第一人称的东西,戴上头盔后才形成了虚拟世界。右手边,代表我们理解的图灵计算机,无论多么复杂、多么强大,都不会有意识,装两个摄像头、戴个头盔也无济于事,不会产生虚拟世界。这个计算机及以其为基础的人工智能发展到将来,确有可能其行为方式与人不可分别,但这照样不会产生意识和依赖意识的虚拟世界。这就引出了强人工智能 AI 的认证判准,就是:

> 除非有人以确凿的证据向我们证明如何按照非定域原理(也就是量子力学的原理)把精神意识或意识的种子引入了某个人工系统,不管该系统的可观察行为与人类行为多么相似,我们都不能认为该系统真的具有了精神意识。

这是一个反图灵的判准,这并不是说这条原理和图灵的相对立,而是判断的方向是往相反的方向走的。强人工智能就是有意识的人工智能,我们在特殊的情况下,即在宣称者提供了确凿证据的情况下才能认同。为什么要特别提到量子力学的非定域原理呢? 有兴趣的人可以参阅我的《心智哲学中的整一性投射谬误与物理主义困境》一文①,文中有系统的论证。我在《"强人工智能"将如何改变世界——人工智能的技术飞跃与应用伦理前瞻》②已经明确了这一点,表达过类似观点。

在心智哲学和认知科学领域,有许多的"计算主义者""物理主义者",他们认为,人的情感、意向性、自由意志等以及意识和与意识直接相关的内容,包括 qualia,在牛顿力学框架下的物理因果关系模型已具有足够解释力,在人的第一人称主观世界与第三人称客体世界之间,也没有明确的界面。但是,也有一部分研究者,包括笔者在内,持相反的看法,认为这种"计算主义""物理主义"具有悖谬的本性,他们希望从量子力学原理的非定域原理出发才有

---

① 翟振明、李丰:《心智哲学中的整一性投射谬误与物理主义困境》,《哲学研究》2015 年第 6 期。
② 翟振明、彭晓芸:《"强人工智能"将如何改变世界——人工智能的技术飞跃与应用伦理前瞻》,《人民论坛·学术前沿》2016 年第 7 期。

些许希望可以克服这个解决意识问题的障碍。

最近,美国量子物理学家斯塔普、英国物理学家彭罗斯、美国基因工程科学家兰扎都提出了人类意识的量子假设,施一公院士、中科大副校长潘建伟院士等也大胆猜测,人类智能的底层机理就是量子效应。我前面提到的论文中的论证,就是对斯塔普量子假设的深化。

也就是说,以定域性预设为前提的物理主义和计算主义,在原则上就不可能解释人类的意识现象。量子力学已经不得不抛弃定域性预设,这就在逻辑上打开了其解释意识现象可能性的大门。但这仅是可能性,并没有确定性。

包括计算主义在内的物理主义有一个基本预设,即设定任何物理系统都能够被分解为单个独立的局部要素的集合,且各要素仅同其直接邻近的物件发生相互作用。这是经典力学的基本原则,也是当代神经科学默认的前提,从而也是物理主义的预设。计算主义则强调符号关系,它与其他版本的物理主义相比,主要是分析要素的不同,但这种不同却无关宏旨。这是因为,符号关系试图解释的,也是意识现象或心智事件的产生和关联的机理,是实质性的关联,而不是纯逻辑的关联。基于这种认知框架,他们倾向于认为,大脑的符号系统的状态,就是各个单一独立要素的神经元的激发/抑制状态聚合起来的某个区域的总体呈现。

但是,这样的出发点,连最基本的意识感知现象(比如说双眼综合成像)都解释不了,因为这类现象中涉及的同一时空点的变量的个数远远超出在局域性预设中每个空间点可容纳的物理变量个数。他们无视这种困境的存在,正是他们混淆了"内在描述"与"外在描述"功能而陷入"整一性投射谬误"的结果。

美国著名哲学家查尔莫斯基本认同波斯特洛姆的观点,认为仿真人很可能会有意识,因为他认为意识可能不依赖于质料①,但他并不确定。他对我

① David Chalmers, *Reality +: Virtual Worlds and the Problems of Philosophy*, New York: W. W. Norton & Company, p. 159.

的虚拟物体不是幻觉的论证基本认同,但对我的更深的预设表示不敢苟同。但我认为,他误读了我的论证,因为我并没有对虚拟物体的实在性做出判断,而是认为虚实两边对其反面论证为幻觉的理由是对称的,因而要实则两边皆实,若幻则两边皆幻。

人工智能问题暂时讨论到此,现在我们看看虚拟现实(VR)的两条基本原理。这两条原理,可以看成是虚拟现实的设计原理,叙述如下:

> VR 的第一原理(个体界面原理):人的外感官受到刺激后,得到对世界时空结构及其中内容的把握,只与刺激界面发生的物理、生理事件,及随后的信号处理过程直接相关,而与刺激界面之外的任何东西不直接相关。

> VR 的第二原理(群体协变原理):只要我们按照对物理时空结构和因果关系的正确理解来编程协调不同外感官的刺激源,我们将获得每个人都共处在同一个物理空间中相互交往的沉浸式体验,这种人工生成的体验在原则上与自然体验不可分别。

第一条原理怎么理解呢? 什么是个体界面? 比如说,视网膜就是视觉界面,耳膜就是听觉界面。只要视网膜上发生的信号的内容和自然刺激的内容是相同的,它就能得到整个世界的虚拟世界,和几十万、几百万光年以外的事情没有关系。想想看,如果你的耳膜听到一个立体声,这个立体声就意味它有距离感。但是,只要耳膜的刺激发生的和原来的东西一样,它就是一样的,无限的空间也就应运而生。眼睛更是这样的,视网膜上只要接收到与原来一模一样的信号刺激,而且随着我们的头部的摆动得到不同的信号,恰到好处,我们就得到了无界空间的整个宇宙。第二个原理是关于在网络化的 VR 中不同的人为何可以获得共处同一空间的知觉的原理,它说明,不同人的不同感官之间,包括我们的视觉、听觉、触觉等个人的不同感官之间存在着不同;我和他人的不同感官之间,包括我的视觉和他人的视觉、我的视觉和他人的听觉等等,其间也存在着不同。我们通过编程将这些不同协调起来,就将获得每个人都共处在同一个物理空间中相互交往的沉浸式体验。这是两个先天综合判断,是康德式的先天综合判断,是非分析的永真判断,这个就是康德的 synthetic a priori 的概念。

说到康德,他的时间与空间概念是根本性的,是先于范畴和统觉的概念。元宇宙刚好在三维世界中实现了人的交流,第一次实现了人对空间这个感觉形式的随意操纵,这和以前的图像技术完全不同。有人把元宇宙追溯到远古时代人的梦的出现,或者语言的诞生,而不与空间的重构相关,这是把元宇宙的概念用得太宽了。在我看来,从虚拟现实开始才有元宇宙的基本元素,此时时空结构的形而上学层次才被虚拟出来,才基本有了元宇宙的萌芽。

这个就预示了,第一点,人的感官界面,是第一人称与第三人称的分界面。以视觉为例,视网膜外边是第三人称的客体世界,以内就是第一人称的主观世界。最重要的是第二点,第一人称世界不是第三人称世界的一部分,这里有的都是第三人称世界,是客观世界。这里不可能产生第一人称世界,产生主体世界,除非以量子力学原理来设计它,才有可能。这里,主体与客体的分离是必须的,而不是可选择的。第三点,在整个循环中,虚拟世界中的事件可以发生当且仅当一个有意识的心智在界面刺激(在第一与第三人称之间的无限小空间实现)后参与其中。这个刺激界面(视觉上就是视网膜)是无限小的空间,是一个理论空间,不是实际上的空间。也就是说,在这个刺激之后,有了意识,有意识发生作用,才有了第一人称的世界,亦即虚拟世界。

四、扩展现实

扩展现实(Expanded Reality)是一个关键概念,它和元宇宙的概念不一样,比元宇宙概念覆盖了更多的东西:它就是人联网加上网络化的虚拟现实再加上物联网(IoT)。网络化的虚拟现实中的 Avatar 通过主从机器人的从方 Avator(人体替)来操作物联网中的机器设备。Avatar 操作 Avator,进而操作 IoT。《第二人生》和《我的世界》等沙盘游戏里边的数码替身就是 Avatar,我称其为人替,不过这些游戏没有主从机器人,从而不能连接物联网,也就不属于扩展现实。之所以说扩展现实概念比元宇宙概念大得多,是因为在扩展现实里我不但可以像在虚拟世界里那样体验,而且可以操纵物联网,可以操纵机器。这样,人不需要再从虚拟现实中出来就完全可以在扩展现实之中生活、发展,也就超越了元宇宙。

五、VR + IoT 及其扩展(ER)

物联网一定需要操作,如果一个物联网单独操作,这个界面就是离散的,但是如果 VR 已经完全连起来了,物联网是不可能不利用它的。这就是说现在物联网和虚拟世界是各发展各的,但是到了两边都一样强大的时候,一定会合并,控制物联网的界面就是连续的。这样,操控过程、自然过程、虚拟空间就变成了操控自然因果过程的实践空间,以及它们为生存和发展而劳作的地方。马斯克的移民到火星,扎克伯格的空间就是向虚拟世界移民,这两种"移民"冲不冲突呢? 不一定会冲突,到了火星以后,你照样可以戴着头盔,在虚拟世界里边生活。有人就认为这是有冲突的,我的看法是并不冲突。

扩展现实中存在物有七个种类(参见第 262 页图 1):

人替就是 Avatar,人模就是人工智能驱动的模拟人 NPC;物替即 Inter-sensoria,对应于物联网的物体,服务于操作的感觉复合体;物摹即 Physicon,在虚拟世界中不被赋予生命的意义的东西,房子、山、水、海洋、汽车、自行车等。人替摹即 Avatar agent,被人工智能驱动的模拟人替,用户脱线的时候假扮真人。你不在线的时候如果要假装在线,就用人替摹来代表你。你一个人可以有无限多个人替摹。此外,如果我们给动物做个头盔,让动物戴上,它就有个虚拟形象,就叫动物摹(Animal agent),这就是人工智能的驱动的模拟动物,像模拟恐龙、模拟狗、模拟猫,等等。

六、人机交互的三原则

需要特别注意的是,在图中最关键的是最下面的那个箭头,也就是从左向右的箭头,这就是伦理上的底线。物联网一定是要由人去控制物,而一定不能让物控制人。人是目的,物是手段,永远不能颠倒。但是现在的实践者、政府、大公司的自然倾向是把物联网的物作为主导,因为这是产生 GDP 最多的地方,妄想以这个来控制虚拟世界的 Avatar(人替),这是相当危险的。

这个箭头又是有进一步的预设的,这些预设就是:第一,认知信息,就是外部世界给人提供判断的原材料。第二,控制信号,是我们对外部世界对象按照主体的需求改变(或者保持)周边环境,就是控制系统的脑神经信号。第三,人的自然感观主要监视、接收认知信息,人的神经元主要发射出控制信号,两者不一样。任何信号的输入,人接收以后进行判断、认知、写小说等等。人脑的神经元是发出信号的,这个控制信号发出来以后,人就可以动了,可以搬东西了,可以拳击了,等等。第四,信息与信号在概念上不可混淆,但是这两者事实上是混淆的,所以人可以被控制,也可以提供或者泄露自己的信息,这既提供了人机合作的可能,也产生出攻与守的最基本的个体安全问题。

以上箭头,就导出了人机交互的三原则:(1)客体到主体这个方向,信息越畅通越好,信号阻滞度越高越好;(2)主体到客体这个方向,控制信号越畅通越好,信息密封度越高越好;(3)以上两条原则的松动,以最严苛的程序保证以各个主体为主导,注意是各个主体,不是集体。

七、造世伦理学及其他伦理问题

首先,因为虚拟世界的"物理"规律是人为设定的,这就要求有一个"造世伦理学"的学术领域,在这个领域我们以理性的方式探讨和制定"最佳"的一套相互协调的"物理"规律。譬如,虚拟世界中的造物是否可以变旧? 人替是否可以在与自然和他人的互动中被损坏? 虚拟世界中是否允许"自然灾害"的发生? 等等。要回答这一类的问题,有赖于一种前所未有的"造世伦理学"的诞生。如果我们不想把创建和开发虚拟世界这一将对人类文明产生巨大影响的事业建立在毫无理性根据的基础上,我们必须以高度的责任心来创建这个学术领域,并在这里进行系统深入的研究探讨。

其他伦理问题举例如下:

1. 单个责任主体 vs 双重身份。在道德和法律层面的单个的责任主体,却在现实世界和虚拟世界各有一个不同的角色,最常见的就是性别和年龄的不同。如果一种道德或法律责任与性别或年龄紧密相关,在虚拟世界内部发生的纠纷在追溯到现实世界中的责任主体时,原来的适用于现实世界的规范的适用性就要求按照新的原则进行新的解释。这种新原则到底是什么,如何论证其合理性和普遍有效性?

2. 隐私 vs 隐匿。如何保证虚拟世界中以人替为中心的私人空间的界定既能有利于维护每个个体的基本权利,又不赋予用户以完全隐身的方式活跃在赛博空间中制造事端?

3. 物理伤害 vs 心理伤害。原来用来区分物理伤害和心理伤害的标准已不再适用,比如攻击一个人的人替(avatar)从虚拟世界内部看是"物理"性质的,而从现实世界的观点看却有可能只是心理性质的。如有相关的纠纷发生,如何决断? 建立什么样的规则,才最符合普遍理性的要求?

4. 人工物 vs 自然物。虚拟世界里的山山水水等"自然"景观,都可以是用户创建的,而房屋居所等仍然是毫无歧义的人造物。于是,人工物与自然物的界限已经模糊不清,这也就要求我们对财产、占有等概念的内涵和外延进行重大的修改。那么,我们又该根据什么原则来修改呢?

5. 人身 vs 财产。在虚拟世界中,以及在一般的网络游戏中,攻击一个人替,一般是出于人身攻击的意图或冲动,但是如果这种攻击不与某种导向现实世界人身攻击动作的遥距操作相连接的话,实际的结果最多只能是对方财产上的损失或尊严上的贬损。这种行动的当下意向和预料中的结果之间的必然的相悖,势必导致道德或法律判断的困境。我们要遵循什么样的路径,才能走出这种困境?

6. 意图 vs 后果——双重意图、双重后果。用户要在虚拟世界里活动,要在虚拟世界内部发生作用,就首先要形成意图并引起后果。但是,如果你在虚拟世界里的这一切行为只是为了向物联网施加遥距操作做准备,那么你真正期待的后果就是在虚拟世界之外发生的。这样,我们也可以把遥距操作实施前在虚拟世界中做的事仅仅看成是具象化的意图,再把一般情况下人替互动导致的在现实世界溢出的后果与遥距操作导致的后果归为一类。如此,我们就要面对一个棘手的双重意图相对双重后果的问题。而意图与后果的关系问题,从来都是责任概念的一个关键点。问题是,效果与意图的四种组合将带来何种责任关联的新模式?

7. 人替、人摹、人替摹之间的识别及其不同责任关系的界定,在当事人无法区分时的责任问题。对于虚拟世界中的物摹和物替,从原则上我们就没有将其设计成与人替不可分别的理由,也就不会存在原则上的区分问题。但是,衡量人摹与人替摹的设计之成功的最重要的指标,就是要其行为表现无限接近人替的行为表现。这样,人摹与人替摹的逐步完善,就意味着用户逐渐失去区分这三种对象的能力。但是,人替是人的直接的感性呈现,是道德主体,我们对他也负有直接的道德责任;而人摹和人替摹却属于"物"的范畴,只是我们的工具而已。这样,我们就要回答这样的问题:如果用户不能在这三种对象之间做出区别,用户又如何能够被要求做一个道德上负责任的人呢?

8. 过渡阶段虚拟世界与现实世界的界限混淆问题。当技术上允许我们做到将虚拟世界和现实世界的界限在经验层次抹掉的时候,我们应该如何面对这种颠覆性的越界的可能?

伦理问题远不止这些,除了前所未有的造世伦理学,其他伦理问题也都是颠覆性的。我们要达成共识,既不能诉诸宗教,也不能诉诸个人偏好,唯一的途径,是诉诸理性。不然的话,伦理的建设乃至法律的制定,就会变成话语权的争夺,最终退回到丛林法则。

此外,元宇宙被商业寡头垄断也是一个相当大的危险,这就要求算力的去中心化以及动员力的去中心化,这就是 DAO——去中心化的自主组织。这就要依靠区块链和 NFT 等技术手段,建构新的经济框架。

我原来写过一个假想时间表,从 1998 年开始写的,后来是 2001 年在《哲学研究》上发表的。第一阶段是感官层次的体验,至今二十多年来基本已经在现实中印证了。第二阶段是感觉传递到遥距操作的物理过程,从 2300 年开始,人类的大多数活动都在虚拟现实中进行,在其基础部分进行遥距操作,维持生计;在扩展部分进行艺术创造、人际交往,丰富人生意义,通过编程随意改变世界的面貌。一直到 2600 年,在虚拟现实中生活的我们的后代,把我们今天在自然环境中的生活视作文明的史前史,并在日常生活中忘却这个史前史。到 3000 年,史学家把 2001 年至 2600 年视作人类正史的创世纪阶段,而史前史的故事成为他们那时的寻根文学经久不衰的题材。到 3500 年,人们开始创造新一轮的虚拟现实,也就是新一轮的元宇宙。

霍金在《大设计》一书中说过,我们的宇宙也许就是一个虚拟现实,像 Matrix 一样的虚拟现实。他从整个宇宙说起,我从人造的虚拟世界说起,在中间又不约而同碰上了。

附录五
探索实践案例

大西洲科技对虚拟世界与人类文明的探索和实践[*]

成书于公元前 350 年左右的古希腊哲学家柏拉图的著作《对话录》中，《蒂迈欧篇》(*Timæus*)和《克里底亚篇》(*Critias*)两篇记载了大西洲(又名亚特兰蒂斯)的故事:迄今 12 000 年前,有一块神奇的大陆——大西洲,那里富裕、辉煌、璀璨、绚丽,生活着智慧超凡的人,创造了高度发达的物质和精神文明,是人类文明的理想国。

柏拉图的哲学体系博大精深,对后世影响巨大。柏拉图认为世界由"理念世界"和"现象世界"所组成,理念的世界是真实的存在,永恒不变,而人类感官所接触到的这个现实的世界,只不过是理念世界的微弱的影子,它由现象所组成,而每种现象是因时空等因素而表现出暂时变动等特征。

翟振明教授在其著作《虚拟现实的终极形态及其意义》中,以柏拉图《理想国》一书为例论证了自然世界和虚拟世界人类终极关怀的对等性,以及超验联系和人格内含的关系:

"接着,我分析了我们的终极关怀在自然世界和虚拟世界中如何是相同的;我们将追问同样类型的哲学问题而不会改变它们的基本

---

[*] 本文作者彭顺丰,毕业于中山大学管理学院,虚拟世界与人类文明领域资深研究人和实践者,大西洲虚拟世界创建者,"致敬生命"人类数字化身公益机构理事长,明笃资本投资人。

意义,并因此自柏拉图的《理想国》以降至本书所包含的一切哲学命题——只要它们是纯粹哲学的——将在两个世界中具有同样的有效性或无效性。

因此,无论何时我们阅读柏拉图的《理想国》,当我们理解或误解他的思想时,我们都在重塑柏拉图的人格的内涵,即使柏拉图无法经验到这一切。但是,这种超经验的联系,是通过柏拉图写作这本书的活动植根于柏拉图的经验生活中的。"

"柏拉图、理想国、大西洲、虚拟世界、人类文明、翟振明、彭顺丰……"这些字面概念,似乎冥冥之中自有暗合,"即使柏拉图无法经验到这一切",但他应该意想不到,两千年后的今天,"大西洲"竟然成为虚拟世界的探索载体,人类居然在向这个全新的数字文明"移民",人类居然用技术手段开始创造一个于本体而言和自然世界无差异的"新世界"!

时间回到 2008 年的夏天,我偶然购得并研读到翟振明教授的著作时,不禁惊叹不已:原来,多年来一直思索的虚拟世界与人类文明的问题,已经有人作了如此精辟且深刻的探讨! 一时醍醐灌顶、茅塞顿开,在新浪博客中找到翟教授的主页"自由的绿洲"(多年后元宇宙电影《头号玩家》中的虚拟世界即名为"绿洲")并尝试与翟教授联系。恰好翟教授是我母校中山大学哲学系的博导,于是我直接从上海奔赴广州向翟教授请教讨论,多年来建立了亦师亦友的深厚情感,乃至成为虚拟世界实践中关系如量子纠缠般的合伙人。

我生长于梅州客家地区,在浓郁厚重的客家传统文化浸蕴中,对宇宙、时空、人类文明产生了浓厚的兴趣,对 21 世纪人类的数字化生存趋势以及虚实相融的"数智社会"对人类文明的升维重塑的动向非常关注,是虚拟世界最早期的探索者。

2003 年,最早的虚拟世界平台 Second Life(《第二人生》)上线,我是其中最早的玩家。在游戏里,我购买了土地,创作了不少虚拟资产,销售交换成

"林登币",并兑换成了美元。在虚拟世界完成整个经济系统的闭环后,我深刻地体会到"在现实世界可以做到的事情,在虚拟世界同样可以做到",这也可以说是为人类在数字世界的生存积累了丰富的经验。后来,全球数千万用户甚至 IBM、Intel、麦当劳等众多机构和我一样,在 Second Life 虚拟世界中极尽探索和创作之能事,创造了无数的世界第一和波澜壮阔的故事,延展出一系列发人深思的事件,让 Second Life 虚拟世界成为当之无愧的元宇宙鼻祖!

2007 年,许晖创立的 HiPiHi 中文版虚拟世界平台上线,我是其中"开天辟地"的元老级种子用户,为后面的开发优化提供了大量的意见,并购置储备了很多土地、开发虚拟房地产、打造虚拟商店、创作和经销各类虚拟资产、开设广告公司,成了虚拟世界的"大富翁",丝毫不逊色于在 2022 年元宇宙世界中拥有土地的"大土豪"们……翟教授、许晖和我先是在 HiPiHi 虚拟世界以"数字化身"的存在彼此熟络,但并不知道对方的真实身份,后来线下见面时才真正认识了彼此,在激情探索的岁月里交流碰撞出无数的思想火花,流传出很多坊间佳话,以至于多年来一直被业界称为"虚拟世界三剑客"。

图 1 "虚拟世界三剑客":翟振明、许晖、彭顺丰

2010 年,"虚拟河源恐龙世界"在时任河源市委书记陈建华(后来任广州市市长)的主导下在 HiPiHi 中建成开放,成为全球第一个在虚拟世界"虚实

相融"的城市项目,陈建华彼时即深刻洞见到,"虚拟世界是穿越时空的全球化开放平台,发展不可预料,前景广阔,传统产业可与之融合创新,对国家实现民族产业崛起意义非凡"。十多年后,"元宇宙首尔"横空出世,似能从河源这个最早的城市尝试者中觅得踪迹。

图 2　陈建华主导在 HiPiHi 虚拟世界建设的"河源恐龙馆"

Second Life 和 HiPiHi 历经了 PC 时代的辉煌,又在移动互联网来临时因无法及时转型而衰落,但这丝毫不影响这两个平台的"江湖地位"和历史贡献。翟振明教授、许晖和我以及众多虚拟世界"狂热分子",即使在主要虚拟世界平台没落后依然怀着饱满的热情在探索数字化生存对人类的巨大影响,我们甚至创立了专门的论坛(www.kaitanla.com)发表对虚拟世界的观点并时常展开激烈的讨论。

2013 年初,我 33 岁时回到广州,历经一年,基于对未来虚拟社会、人工智能、区块链、高速网络、量子技术、生命科技、太空探索等综合技术的发展趋势作了一个预判:21 世纪中叶,在我们的有生之年,人类文明将因科技的综合叠加效应向更高维度跃迁,作为"碳基生命"的人和"硅基智能"的计算机(如果届时还称呼其为计算机的话)将形成虚实相生、有机融合的全新形态,人类用最大的想象力去构建和创作这个世界都不为过……结合自己对人生终极使命的思索,尽管条件还非常不成熟,我毅然决定创立大西洲,全力实践"人类数字化生存"命题和"虚拟世界与人类文明"的探索。传统的"公司",已经无法满足构建虚拟世界的边界,于是我将组织命名为"大西洲跨界创新机构"。在简介上我敲下这么一段话:

> 大西洲,又称亚特兰蒂斯($A\tau\lambda\alpha\nu\tau\iota\varsigma$),是柏拉图《对话录》一书中记载的人类最高智慧和文明的理想国所在地,我们致力于用科技、商业和人文的力量,推动人类往更高级别的文明形态跃迁的事业。

> 使命——勇探人类未至之境,用虚拟世界构建造福人类的文明新形态。

> 愿景——构建大西洲虚拟世界,让人类通过感官沉浸和万物智联突破物理世界的时空和资源限制,成为 n×10 亿级别的人类生活、工作、创造、体验的"新世界",形成广袤无垠且高度智慧的新文明。这种文明将降低自然资源消耗,人类与地球万物和谐共荣,成就更高维度的人生价值,让人类作为宇宙智慧物种的存在有更深远的意义。

彼时,翟振明教授正在"中山大学人机互联实验室"开展"虚拟-现实无缝穿越系统"的研发。经过两年全球考察的深入学习和团队组建,2015 年我正式和翟教授共建中山大学人机互联实验室,决定突破万难攻克各类技术难题,找到"现实世界—虚拟世界—现实世界……"无尽循环的技术通路。经过两年多在实验室挑灯夜战式的奋斗,"虚拟-现实无缝穿越系统"2.0 版终于在 2016 年底彻底打通,原则上实现了"现实世界无缝穿越到虚拟世界—在虚拟世界沉浸(生存、生活乃至从事现实世界能做到的一切活动)、往更高维度时空中任意穿越—在虚拟世界反过来操控现实世界—从虚拟世界穿越回到现实世界"的整个人类未来文明形态闭环系统。该项目展示了一个"黑客帝国"般可供人类生活的虚拟世界的原型,将网络化的虚拟现实通过主从机器人与物理系统结合,展示了一个以人替、人摹、人替摹、物替、物摹为主要存在物的虚拟世界,此世界又通过人替与物联网中的物体互动,使人们无须走出虚拟空间就能实施对物联网中各种对象的监控和操作。这种"扩展现实"(即以虚拟现实为基础,将现实世界整合进来后的虚实共存的世界),是未来人类文明新形态的一个雏形。

"虚拟-现实无缝穿越系统"2.0 在业界引发了极大反响,迎来了包括 UN-DP(联合国开发计划署)、苹果、微软、华为、腾讯、阿里、NASA、北大、清华、复旦等机构和高校在内的众多参观者,并引出了和华为公司合作的"ER 原型系统"以及和中国科学院季华实验室先进遥感技术研究室、广州大学 R 立方研究所、英伟达宁波超算中心、山东未来网络研究院等一系列机构的联合研发合作以及大量的商业应用。

图 3　大西洲-中山大学人机互联实验室早期大量的虚拟世界研发探索

2017 年以后,随着技术体系的不断积累和研发团队的不断充实,大西洲在虚拟世界元宇宙领域已成为全球仅有的掌握"现实—虚拟—现实"无缝穿越系统和元宇宙各关键技术通路的领先科技公司,产出了 100 余项专利/著作权,开始了虚拟世界技术体系的对外释放和产业化应用。至 2021 年底,已在世界范围内为 30 多个产业(旅游、互联网、能源、交通、教育、医疗、地产、汽车、零售、展览、演艺、体育、卫生、建筑、金融、艺术、公益等领域)提供了 300

多项虚拟世界元宇宙综合科技解决方案。

大西洲科技耗费多年研发的"大西洲虚拟世界",是一项涵盖了云存储/计算/渲染技术、VR/AR/ER 虚实融合技术、光学动态捕捉技术、人工智能技术、区块链技术、物联网技术、智能传感技术、智能建模技术、3D 打印技术、动态光场技术、遥距操作技术等技术的综合技术体系,是完全沉浸式的 3D 立体互联网化的虚拟世界,已于 2021 年 7 月全球发布上线。其中包含场景丰富的体验中心、功能齐备的用户中心、自选择数字化身系统、自由度很高的社交系统,具备平面和立体完整性的创作中心、基于区块链的虚拟资产交易中心、以"人类文明贡献值"为底层的经济系统等,其内容部分源自与现实世界1:1 映射的镜像世界,更多则来自用户创建的想象力的世界,已经进化出虚拟世界元宇宙所必须具备的所有要素。人类可以进入大西洲虚拟世界,以沉浸式的方式自由地进行社交、创作、学习、生活、旅游、会务、工作、观展等活动,具备了人类虚实交融的未来文明的基础功能。

除了大西洲虚拟世界平台,还有几项突出的研发和实践值得提及:

1. 大西洲 VR 主从机器人

大西洲 VR 主从机器人是翟振明教授 ER 概念中连接物理世界和虚拟世界的重要载体,是一种遥距操作系统。其特征为:机器人作为从端,以人的感知方式采集包括视频、音频等数据,通过网络连接的方式反馈至主端。操作人员佩戴 VR 头盔瞬时以第一人称视角进入机器人所在的场景之中,实时获取现场信息。并通过主端发送指令,控制从端机器人进行相应的动作操作(以动作来控制,机器人跟操作人员的动作保持一致),以此实现远程信息获取和操作控制。VR 主从机器人的最大特点在于:以人的主动视觉实现远程观看,且从端机器人与主端控制者的动作是实时匹配的,使人类不用从虚拟世界出来即可感觉到自己在操纵物理世界,并实现人类主体意识的"空间穿越"。VR 主从机器人的应用将有效解决远程医疗、远程巡检、远程社交、跨地域考察、带电作业、远程会议、远程生产、远程培训、跨物种视觉体验等一系列实际问题。

2. 大西洲数字化身系统

虚拟数字化身是虚拟世界元宇宙交互的主体,虚拟数字化身的逼真化实现是数字化生存的关键问题之一。伴随 VR 硬件的迭代,具有面部捕捉功能的新一代 VR 头盔临近全球发布,VR 将迎来一个高沉浸感、高互动性、高社交性的应用爆发期。大西洲运用自主研发的人像建模技术与高清渲染技术,实现超写实的真人化身,且以 AI 技术赋予化身生命,由此支撑更丰富、更生动的沉浸式交互体验。

图 4　大西洲超写实数字化身系统

3. 大西洲超高清数字资产生产系统和交易平台

U face 设备,是大西洲拥有自主知识产权发明专利的一套用于快速拍照建模的设备,根据所需拍摄物体不同的尺寸规格及材质,设备提供三种拍摄模式,分别为高反光材质拍摄模式、大规格物件拍摄模式、人像拍摄模式。此设备解决了快速拍照建模形成虚拟世界所需数字资产的问题,同其他拍照建模的方法相比,生成的模型的完整度更高,效率提升 10 了倍以上,适用的拍摄物体更加广泛,不受物体规格尺寸、静物及非静物属性的影响。解决了人像快速建模的问题,比其他人像拍照建模装置更加简易、便捷,拍摄及设备成本更低,同时不受场地的约束,可移动性极强。U face 设备,成为虚拟世界内容体系快速生成的重要生产工具。

大西洲虚拟资产交易平台。在大西洲虚拟世界中,凡是用户创造的数字资产(文字、语音、照片、视频、3D 模型、场景等)都可以融合区块链技术进行"铸造",变成可确权、可溯源、受保护的数字权证,其他用户可以进行选择、购买、收藏、受赠、应用等。这在产业元宇宙领域中形成了可共享的大量的数字资产,降低模型的重复建模,可大大提升行业运行效率、降低整个产业链的成本;在消费元宇宙领域,由于产权受到加密技术的保护且可以通过经济系统流通,可以大大激励创作者创作更有价值的数字资产,大大繁荣文化创意产业的兴盛和传播。

图 5　U face 设备生成高清立体数字资产和交易平台的展示

4. "致敬生命"人类数字化身计划

2015 年,我基于对彭氏族谱的研究,认为虚拟世界的技术,能够构建出一种高级族谱,甚至能实现人类在数字世界的"永生"。于是发起了"致敬生命"人类数字化身计划。该计划将"数字生命"当成严肃的话题,将"留下数字遗产"界定为人的生命曾经存在过,是一种在新时代的基本权利。它将人的时代性的生命轨迹、音容笑貌与周遭环境当成是数字资产进行采集和重现,并成立公益机构用切实的行动去践行此计划。

图 6 大西洲"致敬生命"人类数字化身计划

本项目最大的特色,是用 VR 虚拟现实技术,将在时空中不可复制的老人体态形象、生活场景、语音动作、房屋建筑、个人物品、文字照片等进行数字化采集和保存,老人的后人或授权人可以通过 VR 虚拟现实设备身临其境,"重回老人身边"或"走进曾经的生活场景"。有了这些基本数据,再加入 AI 人工智能、大数据算法、虚拟世界引擎后,这些在时空中原本将永远消失的场景和人物将再次"鲜活"过来,形成人类另一种生命形态——"数字生命",在数字世界实现"永生",成为人类文明存在和延续的重要组成部分。

图 7 "致敬生命"公益行动在各地的开展

至 2021 年底,大西洲"致敬生命"人类数字化身计划,已经在中国、美国、泰国三个国家的二十余个省份开展,为 100 多名老人建立了数字化身和虚拟世界个人馆。"致敬生命"项目,因在科技、公益和人文方面的前瞻探索和突出贡献,获得联合国 2018 年"全球社会影响力领袖奖"。

5. 开创"吉尼斯世界纪录"向虚拟世界进发之先河

2020 年,大西洲联合 IAI 国际广告节,发起了"虚拟世界"吉尼斯世界纪录的挑战,经过半年时间的开发,将 IAI 国际广告节 2020 年的广告作品浓缩在大西洲虚拟世界的展馆中并向全世界开放。2021 年 1 月,大西洲正式挑战吉尼斯世界纪录成功,创造了全球第一个在虚拟世界中诞生的吉尼斯世界纪录,将成立 65 年以来的吉尼斯世界纪录在物理世界的挑战延展至广袤无垠的虚拟世界,开创了人类在虚拟世界挑战世界纪录的先河,为新的挑战者们在充满想象力和创作力的数字世界中创造世界之最开辟了全新的模式和道路。

除了研发和产业应用,大西洲在实践虚拟世界的这些年,还主办或参加了大量的社会活动。

2014 年,在韩国釜山国际广告节作为中国代表发表《虚拟世界智慧新时代》的演讲。

2015 年,在第 118 届中国进出口商品交易会作《虚拟科技与智慧建筑》演讲并举办展览,在第 16 届 IAI 国际广告节做《数字化生存已来》分享,在北京大学生命与思想论坛做分享并举办虚拟世界展览,启动"致敬生命"人类数字化身计划行动。

2016 年,大西洲获得最具社会价值企业金奖、"社投盟"(社会价值投资联盟)盟创冠军;在北大百年讲堂作《让生命在数字世界"永生"》演讲,演讲视频多年后因其对元宇宙的代表意义在全球传播;在硅谷与苹果、谷歌、脸书(Facebook)、特斯拉、斯坦福大学、伯克利大学等机构以"虚拟世界与未来文明"为主题进行了系列研讨;在广州举办了九部委虚拟世界新时代研讨会;发表文章《颠覆重构一切的 VR 到底是什么鬼?》,系统性梳理了虚拟世界的脉络;接受《中国慈善家》采访并发表《想要"永生"吗? VR 让你重新"活"过来》;在北京举办"未来已来"虚拟世界论坛以及"黑客帝国无缝穿越系统体验展";与超级计算机之最"天河二号"研讨并融合合作;举办"VR+时代——人类全新文明"主题分享;在广州太古汇落地首个虚拟世界+零售商业项目;大西洲团队受聘为南昌虚拟现实基地、贵安新区 VR 基地以及盘古智库专家;在广州塔举办虚拟世界展览;上海分公司建立;"虚拟-现实无缝穿越系统"2.0 建成;与广州美术学院完成虚拟世界+环境艺术设计项目;投资首个大西洲生态链企业"三个世界",开展数字资产专业化管理。

　　2017 年,R 立方(VR/AR/ER)研究所在广州大学建立,大西洲校企联合研发中心启动;我发布了虚拟世界系列艺术作品《时间奇点》《黑客帝国》《光年船舱》《回来未来》《氤氲世界》;在清华大学研讨虚拟世界底层规则,华为"ER 原型系统"联合实验室设立,启动"家族元宇宙"项目;启动和开展、参加金砖四国科技会议;举办"脑太空"虚拟世界艺术展,在正和岛年会发布"致敬生命,一场人类可持续发展计划",在社会创新论坛发表《数字世界让生命永恒》演讲并举办无缝穿越展览;投资黑镜科技子公司(元宇宙房产、金融)、溪山高科子公司(元宇宙保险)、美池桑竹科技(元宇宙会展)、玩儿吧科技(元宇宙旅游);攻克了 3D 无缝超高清采集系统,启动了虚拟世界保存非物质文化遗产项目,建成贝聿铭 100 周岁虚拟世界作品展馆;发表文章《光、时空、虚拟世界与人类智慧》;翟振明教授成为中国科技与艺术委员主席团队成员,在中国国家博物馆作虚拟世界展览,大西洲被中国慈展会评为"社会企业"。

　　2018 年,获得联合国"全球社会影响力领袖"奖,出席联合国纽约总部"全球企业社会责任峰会"并发表演讲;举办大西洲"科技 & 艺术"年会,发布第一个虚拟世界行为艺术;与香港大学、港交所举办区块链和虚拟世界研讨会;作为社会价值企业代表前往 NASA 和奇点大学学习;投资嗨的演艺(最早进行数字虚拟人商业化的公司之一)、苔米科技(元宇宙教育培训);作为中国企业代表出席联合国总部 NGO 大会,登上《中国日报》(*China Daily*)头条;在广州举办"先生归来"虚拟世界艺术展,在上海举办第三届全球虚拟现实大会;发表文章《明日世界将至——虚拟世界七大趋势》;受聘为国家艺术基金和四川美术学院讲师,开设"虚拟世界是艺术绽放的天堂"讲座,举办"新时代下科技与艺术融合研讨会";和中国联通携手举办虚拟世界产业应用展,在中航信托举办《关心人类、探索未来——虚拟世界前沿探索》讲座;受聘成为中山大学、广东金融学院校外导师并以"虚拟世界与人类文明"为主题授课;大西洲获评"国家级高新技术企业"。

2019 年,在上海出席首届"生命艺术节"并展示大西洲虚拟世界及人类数字化身项目;于深圳鹏湖文化促进会作《虚拟技术带来的商业变革》分享;大西洲虚拟世界建筑博物馆全国巡展;大西洲虚拟世界智慧党建系统在广东省公安厅发布;建成朱仁民虚拟世界艺术馆,成为第一个上线的元宇宙艺术馆;大西洲在虚拟世界为祖国七十华诞献礼;出席世界互联网大会讨论"人机共生"话题;用数字活化《清乾隆手绘农耕商贸图》,并于广东省博物馆展出;大西洲作为粤港澳大湾区代表参加第二十三届全国发明展;首次将塱头古村古民居数字孪生到大西洲虚拟世界;召开上海金融业虚拟世界研讨大会;华为"ER 原型系统"开发完毕,在其总部 2012 实验室完成部署;出席亚太商业领袖峰会研讨"虚拟世界与未来教育"命题;大西洲团队出席第九届全国虚拟现实大会并做主旨演讲。

2020 年,通过建设虚拟世界中国抗疫博览馆的方式支持国家抗击新冠疫情,研发上线大西洲虚拟世界直播系统支持国内疫情下商业升级;举办"科技时代打造多维立体竞争力"公益讲座;参加海丝中心高新科技成就展,子公司"嗨的演艺"首推虚拟人云游博物馆并获大量粉丝;和广州美术学院举办"有无之间"虚拟实在的哲学探险论坛;成为中国进出口交易会技术供应商并建设虚拟展馆,为疫情下的出口企业提供系统性解决方案;第五届全球虚拟现实大会在元宇宙举办,举办企业家创新论坛用元宇宙为商业升级赋能;四川发展集团生态环保虚实融合项目启动;大西洲虚拟世界沉浸式博览系统正式为疫情环境下的博物馆提供服务;广州美术学院毕业展在大西洲元宇宙举办;在浙江建德市乾潭镇幸福村启动"大西洲虚拟世界元宇宙赋能乡村振兴项目";正式启动虚拟世界吉尼斯世界纪录挑战;大西洲"致敬生命"助力幸福乡村项目完成。

2021年,冲击全球首个虚拟世界吉尼斯世界纪录成功;国庆上线全球首个元宇宙摄影展馆,开创先河;参加粤澳跨境金融合作数字金融论坛并发表《向虚拟世界元宇宙移民》演讲;在山西盂县钢铁厂拆除之际完成其在大西洲虚拟世界中的建设,成为首个虚拟世界工业废墟遗址;用虚拟世界技术助力山西云丘山景区从4A级升为5A级;元宇宙文旅市场爆发,多个项目全国开建,大西洲虚拟世界全面赋能文旅升级;大西洲张家界72奇楼灯光项目跨业取得全球第一;在2021传鉴国际创意节做《虚拟世界定义未来》演讲;开展"用科技与爱为生命摆渡——大西洲助推十方缘公益事业蝶变项目";大西洲用虚拟世界元宇宙庆贺建党百年;在成都开展移民虚拟世界元宇宙分享;在中博会发布"粤港澳大湾区时空幻城共建计划";大西洲"致敬生命"人类数字化身计划登上《人民日报》;在"大湾区之声"分享元宇宙;与华商律所共同启动全球首个元宇宙律师事务所建设;在亚洲广告节作《元宇宙赋能千行百业》演讲;在横琴数字经济论坛以"虚拟世界与人类文明"为主题在元宇宙做跨年演讲,演讲首次采用虚实相生、现在和未来穿越的方式进行。

2022年,策划推出"元宇宙之造世伦理学"系列;启动真人明星数字双生项目;发起成立广州元宇宙创新联盟,并在广州南沙构建元宇宙产业集聚区;和陈建华先生共写并向全国人大提交《用元宇宙复兴戏剧文化的建议》;制作全球首部元宇宙戏剧《冼夫人》;在粤剧博物馆建设全球首个元宇宙剧场;大西洲虚拟世界元宇宙产业基地项目启动;大湾区元宇宙产业应用示范中心建设启动;举办"元宇宙电影是一场新革命吗"学术论坛;和山东未来网络研究院启动与确定性网络构建元宇宙底座的融合合作;启动体育赛事虚实融合项目为杭州亚运会助力;在丽江启动"全球虚实融合第一城——丽江大西洲"元宇宙未来之城建设;启动国家海防遗址公园元宇宙建设;启动故宫"宫里的世界"建设;启动长城元宇宙建设……

2022 年 5 月至此文完成之时,虚拟世界的探索实践一直在继续……

以色列历史学家尤瓦尔·赫拉利在《人类简史》一书中,认为"虚拟"的能力是人类最独特的竞争力。纵观人类发展史,几万年前语言的应用使得人类成为团队协作的物种,成为能力超群的种群,七八千年前符号文字的应用让信息和文明得以跨时空传承,近代信息技术的发明又将人类世界带进全新的数字时空。而虚拟世界和元宇宙,按照翟振明教授的看法:以往的技术,都是人类改造客体世界的技术,而虚拟世界技术,则是人类历史上首次造成一个"世界",人类原则上可以在里面永远生存、永远不用出来的世界! 这项综合技术,将为人类开辟出广袤无垠的"赛博宇宙",将使人类文明发生巨大的颠覆和迭变。

大西洲,不是一家公司,而是一种从追问人类之终极形态的角度出发的探索精神和行动的象征,短短的十年的努力,在宇宙历史中可说是稍纵即逝,在无尽的元宇宙开辟中也只是刚刚开始。未来,大西洲将会把已经开发的虚拟世界成果向全人类开放,让开发者和创作者在里面挥洒的智慧,成为人类文明的一部分。

虚拟世界对人类的影响是如此重大,我认为,有"身临其境、时空穿越"特性的虚拟世界于人类而言,有三大作用:(1)最大程度在保真度上传承历史文明;(2)极大程度上真正地解放人类;(3)将人类的想象力和创造力发挥到极致。而其底层,则是翟振明教授"为虚拟世界注入鲜活的人文理性"的核心思想。

茫茫宇宙,浩瀚苍穹,人类的探索永不止步。

图 8　新大西洲

　　"历史的天空闪烁几颗星,人间一股英雄气在驰骋纵横……"勇探人类未至之境,在 21 世纪的东方,有一群人,以夸父逐日之志、精卫填海之行,在虚拟世界的探索中奋勇前行,只因坚信:人类文明之火种,在任何世界都不会熄灭。

词汇表

本体论：一种哲学探求，它询问、讨论以及试图回答什么是根本真实的存在或不真实的存在，以及为什么如此的问题。

CCS：(参见"交叉通灵境况")

次因果的：本书所采纳的一个特殊术语，用来指谓这样一种物理过程(如计算机集成块中的电子过程)，其实现的唯一目的是支持预期的数码过程。

对等性原理：可选择感知框架间对等性原理指的是，支撑一定程度感知的一致性和稳定性的所有可能感知框架对于组织我们的经验具有相同的本体地位。

交叉感知：对于两种感觉样式(典型的如视觉和听觉)来说，每一种感觉样式被提供的信号都是由原本向另一感觉样式提供的信号转化而来的；也就是说，光信号被转化成声音信号从而被听觉器官(耳朵)接收，而声音信号被转化成光信号从而被视觉器官(眼睛)接收。

交叉通灵境况：一种涉及两个人的境况，在其中，每个人的大脑同另一个人的颈部以下部分通过遥距通讯装置进行信息传递。

浸蕴的：在一个人的经验中完全被人工环境环绕并且完全与自然环境的感知隔离。

浸蕴技术：一种代替自然刺激系统并将我们与自然世界中的自然刺激系统隔离开来的、与我们的感官产生完全协调的刺激的技术。

灵智因子：物理学法则中的一个因子，指示在此法则的描述过程中意识的参与；本书猜测在量子力学和狭义相对论中-1的平方根是灵智因子。

模拟：通过创造和运行特定的具有某种参量的计算机程序复制某一自然过程的相互作用模式。

人的度规：指人的独一无二性，它在根本意义上将人与世界中的物体区分开来，其特征是通过主体性三模式的交互作用产生的主体间的意义结。

人格同一性问题：关于什么使得一个人不顾其千变万化的属性而仍然为同一个人的哲学问题。

人工智能（AI）：人造物体（如计算机、机器人等）的所谓智能。

人际的遥距临境：通过遥距通讯的方式在一个人的大脑和另一个人身体的颈部以下部分之间建立起交叉信息联系。在这种状况下，仅仅通过转换联系状态，一个人能够移位到另一个人打算离去的地方。

人际遥距临境社会：人们的功能性感觉器官可以通过遥距通讯相互交换的社会；社会的任何成员都可以不经由实际旅行来到共享身体之一所在的任何地方。

人偶：一个外表和举止行为看起来像人但是没有意识或者自我意识也没有第一人称视角的东西。

赛博空间：一个完全被人工协调的系统，在其中各种感觉的刺激被结合起来感知为动态三维画面；它与我们现在所称的"物理空间"是本体地平行的，因为我们能够同该空间的物体相互作用并因此能像在自然世界一样有效地操纵物理过程。

赛博性爱：通过遥距临境和遥距操作进行性体验（包括性交），其经验的部分在虚拟现实进行，而生育的部分在自然世界完成。

三条反射定律：

（1）任何我们用来试图证明自然实在的物质性的理由，用于证明虚拟现实的物质性时，具有同样的有效性或无效性。

（2）任何我们用来试图证明虚拟现实中感知到的物体为虚幻的理由，用于自然实在中的物体上，照样成立或不成立。

（3）任何在自然物理世界中我们为了生存和发展需要完成的任务,在虚拟现实世界中我们照样能够完成。

协辩理性:理性的一种模式,其运作方式在于仅通过理由充分的论辩就一个断言的有效或无效在协辩团体成员中间达成一致同意;协辩理性的核心是对述行一致的要求,也就是说,除了一般的形式逻辑的要求外,还要求所做断言与做出这一断言的行为之间的一致性。

形而上学:一种哲学探求,它询问、讨论以及试图回答那些具有本体的重要性然而通过感觉感知却无法触及的问题。

虚拟现实(VR):一种感觉感知的人工系统,将我们与自然实在区分开来,但是允许我们同样地或更好地操纵物理过程并同他人相互作用,同时为扩展我们的创造力提供了前所未有的可能性。

虚拟现实的基础部分:虚拟现实的一部分,在其中,我们同模拟物的相互作用引发自然实在过程。为了维持必需的农业和工业生产,通过机器人技术进行遥距操作,从而达到预期的结果。

虚拟现实的扩展部分:虚拟现实的一部分,其目的只是为了扩充人类创造性的经验,这部分经验是我们在自然实在所不能达到的。它并不必然需要如基础部分的遥距操作。

遥距操作:借助遥距临境技术和相应的硬件设施从遥远的地方操纵物理过程,而操作者感知为实地操作。

遥距控制(自内而外的):在浸蕴环境中通过与赛博空间中的虚拟现实相互作用实现遥距操作从而操纵自然世界的物理过程。

遥距临境:一个人在正常的意识状态下,其感觉经验在一个地方,而物理位置则在另一个地方。

遥距移位:一个人从一个地方转移到另一个地方,这种转移无须穿越两地间的物理空间的连续移动过程。

意义结:指每一个体在过去、现在或者未来产生的许多意义项之间的非因果相互联系,它独立于任一个体对它的认识。

因果的:在本书中,一个因果的(与次因果的相对)过程被定义为这样一个物理相互作用的过程,它导致另一个物理过程,并且其作用目的不是为了促成一个平行的数码过程。

整一性投射谬误:是一种将获得于探究者心灵的整一性误作为在被客观化地研究的大脑中发生的整一性的谬误,后者是经典力学模式中的研究对象。

主体性:主体性是使人成为主体的东西,一个主体经由其主体性观察而不能被观察,感知而不能被感知,并因此是客观性和有意义经验的前提。

主体性的三个面相:即主体性的构成、协辩和意动的面相(见各项解释)。

主体性的构成的面相:主体性的三种面相之一,其特征是在给定框架内先验地构成客观性世界,其运作导致一个客观化的物理实体世界与意识的分离。

主体性的协辩的面相:主体性的三种面相之一,其特征是概念性/理论性和论辩性;就概念、断言或者理论的有效、无效或者效力达成主体间的一致同意。

主体性的意动面相:主体性的三种面相之一,其特征是投射性和意愿性;其运作导致朝向被投射方向或多或少地改变现实的行动。

自然实在:如我们现在所习惯的被自然地给予的实在,与人工制造的虚拟现实相对。

参考文献

中文文献：

翟振明：《虚似实在与自然实在的本体论对等性》，《哲学研究》2001 年第 6 期。

翟振明、李丰：《心智哲学中的整一性投射谬误与物理主义困境》，《哲学研究》2015 年第 6 期。

翟振明、彭晓芸：《"强人工智能"将如何改变世界——人工智能的技术飞跃与应用伦理前瞻》，《人民论坛·学术前沿》2016 年第 7 期。

英文文献：

BENEDIKT, Michael (ed.). *Cyberspace: First Steps*, Cambridge/London: The MIT Press, 1991.

CHALMERS, David. *Reality+: Virtual Worlds and the Problems of Philosophy*, New York: W. W. Norton & Company, 2022.

DENNETT, Daniel C. *Consciousness Explained*, Boston: Little, Brown and Company, 1991.

DERTOUZOS, Michael L. *What Will Be: How the New World of Information Will Change Our Lives*, San Francisco: Harper Edge, 1997.

GIBSON, William. *Neuromancer*, New York: Ace Books, 1984.

HEIDEGGER, Marin. *Being and Time*, John Macquarrie & Edward Robinson (trans.), New York: Harper & Row Publishers, 1962.

HEIM, Michael. *The Metaphysics of Virtual Reality*, New York/Oxford: Oxford University Press, 1993.

HUXLEY, Aldous. *Brave New World*, 2nd ed., New York: Haper & Row Publishers, 1946.

HUXLEY, Aldous. *Brave New World Revisited*, New York: Harper & Row Publishers, 1958.

LANIER, Jaron. "A Vintage Virtual Reality Interview", on his website at http://www.well. com/user/jaron/vrint.html, available online, Oct., 1996. First published in *Whole Earth Review* titled: "Virtual Reality: An Interview with Jaron Lanier".

LARIJANI, L. Casey. *The Virtual Reality Primer*, New York: McGraw-Hill, Inc., 1994.

NELSON, Theodore. "Interactive Systems and the Design of Virtuality", in *Creative Computing*, Nov.-Dec., 1980, pp. 56-62.

NOZICK, Robert. "Fiction", in *Ploughshares*, Vol. 6, No. 3, 1980.

PIMENTEL, Ken & Teixeira, Kevin. *Virtual Reality: Through the New Looking Glass*, New York: Windcrest Books, 1993.

PUTNAM, Hilary. *The Many Faces of Realism*, LaSalle: Open Court, 1987.

RHEINGOLD, Howard. *Virtual Reality*, New York: Summit Books, 1991.

SEARLE, John R. *The Rediscovery of the Mind*, Cambridge: The MIT Press, 1992.

SLOUKA, Mark. *War of the Worlds: Cyberspace and the High-Tech Assault on Reality*, New York: Basic Books, 1995.

STAPP, Henry P. "Why Classical Mechanics Cannot Naturally Accommodate Consciousness but Quantum Mechanics Can", *PSYCHE*, Vol. 2, No. 5, 1995.

STEWART, Doug. "Interview: Jaron Lanier", *Omni*, Vol. 13, No. 4, 1991, pp. 45-46, 113-117.

TURKLE, Sherry. *The Second Self: Computers and the Human Spirit*, New York: Simon & Schuster, 1984.

TURKLE, Sherry. *Life on the Screen: Identity in the Age of the Internet*, New York: Simon & Schuster, 1995.

WALKER, John. *Through the Looking Glass*, Sausalito: Autodesk, Inc., 1988.

WEXELBLAT, Alan (ed.). *Virtual Reality: Applications and Explorations*, Boston: Academic Press Professional, 1993.

Zhai Zhenming. *The Radical Choice and Moral Theory: Through Communicative Argumentation to Phenomenological Subjectivity*, Dordrecht/Boston: Kluwer Academic Publishers, 1994.

中文修订版致谢

本书的中文修订版，得到广州大学的认同和支持，在此表示感谢。

本书的再版，得到商务印书馆的大力支持，在此致以谢意。

本书在修订过程中，还得到大西洲科技有限公司在科技实践方面的支撑，其创始人彭顺丰先生对扩展现实技术的深刻理解及其团队的努力，使本书的技术设计方案的落实得到保证，对展示本书作者的超前理念起到了重要的作用，在此一并致以真诚的谢意。

翟振明

2020 年 6 月 23 日

再版说明

本书的主体内容原为英文，题为 *Get Real: A Philosophical Adventure in Virtual Reality*，于 1998 年由美国的 Rowman & Littlefield Publishers 出版，后由北京大学出版社于 2007 年出版中译本《有无之间：虚拟实在的哲学探险》，孔红艳译。本书的文章及访谈部分是 2015 年以后的作品，原文皆为中文，标题和内容稍经加工修改。本书成书期间"元宇宙"还没有流行，其实本书讨论的问题已大大超出了元宇宙的概念，主要是引入了主从机器人的设置，使得网络化的虚拟现实与物联网完全融合，以至于人们不用出门，就可以永远生活在虚拟世界中。为此，本书也可以看成是早期"元宇宙"问题讨论的 1998 年版本。

图书在版编目(CIP)数据

虚拟现实的终极形态及其意义 / 翟振明著 . — 北京：
商务印书馆 , 2022
（中大哲学文库）
ISBN 978–7–100–21804–7

Ⅰ . ①虚… Ⅱ . ①翟… Ⅲ . ①虚拟现实—研究 Ⅳ .
① TP391.98

中国版本图书馆 CIP 数据核字（2022）第 207233 号

中大哲学文库
虚拟现实的终极形态及其意义
翟振明 著

孔红艳 译

商 务 印 书 馆 出 版
（北京王府井大街 36 号 邮政编码 100710）
商 务 印 书 馆 发 行
北京新华印刷有限公司印刷
ISBN 978–7–100–21804–7

2022 年 12 月第 1 版 开本 710×1000 1/16
2022 年 12 月北京第 1 次印刷 印张 23¼
定价：128.00 元